计算机类专业基础课
黑马程序员系列教材

黑马程序员

U0184942

Java
程序设计
任务驱动教程

◀◀◀

黑马程序员　主编

中国教育出版传媒集团
高等教育出版社·北京

内容简介

本书是高等职业教育计算机类专业基础课黑马程序员系列教材之一。

本书基于 JDK 11，以项目餐厅助手为背景，通过任务驱动方式全面介绍 Java 基础相关知识。全书共分为 13 个单元，第 1 单元主要讲解 Java 概述和特点、JDK 及 IDEA 的安装和使用、Java 程序的编写与运行机制；第 2～7 单元主要讲解 Java 编程基础知识，包括 Java 基本语法、面向对象、异常、Java API、集合和泛型等方面的知识；第 8～12 单元主要讲解 Java 进阶知识，包括 I/O、JDBC、多线程、网络编程、图形用户界面等内容；第 13 单元带领读者开发一个基于用户图形界面的综合项目——传智餐厅助手，目的是使读者巩固前面所学知识，牢固掌握 Java 编程知识。

本书配有数字课程、微课视频、教学大纲、教学设计、授课用 PPT、案例源代码、习题答案、题库等丰富的数字化教学资源，读者可发邮件至编辑邮箱 1548103297@qq.com 获取。此外，为帮助学习者更好地学习掌握本书中的内容，黑马程序员还提供了免费在线答疑服务。本书配套数字化教学资源明细及在线答疑服务，使用方式说明详见封面二维码。

本书可作为高等职业院校及应用型本科院校计算机相关专业的 Java 语言入门教材，也可作为广大信息技术产业从业人员和编程爱好者的自学参考书。

图书在版编目（ＣＩＰ）数据

Java 程序设计任务驱动教程 / 黑马程序员主编 . --
北京：高等教育出版社，2023.11
ISBN 978-7-04-059602-1

Ⅰ.① J… Ⅱ.① 黑… Ⅲ.① JAVA 语言 - 程序设计 -
高等职业教育 - 教材　Ⅳ.① TP312.8

中国国家版本馆 CIP 数据核字（2023）第 008531 号

Java Chengxu Sheji Renwu Qudong Jiaocheng

策划编辑　傅　波	责任编辑　许兴瑜	封面设计　张　志	版式设计　李彩丽
责任绘图　邓　超	责任校对　高　歌	责任印制　存　怡	

出版发行	高等教育出版社	网　　址	http://www.hep.edu.cn
社　　址	北京市西城区德外大街 4 号		http://www.hep.com.cn
邮政编码	100120	网上订购	http://www.hepmall.com.cn
印　　刷	北京华联印刷有限公司		http://www.hepmall.com
开　　本	787 mm×1092 mm　1/16		http://www.hepmall.cn
印　　张	24.5		
字　　数	630 千字	版　　次	2023 年 11 月第 1 版
购书热线	010-58581118	印　　次	2023 年 11 月第 1 次印刷
咨询电话	400-810-0598	定　　价	55.00 元

本书如有缺页、倒页、脱页等质量问题，请到所购图书销售部门联系调换

前言 >>>

Java 是当前主流的程序设计语言之一，因其具有安全性、跨平台性、性能优异等特点，自问世以来一直受到广大编程爱好者的喜爱。在当今网络环境下，Java 技术应用十分广泛，从智能移动终端应用到企业级分布式计算，随处都能看到 Java 的身影。Java 技术已经渗透到人们日常生活的方方面面，对一个想从事 Java 开发的人员来说，学好 Java 基础尤为重要。

为什么要学习本书

为推进党的二十大精神进教材、进课堂、进头脑，本书秉承"坚持教育优先发展，加快建设教育强国、科技强国、人才强国"的思想对教材的编写进行策划。通过教材研讨会、师资培训等渠道，广泛调动教学改革经验的高校教师，以及具有多年开发经验的技术人员共同参与教材编写与审核，让知识的难度与深度、案例的选取与设计，既满足职业教育特色，又满足产业发展和行业人才需求。

本书结合创新驱动发展的重要意义，采用任务驱动的方式进行讲解。在针对 Java 基础知识进行深入分析的同时，还为知识点精心设计了翔实的典型案例，每个案例都经过逐层分解，融入解决问题的思路，尽可能地使读者可以学以致用，具备解决实际问题的能力，从而全面提高人才自主培养质量，加快现代信息技术与教育教学的深度融合，进一步推动高质量教育体系的发展。

如何使用本书

本书共分为 13 个单元，下面分别对每个单元进行简单的介绍，具体如下。

● 第 1 单元主要介绍了 Java 语言的特点、JDK 和 IntelliJ IDEA 的安装使用、Java 程序的基本格式、Java 中的注释、Java 程序的运行机制。

● 第 2 单元主要介绍了 Java 的基本语法，包括常量、变量、数据类型、运算符、条件结构语句、循环结构语句、数组以及方法等相关内容，并通过实现 7 个任务巩固 Java 基础语法。

● 第 3、4 单元详细介绍了 Java 面向对象知识，包括封装、继承、多态特性及抽象类和接口等。通过这两个单元的学习，读者能够理解 Java 面向对象的思想、了解类与对象的关系，掌握类的定义、对象的创建与使用、构造方法、静态方法、this 关键字、抽象类与接口等的使用。

- 第 5 ~ 8 单元主要介绍了异常、Java API、集合类和泛型、I/O 的相关知识，这些知识在 Java 开发中使用频率极高，建议读者认真理解每个知识点并完成相应的任务。
- 第 9 单元主要讲解了多线程的相关知识，包括线程概述、线程的创建、线程安全、线程同步、线程池等，并通过"霸王餐"秒杀活动任务巩固多线程相关知识。
- 第 10 单元主要介绍了网络编程知识，包括网络通信协议、IP 地址和端口号、InetAddress 类、UDP 和 TCP、UDP 通信、TCP 通信，然后通过实现"趣味餐吧"聊天室任务巩固网络编程的相关知识。
- 第 11 单元主要介绍了 JDBC 的一些知识，包括 JDBC 概述、JDBC 常用 API、JDBC 编程、数据库连接池和 DBUtils，并通过菜品管理任务对数据库编程的相关内容进行巩固。
- 第 12 单元主要介绍了 GUI 常用容器和组件，布局管理器和事件处理机制，并通过实现会员充值窗口加深读者对图形用户界面的理解。
- 第 13 单元主要讲解了基于 GUI 实现的传智餐厅助手项目，希望读者通过本单元的学习，能够对 Java 项目的开发流程，以及实现思路有较为深刻的了解。

在学习过程中，读者应勤思考、勤总结，并动手实践书中提供的案例。若在学习过程中遇到困难，建议读者不要纠结于此，可以先往后学习，或可豁然开朗。

致谢

本书的编写和整理工作由江苏传智播客教育科技股份有限公司旗下 IT 教育品牌黑马程序员团队完成，主要参与人员有高美云、甘金龙等。团队人员在本书的编写过程中付出了辛勤的汗水，在此一并表示衷心的感谢。

意见反馈

尽管编写团队付出了最大的努力，但书中难免有疏漏之处，欢迎广大读者提出宝贵意见，我们将不胜感激。在阅读本书时，如发现任何问题或有疑问，可以发送电子邮件 itcast_book@vip.sina.com 与我们取得联系。再次感谢广大读者对我们的深切厚爱与大力支持！

黑马程序员

2023 年 6 月于北京

目录 >>>

单元 1

Java 开发入门

PPT: 单元 1 Java
开发入门

教学设计: 单元 1
Java 开发入门

知识目标

- 了解 Java 语言的技术平台，能够描述 Java 语言 3 个技术平台的作用
- 了解 Java 语言的特点，能够简述 Java 语言的主要特点
- 了解 Java 的运行机制，能够简述 Java 的编译运行过程

技能目标

- 熟悉 Java 程序的基本格式，能够编写格式良好的 Java 代码
- 熟悉 Java 中的注释，能够在代码中正确书写注释
- 掌握 Java 开发环境的搭建方法，能够独立安装 JDK 并配置系统环境变量
- 掌握 IntelliJ IDEA 开发工具的基本使用方法，能够独立安装 IntelliJ IDEA 开发工具并使用 IntelliJ IDEA 编写 Java 程序

　　Java 是一门高级程序设计语言，自问世以来就受到了广泛的关注，并成为互联网行业领域中最受欢迎的开发语言之一。随着互联网行业的高速发展，越来越多的传统行业受到互联网的影响，纷纷加入其中以寻求实现更加高效、更加现代化的经营模式，本书将以传智餐厅为背景，使用 Java 语言开发一款应用于餐厅日常工作的餐厅助手系统，简称餐厅助手。本单元将从 Java 开发环境搭建入手，带领读者开启 Java 学习之旅。

任务1-1　餐厅助手开发环境搭建

■ 任务描述

　　随着信息化的普及，越来越多的餐饮店引入了点餐系统，传智餐厅也不例外。无论是从餐厅经营管理，还是顾客的用户体验而言，引入点餐系统都是非常必要的。

　　餐厅助手是传智餐厅定制的一款点餐系统，为了后续顺利开发餐厅助手，本任务要求搭建一个 Java 语言的开发环境。

■ 知识储备

1. Java 概述

　　Java 是一种高级计算机语言，它于 1995 年 5 月推出，是一种可以编写跨平台应用软件、完全面向对象的程序设计语言。Java 语言简单易用、安全可靠，在计算机、移动通信、物联网、人工智能等领域中都发挥着重要的作用。

　　针对不同的开发市场，Java 分为 3 个技术平台，分别是 Java SE、Java EE 和 Java ME，具体介绍如下。

　　（1）Java SE（Java Platform Standard Edition）

　　Java SE 是为开发普通桌面和商务应用程序提供的解决方案。Java SE 平台中包括了 Java 最核心的类库，如集合、IO、数据库连接以及网络编程等。

　　（2）Java EE（Java Platform Enterprise Edition）

　　Java EE 是为开发企业级应用程序提供的解决方案。Java EE 平台用于开发、装配以及部署企业级应用程序，主要包括 Servlet、JSP、JavaBean、JDBC、EJB、Web Service 等技术。

　　（3）Java ME（Java Platform Micro Edition）

　　Java ME 是为开发电子消费产品和嵌入式设备提供的解决方案。Java ME 主要用于小型数字电子设备上软件程序的开发。此外，Java ME 还提供了 HTTP 等高级 Internet 协议，使移动电话能以 Client/Server 方式直接访问 Internet 的全部信息，提供高效率的无线交流。

2. Java 语言的特点

　　Java 语言是一门优秀的编程语言，它之所以应用如此广泛，受到大众的欢迎，是因为它有众多突出的特点，其中最主要的特点有以下几个。

　　（1）简单

　　Java 语言是一种相对简单的编程语言，能够通过最基本的方法完成指定任务。程序员只需要理解一些基本概念，就可以用它编写出适用于各种情况的应用程序。不仅如此，Java 还丢弃了 C++ 语言中很难理解的运算符重载、多重继承等概念，使用引用代替了指针，提供了自动垃圾回收机制，使程序员不必担忧内存管理。

（2）面向对象

Java 语言是纯粹的面向对象程序设计语言，它具备封装、继承、多态的特性，支持类之间的单继承和接口之间的多继承。此外，Java 还支持类与接口之间的实现机制（关键字为 implements）。与 C++ 语言相比，Java 语言支持全面动态绑定，而 C++ 语言只对虚函数使用动态绑定。

（3）安全性

Java 语言安全可靠，如 Java 的存储分配模型可以防御恶意代码攻击。此外，Java 没有指针，因此外界不能通过伪造指针操作存储器。更重要的是，Java 编译器在编译程序时，不显示存储安排决策，程序员不能通过查看声明猜测出类的实际存储安排。Java 程序中的存储是在程序运行时由 Java 解释程序决定。

（4）跨平台性

所谓跨平台性，是指软件可以不受计算机硬件和操作系统的约束而在任意计算机环境下正常运行。Java 通过 Java 虚拟机（Java Virtual Machine，JVM）以及字节码实现跨平台。Java 程序由 javac 编译器编译成为字节码文件（.class 文件），JVM 中的 Java 解释器会将字节码文件翻译成所在平台上的机器码文件，执行对应的机器码文件即可。Java 程序只要"一次编写，就可到处运行"。

（5）支持多线程

Java 语言支持多线程，即程序中多个任务可以并发执行，多线程可以在很大程度上提高程序的执行效率。

（6）分布性

Java 是分布式语言，既支持各种层次的网络连接，又可以通过 Socket 类支持可靠的流（Stream）进行网络连接。

■ 任务分析

根据任务描述得知，本任务需要为餐厅助手搭建一个 Java 语言的开发环境，具体的实现思路如下。

① 安装 JDK。

② 配置 Java 系统环境变量。

③ 下载安装 IDEA 工具。

■ 任务实现

结合任务分析的思路，下面分步骤实现本任务，具体如下。

1. 安装 JDK

JDK（Java Development Kit）是一套 Java 开发环境，它是整个 Java 的核心，包括 Java 编译器、Java 运行工具、Java 文档生成工具、Java 打包工具等。自从 JDK 1.0 发布以来，JDK 版本不断更新，截至编写时已更新至 JDK 17。但是 JDK 11 仍是市场主流的 JDK 版本，下面以在 64 位 Windows 10 操作系统安装 JDK 为例，演示 JDK 11 的安装过程，具体步骤如下。

（1）进入 JDK 安装界面

从官网下载安装文件"jdk-11.0.11-windows-x64-bin.exe"，下载完成后，双击安装文件，进入 JDK 11 安装界面，如图 1-1 所示。

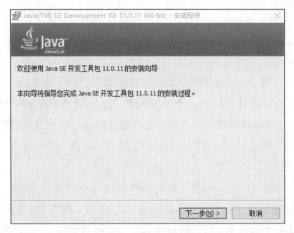

图 1-1　JDK 11 安装界面

说明：

本书演示时，采用的不是最新版本的 JDK，下载该版本的 JDK 时，官网需要读者注册后才能下载，为了方便读者使用，本书作者已经将 JDK 11 安装文件提前下载好，读者可以从配套资源中获取。

（2）选择 JDK 安装路径

在图 1-1 中，单击"下一步"按钮进入 JDK 定制安装界面，该界面可以设置 JDK 的安装路径，如图 1-2 所示。

在图 1-2 中，通过单击"更改"按钮设置 JDK 的安装路径，这里选择默认安装位置。

（3）完成 JDK 安装

选择好安装路径后，在图 1-2 中，单击"下一步"按钮开始安装 JDK。安装完毕后会进入安装完成界面，如图 1-3 所示。

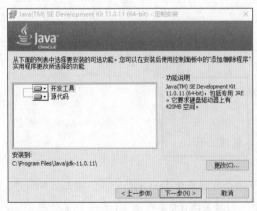

图 1-2　JDK 定制安装界面

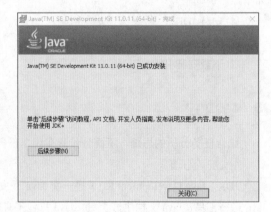

图 1-3　安装完成界面

此时已经成功完成 JDK 的安装，单击图 1-3 中的"关闭"按钮关闭安装界面即可。

2. 配置 Java 系统环境变量

在计算机操作系统中可以定义一系列变量，这些变量可供操作系统上所有的应用程序使用（称为系统环境变量）。为了后续 Java 开发的便利性，这里对 Java 的系统环境变量进行配置，具体步骤如下。

（1）查看 Windows 系统属性中的环境变量

右击桌面上的"此电脑"，在弹出的快捷菜单中选择"属性"命令，弹出系统窗口，在该窗口左侧单击"高级系统设置"，弹出系统属性对话框，在该对话框的"高级"选项卡下单击"环境变量"按钮，弹出"环境变量"对话框，如图 1-4 所示。

（2）在系统变量中添加 JDK 的 bin 目录

由于 Java 的可执行程序都位于 JDK 的 bin 目录，在图 1-4 中，在"系统变量"区域选中名称为 Path 的系统变量后，单击"编辑"按钮进入"编辑环境变量"对话框，在该对话框中单击"新建"按钮添加 JDK 的 bin 目录路径，这里为"C:\Program Files\Java\jdk-11.0.11\bin"，如图 1-5 所示。

图 1-4　"环境变量"对话框　　　　　　　　图 1-5　添加 JDK 的 bin 目录

添加完成后，依次单击所有打开界面的"确定"按钮，完成 Java 系统环境变量的设置。

为了验证 Java 系统环境变量是否设置成功，可以打开命令行窗口，执行"java -version"命令查看安装的 Java 版本，如图 1-6 所示。

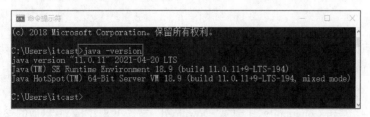

图 1-6　查看安装的 Java 版本

由图 1-6 可以看到，执行"java -version"命令后正常显示安装的 Java 版本，说明 Java 系统环境变量配置成功。

3. IDEA 的下载与安装

为了提高程序的开发效率，人们开发了很多集成开发工具（Integrated Development Environment，IDE）进行 Java 程序开发，如 Eclipse、IntelliJ IDEA。在众多集成开发工具中，IntelliJ IDEA（本书后续都简称为 IDEA）由于开发效率高、界面友好等特点，在业界被公认为是最好的 Java 开发工具之一，下面将对 IDEA 的下载与安装进行讲解，具体步骤如下。

（1）下载 IDEA 安装包

访问 IDEA 官网，官网首页如图 1-7 所示。

在图 1-7 中，单击"Download"按钮，进入 IDEA 下载页面，如图 1-8 所示。

图 1-7　IDEA 官网首页

图 1-8　IDEA 下载页面

由图 1-8 可以看到，IDEA 分为 ULtimate（旗舰版）和 Community（社区版）两个版本。旗舰版比社区版的组件更全面，但是旗舰版只提供 30 天免费试用，之后就要收费，而社区版是免费软件。针对本书，社区版已经能够满足学习需求，因此本书选择安装社区版 IDEA。

在图 1-8 中，单击 Community 下方的"Download"按钮下载 IDEA 社区版的安装包。

（2）安装 IDEA

下载完成后双击安装包，进入 IDEA 安装欢迎界面，如图 1-9 所示。

在图 1-9 中，单击"Next"按钮，进入安装路径设置界面，如图 1-10 所示。

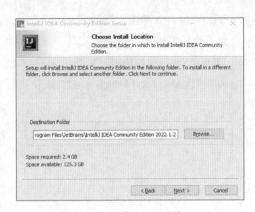

图 1-9 IDEA 安装欢迎界面   图 1-10 安装路径设置界面

在图 1-10 中，IDEA 有默认安装路径，读者可以单击 "Browse" 按钮设置安装路径。设置完安装路径后，单击 "Next" 按钮，进入基本安装选项配置界面，如图 1-11 所示。

在图 1-11 中，选中 "IntelliJ IDEA Community Edition" 复选框，使 IDEA 安装完成后在桌面生成快捷方式。单击 "Next" 按钮，进入选择开始菜单界面，如图 1-12 所示。

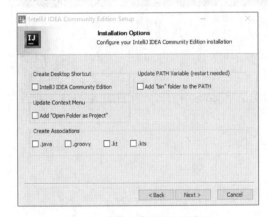

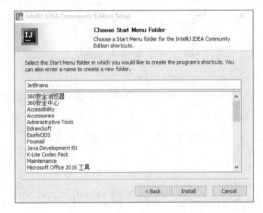

图 1-11 基本安装选项配置界面   图 1-12 选择开始菜单界面

在图 1-12 中，单击 "Install" 按钮开始安装 IDEA，IDEA 安装界面如图 1-13 所示。

在图 1-13 中，IDEA 安装完成后，会自动进入安装完成界面。IDEA 安装完成界面如图 1-14 所示。

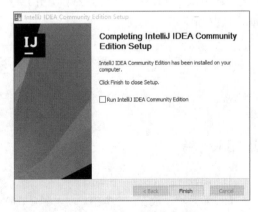

图 1-13 IDEA 安装界面   图 1-14 IDEA 安装完成界面

在图 1-14 中，单击"Finish"按钮完成 IDEA 的安装。

为了验证 IDEA 是否安装成功，在桌面双击 IDEA 快捷方式，首次启动会弹出一个 Import IntelliJ IDEA Settings 对话框，如图 1-15 所示。

选中"Do not import settings"单选按钮，单击"OK"按钮进入 IDEA 欢迎界面，如图 1-16 所示。

图 1-16 IDEA 欢迎界面

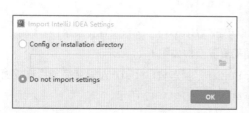
图 1-15 Import IntelliJ IDEA Settings 对话框

在图 1-16 中，左侧有 4 个选项，分别为 Projects、Customize、Plugins 和 Learn IntelliJ IDEA。其中，Projects 用于创建新项目或者打开项目，Customize 是 IDEA 全局配置的入口，Plugins 通常用于设置插件。由于 IDEA 可以成功打开，说明 IDEA 安装成功。

至此，餐厅助手开发环境的搭建完成。

知识拓展 1.1
JDK 安装目录

任务1-2 打印餐厅助手欢迎语

■ 任务描述

为了顾客在使用餐厅助手时有更友好的体验，登录餐厅助手后，首页会出现欢迎语，告知顾客已经进入餐厅助手。本任务要求使用 Java 开发工具 IDEA，输出餐厅助手的欢迎语，效果如图 1-17 所示。

*********欢迎使用餐厅助手*********
图 1-17 餐厅助手欢迎语

■ 知识储备

1. Java 程序的基本格式

Java 程序必须放在一个类中，初学者可以简单地把一个类理解为一个 Java 程序。类使用 class 关键字定义，在 class 前面可以有类的修饰符。类的定义格式如下。

```
修饰符 class 类名{
    程序代码
}
```

在编写 Java 程序时，有以下几点需要注意。

① Java 程序代码可分为结构定义语句和功能执行语句，其中，结构定义语句用于声明一个类或方法，功能执行语句用于实现具体的功能。每条功能执行语句末尾必须用分号（;）结束，具体如下。

```
System.out.println("这是第一个Java程序！");
```

在程序中不要将英文分号（;）误写成中文分号（；），如果写成中文分号，编译器会报"illegal character"（非法字符）错误信息。

② Java 语言严格区分大小写。在定义类时，不能将 class 写成 Class，否则编译器会报错。例如，程序中定义一个 computer 的同时，还可以定义一个 Computer，computer 和 Computer 是两个完全不同的符号，在使用时务必注意。

③ 在编写 Java 程序时，为了便于阅读，通常会使用一种良好的格式进行排版，但并不是必需的，也可以在两个单词或符号之间插入空格、制表符、换行符等任意空白字符。例如，下面这段代码的编排方式也是可以的。

```
public class HelloWorld {public static void
    main(String [
] args){System.out.println("这是第一个Java程序！");}}
```

虽然 Java 程序没有严格要求用什么样的格式编排程序代码，但是，出于可读性的考虑，应该让程序整齐美观、层次清晰。常用的编排方式是一行只写一条语句，符号"{"与语句同行，符号"}"独占一行，示例代码如下。

```
public class HelloWorld {
    public static void main(String[] args) {
        System.out.println("这是第一个Java程序！");
    }
}
```

④ Java 程序中一个连续的字符串不能分成两行书写。例如，下面这条语句在编译时将会出错。

```
System.out.println("这是第一个
        Java程序！");
```

Java 作为一种广泛使用的编程语言，其编写格式的规范性至关重要。作为一名合格的程序员应该要恪守职责，严格遵循编码规范，编写出高质量的 Java 程序。

如果为了便于阅读，需要将一个比较长的字符串分两行书写，可以先将字符串分成两个字符串，然后用加号（+）将这两个字符串连起来，在加号（+）处换行。例如，可以将上面的语句修改成如下形式。

```
System.out.println("这是第一个" +
        "Java程序！");
```

2. Java 中的注释

在编写程序时，总需要为程序添加一些注释，用以说明某段代码的作用。Java 注释就是用通俗易懂的语言对代码进行描述解释，以达到快速、准确地理解代码的目的。注释可以是编程思路，也可以是功能描述或者程序的作用，总之就是对代码的进一步阐述。

注释作为程序员向其他人解释代码功能的重要方式，在团队协作时，要秉承高度的责任感编写注释，做到注释完整准确。

Java 注释只在 Java 源文件中有效，在编译程序时编译器会忽略这些注释信息，不会将其编译到字节码文件（.class）中。Java 中的注释有以下 3 种类型。

（1）单行注释

单行注释就是在程序中注释一行代码，在 Java 语言中，将双斜线（//）放在需要注释的内容之前即可，具体示例如下。

```
//这是一行简单的注释
System.out.println("Hello World!");
```

（2）多行注释

多行注释就是指一次性将程序中多行代码注释掉，在 Java 语言中，使用 "/*" 和 "*/" 将程序中需要注释的内容包含起来，"/*" 表示注释开始，"*/" 表示注释结束。具体示例如下。

```
/*  System.out.println("Hello World!");
System.out.println("Hello World!");*/
```

（3）文档注释

文档注释是以 "/**" 开头，并在注释内容末尾以 "*/" 结束。文档注释是对一段代码概括性的解释说明，可以使用 javadoc 命令将文档注释提取出来生成帮助文档。具体示例如下。

```
/**
  *@author 黑马程序员
  *@version 1.0
 */
```

javadoc 工具提供了一些标签用于文档注释，常用的标签见表 1-1。

表 1-1　javadoc 工具中常用的标签

标签	描述
@author	标识作者
@deprecated	标识过期的类或成员
@exception	标识抛出的异常
@param	标识方法的参数
@return	标识方法的返回值
@see	标识指定参数的内容
@serial	标识序列化属性
@version	标识版本
@throws	标识引入一个特定的变化

在 Java 程序中，有的注释可以嵌套使用，有的则不可以，下面列举两种具体的情况。

① 多行注释 "/*...*/" 中可以嵌套使用单行注释 "//"，具体示例如下。

```
/*
System.out.println( "Hello World!"); //这是一行简单的注释
 */
```

② 多行注释 "/*...*/" 中不能嵌套使用多行注释 "/*...*/"，具体示例如下。

```
/*
    /* System.out.println("Hello World!");*/
    System.out.println("Hello World!");
*/
```

上面第 2 种情况的代码就无法通过编译，原因在于第 1 个 "/*" 会和第 1 个 "*/" 进行配对，而第 2 个 "*/" 则找不到匹配，就会编译失败。

针对嵌套注释可能出现编译异常这一问题，通常在实际开发中都会避免注释的嵌套使用，只有在特殊情况下才会在多行注释中嵌套使用单行注释。

3. Java 的运行机制

Java 程序运行时，必须经过编译和运行两个步骤。首先将扩展名为 .java 的源文件进行编译，生成扩展名为 .class 的字节码文件，然后 Java 虚拟机将字节码文件进行解释执行，并显示结果。下面以文件 HelloWorld.java 为例，对 Java 程序的编译运行过程进行详细分析，具体过程如下。

① 编写 HelloWorld.java 文件。

② 使用 javac HelloWorld.java 命令开启 Java 编译器编译 HelloWorld.java 文件。编译结束后，编译器会自动生成一个名为 HelloWorld.class 的字节码文件。

③ 使用 java HelloWorld 命令启动 Java 虚拟机运行程序，Java 虚拟机首先将编译好的字节码文件加载到内存，这个过程被称为类加载，由类加载器完成。然后，Java 虚拟机针对加载到内存中的 Java 类进行解释执行，输出运行结果。

通过上面的分析可以发现，Java 程序是由 Java 虚拟机负责解释执行的，而非操作系统。这样做的好处是可以实现 Java 程序的跨平台。也就是说，在不同操作系统上，可以运行相同的 Java 程序，不同操作系统只需要安装不同版本的 Java 虚拟机即可。不同操作系统安装不同版本 Java 虚拟机示意图如图 1-18 所示。

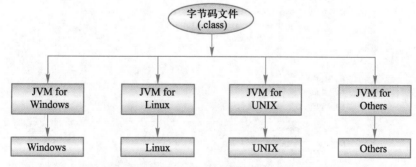

图 1-18　不同操作系统安装不同版本 Java 虚拟机示意图

Java 程序的跨平台特性，有效地解决了程序设计语言在不同操作系统编译时产生不同机器代码的问题，大大降低了程序开发和维护的成本。

了解 Java 的运行机制后，接下来尝试编写第一个 Java 程序。为了让初学者更好地完成第一个 Java 程序，下面分步骤讲解 Java 程序的编写执行过程。

（1）编写 Java 源文件

在 C 盘根目录下创建 bin 文件夹，在该文件夹中新建文本文档，重命名为 HelloWorld.java。使用记事本或 Nodepad++ 等文本工具打开 HelloWorld.java 文件，编写一段 Java 程序，见文件 1-1。

文件 1-1　HelloWorld.java

```
1    class HelloWorld {
2        public static void main(String[] args) {
3            // 这是一个输出语句
4            System.out.println("我的第一个Java程序");
5        }
6    }
```

文件 1-1 实现了一个 Java 程序，下面对程序代码进行简单介绍。

① 第 1 行代码中的 class 是一个关键字，用于定义一个类。在 Java 中，类是一个程序的基本单元，所有代码都需要在类中书写。

② 第 1 行代码中的 HelloWorld 是类的名称，简称类名。class 关键字与类名之间需要用空格、制表符、换行符等任意空白字符进行分隔。类名之后要写一对大括号，它定义了当前这个类的作用域。

③ 第 2 ～ 5 行代码定义了一个 main() 方法，该方法是 Java 程序的执行入口，程序将从 main() 方法开始执行类中的代码。

④ 第 4 行代码在 main() 方法中编写了一条执行语句 "System.out.println(" 我的第一个 Java 程序 ");"，其作用是输出一段文本信息到控制台，执行完这条语句，控制台会输出 "我的第一个 Java 程序"。

注意：

文件的编码格式必须是 ANSI，否则文件中的中文运行结果是乱码。可以用记事本打开 HelloWorld.java 文件，然后选择菜单 "文件" → "另存为" 命令，在打开的 "另存为" 对话框中将文件编码格式修改为 ANSI，如图 1-19 所示。

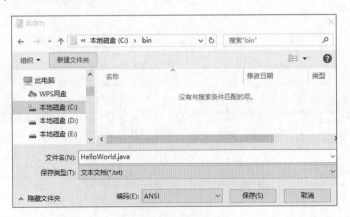

图 1-19　修改文件编码格式

（2）打开命令行窗口

打开 C 盘根目录下的 bin 文件夹，在文件夹的路径导航栏中输入 cmd，按 Enter 键打开命令行窗口，如图 1-20 所示。

（3）编译 Java 源文件

在图 1-20 中，输入 "javac HelloWorld.java" 命令，编译 HelloWorld.java 源文件，如图 1-21 所示。

图 1-20　命令行窗口

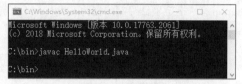
图 1-21　编译 HelloWorld.java 源文件

在图 1-21 中，javac 命令执行完后，此时查看 bin 文件夹，会看到生成的 HelloWorld.class 字节码文件，如图 1-22 所示。

（4）运行 Java 文件

在图 1-21 中，输入 "java HelloWorld" 命令，运行编译好的字节码文件，运行命令及结果如图 1-23 所示。

图 1-22　HelloWorld.class 字节码文件

图 1-23　运行命令及结果

脚下留心：程序编译不通过

使用文本文档编写 Java 代码时，很容易出错。例如，少写了一个标点符号，标点符号未切换为英文等问题，这些错误都会导致编译不通过。

当代码结尾少写了 ";" 时，Java 文件编译报错如图 1-24 所示。

当代码中将英文 ";" 写成中文 "；" 时，Java 文件编译报错如图 1-25 所示。

图 1-24　Java 文件编译报错（1）

图 1-25　Java 文件编译报错（2）

■ 任务分析

根据任务描述得知，本任务需要使用 Java 开发工具 IDEA 输出一句欢迎语，实现思路如下。

① 使用 IDEA 创建一个 Java 项目。

②在 IDEA 中创建一个类，并在类中编写 Java 代码，输出餐厅助手欢迎语。

■ 任务实现

结合任务分析的思路，下面使用 IDEA 实现打印餐厅助手欢迎语，具体步骤如下。

1. 创建 Java 项目

启动 IDEA 后，单击"New Project"选项进入 New Project 界面，在该界面中设置项目名称为 chapter01，指定项目存储位置为 E:\idea\SEProjects，JDK 使用本书安装的 JDK 11，具体如图 1-26 所示。

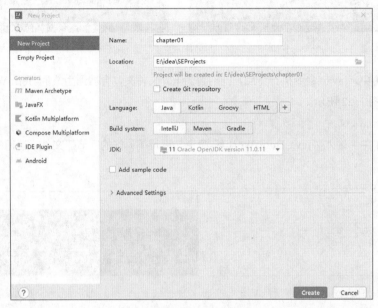

图 1-26　New Project 界面

在图 1-26 中，单击"Create"按钮完成项目的创建，进入项目结构界面，如图 1-27 所示。

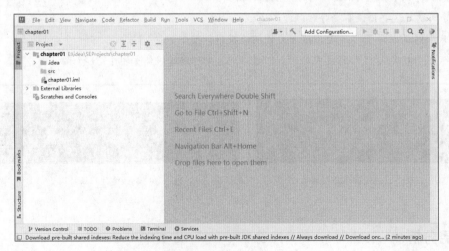

图 1-27　项目结构界面

在图 1-27 中，左侧栏是 chapter01 项目的目录结构，其中 .idea 目录下的所有文件以及

chapter01.iml 文件都是 IDEA 开发工具使用的配置文件，不需要开发者操作。src 目录用于保存程序的源文件。External Libraries 是扩展类库，即 Java 程序编写和运行所依赖的类。

2. 创建 Java 类

创建好 chapter01 项目后，即可在项目中创建 Java 类。在图 1-27 中，右击 chapter01 项目下的 src 目录，在弹出的快捷菜单中依次选择 "New" → "Java Class" 命令，进入 New Java Class 选项界面，如图 1-28 所示。

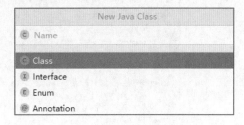

图 1-28　New Java Class 选项界面

这里选择 Class 选项创建一个 Java 类，并在文本框中输入类名 Welcome，然后按 Enter 键完成 Java 类的创建。Java 类创建完成后，src 目录下会生成一个 Welcome.java 文件，该文件会自动在右侧区域打开，如图 1-29 所示。

图 1-29　Welcome.java 文件

由图 1-29 可以看到，右侧区域显示的是 Welcome.java 文件创建时的默认代码。其中，Welcome 为类的名称，class 为定义类的关键字，public 是类的权限修饰符，表示该类是公有类，即所有 Java 程序均可访问该类，在 Welcome 后面的一对 {} 中，可以编写类的程序代码。关于类的定义语法格式，后续单元会陆续进行讲解，这里读者只需要了解如何创建 Java 类即可。

3. 编写 Java 程序代码

Welcome 类创建完成后，在类中创建 main() 方法，在方法内部编写餐厅助手欢迎语句，具体如图 1-30 所示。

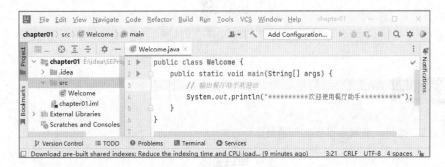

图 1-30　编写 Java 程序代码

4. 运行程序

在图 1-30 中，选中 Welcome 文件，右击，在弹出的快捷菜单中选择 Run 'Welocom.main()'

命令运行程序，控制台显示运行结果如图 1-31 所示。

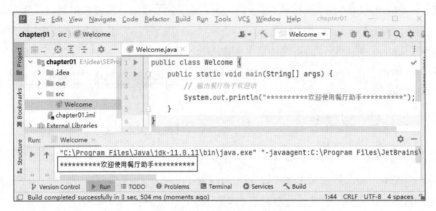

图 1-31 控制台显示运行结果

在图 1-31 中，成功在控制台输出了餐厅助手的欢迎语。至此，打印餐厅助手
欢迎语的功能已经完成。

知识拓展 1.2
IDEA 调试工具

单元小结

本单元详细介绍了 Java 语言的特点及 Java 的运行机制，还介绍了搭建基于 Java 语言开发程序
的环境和 IDEA 工具的使用，并结合知识点完成餐厅助手开发环境的搭建以及打印餐厅助手欢迎页
的任务。通过本单元的学习，希望读者从任务中学习开发环境的搭建、IDEA 工具的使用，掌握本
单元的知识，对 Java 后续学习非常重要。

单元测试

请扫描二维码，查看本单元测试题目。

单元测试 单元 1

单元实训

请扫描二维码，查看本单元实训题目。

单元实训 单元 1

Java 编程基础

PPT: 单元 2 Java 编程基础

教学设计: 单元 2 Java 编程基础

 学习目标

知识目标	● 了解 Java 中的关键字，能够识别常用的关键字 ● 熟悉 Java 中的标识符，能够叙述标识符的命名规则 ● 熟悉变量的作用域，能够识别代码中变量的有效作用范围 ● 掌握方法重载，能够说出重载方法的特点
技能目标	● 掌握常量和变量的定义，能够在代码中正确定义常量和变量 ● 掌握数据类型，能够正确定义不同类型的数据 ● 掌握运算符的使用方法，能够使用运算符进行各种逻辑判断 ● 掌握类型转换，能够灵活处理不同数据类型的转换 ● 掌握控制台输入数据的方式，能够正确使用 Scanner 类接收从控制台输入的数据 ● 掌握条件判断语句的流程，能够灵活使用 if 语句、if...else 语句、if...else if...else 语句、switch 语句处理多分支情况逻辑 ● 掌握循环语句的流程，能够灵活使用 while 循环、do...while 循环、for 循环语句处理重复执行的代码逻辑 ● 掌握跳转语句的使用方法，能够正确使用 break 和 continue 语句实现流程控制的跳转 ● 掌握数组的使用方法，能够正确定义数组并实现数组的常见操作 ● 掌握方法的定义与调用方法，能够在 Java 中正确定义方法

通过上一单元的学习，读者对 Java 语言有了初步的了解，但现在还无法使用 Java 编写程序。要熟练使用 Java 语言编写程序，必须充分掌握 Java 的基础语法，本单元将针对 Java 的基础语法进行详细讲解。

任务2-1 特价菜品展示

■ 任务描述

传智餐厅为了带动顾客消费，每天都会推出 3 款限量的特价菜品。顾客使用餐厅助手浏览菜单时，可以看到今日特价菜品信息，包括菜品名称、数量以及菜品价格。本任务要求编写程序，在控制台输出今日特价菜品信息，效果如图 2-1 所示。

今日特价菜品		
菜品名称	数量(份)	菜品价格(元)
油焖大虾	10	48.0
香菇炖鸡	12	28.0
宫保鸡丁	15	20.0

图 2-1 特价菜品展示

■ 知识储备

1. 关键字

关键字是编程语言中事先定义好并赋予了特殊含义的单词。和其他语言一样，Java 中预留了许多关键字，如 class、public 等。下面列举了 Java 中所有的关键字。

abstract	continue	for	new	switch
assert	default	goto	package	synchronized
boolean	do	if	private	this
break	double	implements	protected	throw
byte	else	import	public	throws
case	enum	instanceof	return	transient
catch	extends	int	short	try
char	final	interface	static	void
class	finally	long	strictfp	volatile
const	float	native	super	while

每个关键字都有特殊的作用，例如，package 关键字用于声明包，import 关键字用于引入包，class 关键字用于声明类。关于包、类，以及其他关键字的意义和作用会在本书后续单元详细讲解，这里就不一一列举说明。

编写 Java 程序时，关键字的使用需要注意以下几点。

① 所有的关键字都是小写。

② const 和 goto 是保留字关键字，Java 现在还未使用这两个关键字，但是可能在 Java 未来的版本中使用。

2. 标识符

Java 编程时，经常需要在程序中定义一些符号标记一些名称，如包名、类名、方法名、参数名、变量名等，这些符号被称为标识符。标识符可以由字母、数字、下画线（_）和美元符号（$）组成，但标识符不能以数字开头，不能是 Java 中的关键字，不能是 true、false、null。

下面列举一些合法和不合法的标识符。

● 合法的标识符。

```
username
username123
user_name
_username
$username
```

● 不合法的标识符。

```
123username      //不能以数字开头
class            //不能是关键字
98.3             //不能以数字开头，且只能包含$和_符号，不能包含.、#等其他符号
Hello World      //不能包含空格
```

Java 程序中定义的标识符必须严格遵守定义的规范，否则程序在编译时会报错。需要注意的是，Java 语言区分大小写，字母相同但大小写不同的标识符为两个不同的标识符，如 username 和 userName 是两个不同的标识符。

Java 程序中需要使用标识符的地方比较多，如在本书后续讲解的包名、类名、接口名等。为了增强程序中代码的可读性，降低编程人员之间的沟通成本，提升协作效率，建议初学者在定义标识符时遵循以下规约。

① 包名所有字母一律小写，如 cn.itcast.test。包名中允许包含符号 "."，是因为 "." 在包名中作为分隔符使用，而不是包名称中的具体符号。

② 类名和接口名每个单词的首字母都大写，如 ArrayList、Iterator。

③ 常量名所有字母都大写，单词之间用下画线连接，如 DAY_OF_MONTH。

④ 变量名和方法名的第 1 个单词首字母小写，从第 2 个单词开始每个单词首字母大写，如 lineNumber、getLineNumber。

⑤ 在程序中，应尽量使用有意义的英文单词定义标识符，使程序便于阅读。例如，定义 username 表示用户名，定义 password 表示密码。

3. 数据类型

Java 是一门强类型的编程语言，它对程序所操作数据的类型有严格的限定，进而在编译时进行严格的语法检查，减少编程错误。

Java 语言支持的数据类型分为基本数据类型和引用数据类型两类。基本数据类型是 Java 语言内嵌的，在任何操作系统中都具有相同大小和属性，而引用数据类型建立在基本数据类型的基础上，是由编程人员自行创建的类型。这两类具体包含的数据类型如图 2-2 所示。

在图 2-2 中，基本数据类型的数据指向数据值本身，而引用数据类型的数据指向数据的内存地址，而非数据值本身。关于引用数据类型的使用会在本书后续内容进行讲解，这里先对 Java 中

的基本数据类型进行说明。

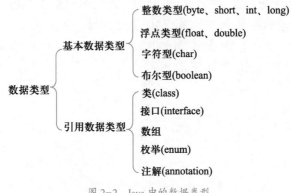

图 2-2　Java 中的数据类型

（1）整数类型

整数类型是表示整数数据的类型。在 Java 中，为了给不同大小范围内的整数合理地分配存储空间，整数类型分为 4 种不同的类型，分别是字节型（byte）、短整型（short）、整型（int）和长整型（long）。这 4 种类型的数据所占存储空间的大小以及取值范围见表 2-1。

表 2-1　整 数 类 型

类型	占用空间	取值范围
byte	8 位（1 个字节）	$-2^7 \sim 2^7-1$
short	16 位（2 个字节）	$-2^{15} \sim 2^{15}-1$
int	32 位（4 个字节）	$-2^{31} \sim 2^{31}-1$
long	64 位（8 个字节）	$-2^{63} \sim 2^{63}-1$

表 2-1 列出了使用 4 种整数类型所占的空间大小和取值范围。占用空间指的是不同类型的数据分别占用的内存大小。例如，一个 int 类型的数据会占用 4 个字节的内存空间。取值范围是指变量存储的值不能超出的范围。例如，一个 byte 类型的数据存储的值必须是 $-2^7 \sim 2^7-1$ 之间的整数。

（2）浮点类型

浮点类型是表示小数数据的类型，包括单精度浮点型（float）和双精度浮点型（double）。double 类型所表示的浮点数比 float 类型更精确，这两种浮点类型的数据所占存储空间的大小以及取值范围见表 2-2。

表 2-2　浮 点 类 型

类型	占用空间	取值范围
float	32 位（4 个字节）	$-3.4E+38 \sim 3.4E+38$
double	64 位（8 个字节）	$-1.7E+308 \sim 1.7E+308$

表 2-2 列出了 float 类型和 double 类型浮点数所占的空间大小和取值范围。在取值范围中，E（或者小写 e）表示以 10 为底的指数，E 后面的 ＋ 号和 － 号代表正指数和负指数，如 3.4E+38 表示 3.4×10^{38}。

（3）字符类型

在 Java 中，字符类型用 char 表示，用于表示单个字符的类型，字符需要用一对英文半角格式的单引号（"）包裹字符，如 'a'。

（4）布尔类型

在 Java 中，使用 boolean 表示布尔类型，布尔类型只有 true 和 false 两个值，分别表示逻辑"真"和逻辑"假"。

4. 字面常量

字面常量也称为常量值，是通过数据直接表示的值。例如，整数 1、字符 'a'、浮点数 3.2 等都是字面常量。在 Java 中，字面常量包括整型常量值、浮点型常量值、字符型常量值、字符串常量值、布尔常量值和 null，下面针对这些常量值进行详细讲解。

（1）整型常量值

整型常量值是整数类型的值，有二进制、八进制、十进制和十六进制 4 种表示形式，具体如下。

① 二进制：由数字 0 和 1 组成的数字序列。从 JDK 7 开始，允许使用字面值表示二进制数，前面要以 0b 或 0B 开头，目的是为了和十进制进行区分，如 0b01101100、0B10110101。

② 八进制：以 0 开头且其后由 0 ~ 7 范围内（包括 0 和 7）的整数组成的数字序列，如 0342。

③ 十进制：由 0 ~ 9 范围内（包括 0 和 9）的整数组成的数字序列，如 198。

④ 十六进制：以 0x 或者 0X 开头且其后由 0 ~ 9、A ~ F 或 a ~ f（包括 0 和 9、A 和 F，a 和 f）组成的数字序列，如 0x25AF。

（2）浮点型常量值

浮点型常量值就是在数学中用到的小数，分为单精度浮点数（float）和双精度浮点数（double）两种。其中，单精度浮点数后面以 F 或 f 结尾，而双精度浮点数则以 D 或 d 结尾。当然，在使用浮点数时也可以在结尾处不加任何后缀，此时默认的浮点类型是 double 类型。浮点数常量还可以通过指数形式表示。

浮点型常量值具体示例如下。

```
2.3f
3.6d
3.84
5.022e+23f
```

上述示例中，第 4 行代码使用指数形式表示单精度浮点数，其中 e 表示以 10 为底的指数，e 后面的 + 代表正指数，即 5.022e+23f 表示 5.022×10^{23} 的单精度浮点数。

（3）字符型常量值

字符型常量通常用于表示单个的字符，字符常量值要用一对英文半角格式的单引号（' '）包裹。Java 中的字符使用 Unicode 编码，Unicode 支持当前世界上几乎所有书面语言的字符，因此 Java 程序支持各种语言的字符。

字符常量值有 3 种形式，分别为使用单个字符表示、使用转义字符表示、使用 Unicode 值表示。其中，常见的转义字符有 \n、\t，分别表示换行符和制表符；使用 Unicode 值表示字符的格式是 '\u××××'，其中 ×××× 代表一个十六进制的整数。

字符常量具体示例如下。

```
'a'
' '
'1'
'&'
'\n'
'\u0000'
```

（4）字符串常量值

字符串常量值是包含在一对英文半角格式的双引号（" "）中的一组字符，字符个数可以是 0 个。这种用双引号括起来的一串字符都是 String 类型的值。具体示例如下。

```
"HelloWorld"
"123"
" "
""
```

一个字符串常量值可以包含一个字符或多个字符，也可以不包含任何字符，即长度为 0。当一个字符串常量值使用加号（+）连接其他常量值时，会将这两部分内容拼接在一起，组成一个新的字符串常量值。

（5）布尔型常量值

布尔型常量值即布尔型的值，用于区分事物的真与假，有 true 和 false 两个值。

（6）null

null 是一种特殊的值，它可以赋值给任何引用数据类型。

5. 变量

在程序运行期间，随时可能产生一些临时数据，应用程序会将这些数据保存在内存单元中，每个内存单元都用一个标识符标识，这些内存单元被称为变量，用于标识内存单元的标识符就称为变量名，内存单元中存储的数据就是变量的值。

Java 中所有的变量必须先声明再使用，声明变量的格式如下。

```
数据类型 变量名 [=变量值] [,变量名2 [=变量值]……];
```

上述格式中，数据类型是指变量值所属的类型，可以根据需要存放的变量值自行定义；变量名需要符合标识符的定义规则；中括号表示可选项，"= 变量值"表示为变量设定初始值。如果想要同时声明多个相同数据类型的变量，可以使用英文逗号（,）分隔变量名。

变量名的定义对程序整体的可读性起着非常重要的作用，作为程序的开发人员，在定义变量名时，务必采用准确的命名规范，赋予变量名一个有意义或可读性更强的名称，这样更有利于编写出高质量的程序，并养成良好的编码习惯。

下面通过具体的代码学习变量的声明。

```
int x = 0,y;
y = x+3;
```

上述代码中，第 1 行代码声明了两个 int 类型的变量 x 和 y，相当于分配了两块内存单元。在声明变量 x 的同时为变量 x 分配了一个初始值 0，而变量 y 没有分配初始值，变量 x 和 y 在内存中的状态如图 2-3 所示。

第 2 行代码为变量 y 进行赋值。在执行第 2 行代码时，程序首先取出变量 x 的值，与 3 相加，然后将相加的结果赋值给变量 y，此时变量 x 和 y 在内存中的状态发生了变化，如图 2-4 所示。

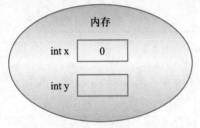
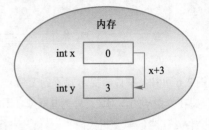

图 2-3 变量 x 和 y 在内存中的状态   图 2-4 变量 x 和 y 在内存中的状态发生变化

数据处理是程序的基本功能，变量是程序中数据的载体，因此变量在程序中占据重要的地位。

6. 变量的作用域

在前面介绍过变量需要先定义后使用，但这并不意味着定义的变量在之后所有语句中都可以使用。变量需要在它的作用范围内才可以被使用，这个作用范围称为变量的作用域。在程序中，变量一定会被定义在某一对大括号中，该大括号所包含的代码区域便是这个变量的作用域。

下面通过一个代码片段分析变量的作用域，如图 2-5 所示。

图 2-5 所示的代码有两层大括号。其中，外层大括号所标识的代码区域就是变量 x 的作用域，内层大括号所标识的代码区域就是变量 y 的作用域。

```
public static void main(String[] args) {
    int x=4;
    {
        int y=9;             y的作用域      x的作用域
        ...
    }
    ...
}
```

图 2-5 变量作用域

变量的作用域在编程中特别重要，下面通过案例进一步熟悉变量的作用域，见文件 2-1。

文件 2-1 Example01.java

```
1   public class Example01{
2       public static void main(String[] args) {
3           int x = 12;                          // 声明变量x，并赋值12
4           {
5               int y = 96;                      // 声明变量y，并赋值96
6               System.out.println("x is " + x); // 访问变量x
7               System.out.println("y is " + y); // 访问变量y
8           }
9           y = x;                               // 访问变量x，为变量y赋值
10          System.out.println("x is " + x);     // 访问变量x
11      }
12  }
```

编译文件 2-1，程序报错，错误提示信息如图 2-6 所示。

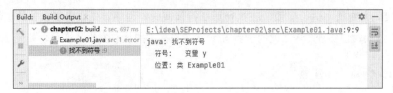

图 2-6　文件 2-1 编译报错

由图 2-6 可知，编译器提示找不到变量 y。错误原因在于，变量 y 的作用域为第 5～7 行代码，第 9 行代码在变量 y 的作用域之外为其赋值，因此编译器报错。

将文件 2-1 中的第 9 行代码"y = x;"进行注释，保存文件后再次编译运行，运行结果如图 2-7 所示。

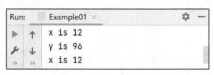

从图 2-7 可以得知，变量 x 的作用域为第 3～10 行，变量 y 的作用域为第 5～7 行。

图 2-7　文件 2-1 修改后的运行结果

■ 任务分析

根据任务描述得知，本任务的目标是将今日特价菜品信息输出到控制台。通过观察特价菜品展示的内容，可以使用下列思路实现。

① 由于特价菜的名称、数量以及菜品价格是变化的，所以这些数据可以定义变量存储。

②"今日特价菜品""菜品名称　数量（份）　菜品价格（元）"以及 3 条横线是固定不变的，作为字面常量直接输出。

③ 按照特价菜品展示形式，使用输出语句依次输出内容。

■ 任务实现

结合任务分析的思路，下面在 IDEA 中创建一个名称为 DishesShow 的 Java 源文件，在该文件的 DishesShow 类中定义 main() 方法，并在 main() 方法中实现特价菜品展示的功能。具体代码见文件 2-2。

文件 2-2　DishesShow.java

```
1   public class DishesShow {
2       public static void main(String[] args) {
3           // 定义表示特价菜品信息的变量
4           String dish_01 = "油焖大虾";                    //菜品名称
5           int dishNumber_01 = 10;                        //数量
6           double dishPrice_01 = 48.00;                   //菜品价格
7           String dish_02 = "香菇炖鸡";                    //菜品名称
8           int dishNumber_02 = 12;                        //数量
9           double dishPrice_02 = 28.00;                   //菜品价格
10          String dish_03 = "宫保鸡丁";                    //菜品名称
11          int dishNumber_03 = 15;                        //数量
12          double dishPrice_03 = 20.00;                   //菜品价格
13          // 输出特价菜品展示内容
14          System.out.println("        今日特价菜品          ");
15          System.out.println("————————————————————————————————————————");
```

```
16          System.out.println("菜品名称   数量（份）   菜品价格（元）");
17          System.out.println("——————————————————————————");
18          System.out.println(dish_01 + "    " + dishNumber_01 + "    " +
19              dishPrice_01 );
20          System.out.println(dish_02 + "    " + dishNumber_02 + "    " +
21              dishPrice_02 );
22          System.out.println(dish_03 + "    " + dishNumber_03 + "    " +
23              dishPrice_03 );
24          System.out.println("——————————————————————————");
25      }
26 }
```

上述代码中，第 4 ～ 12 行代码中定义了 String 类型的变量保存菜品名称，int 类型的变量表示数量，double 类型的变量表示菜品价格。第 14 ～ 20 行使用输出语句依次将菜品清单的内容输出在控制台。

文件 2-2 的运行结果如图 2-8 所示。

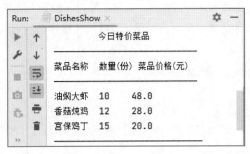

图 2-8　文件 2-2 的运行结果

结账单

■ 任务描述

为了让顾客结账时，能更好地核对消费明细，餐厅助手提供了结账单。结账单不仅展示了顾客的消费明细，而且展示了顾客的消费总计、优惠金额及实收金额。其中，实收金额会进行抹零操作，并且如果顾客消费金额超过 100 元，会给予 8.8 折优惠。本任务要求编写 Java 代码实现结账单的功能，结账单效果如图 2-9 所示。

图 2-9　结账单效果

■ 知识储备

1. 算术运算符

加减乘除是常见的数学运算，在 Java 中可以通过算术运算符完成基本的数学运算。Java 中的算术运算符是用来组织数值类型数据进行算术运算的符号，具体见表 2-3。

表 2-3　Java 中的算术运算符及用法

运算符	作用	示例	结果
+	加运算	5+5	10
−	减运算	6-4	2
*	乘运算	3*4	12
/	除运算	5/5	1
%	取模运算，即求余运算	7%5	2
++	自增运算，实现变量的值自行增加 1，可以在变量之前或之后	a=2;b=++a;	a=3;b=3;
		a=2;b=a++;	a=3;b=2;
−−	自减运算，实现变量的值自行减少 1，可以在变量之前或之后	a=2;b=−−a	a=1;b=1;
		a=2;b=a−−	a=1;b=2;

算术运算符在实际使用时比较简单，但还有一些问题需要注意，具体如下。

① 进行自增（++）或自减（−−）运算时，如果运算符 ++ 或 −− 放在操作数的前面，则先进行自增或自减运算，再进行其他运算。反之，如果运算符放在操作数的后面，则先进行其他运算再进行自增或自减运算。

请仔细阅读下面的代码，思考运行结果。

```
int a = 1;
int b = 2;
int x = a + b++;
System.out.println("b=" + b);
System.out.println("x=" + x);
```

上述代码运行结果为：b=3、x=3。其中，定义了 3 个 int 类型的变量 a、b、x，a=1、b=2。当进行"a+b++"运算时，由于运算符 ++ 写在变量 b 的后面，则先进行 a+b 运算，再进行变量 b 的自增，因此变量 b 在参与加法运算时其值仍然为 2，x 的值应为 3。变量 b 在参与运算之后会进行自增，因此 b 的最终值为 3。

② 进行除法运算时，当除数和被除数都为整数时，得到的结果也是一个整数。如果除法运算有小数参与，得到的结果会是一个小数。例如，2510/1000 属于整数之间相除，会忽略小数部分，得到的结果是 2，而 2.5/10 的结果为 0.25。

请思考下面表达式的结果是多少。

```
3500/1000*1000
```

上述表达式结果为 3000。由于表达式的执行顺序是从左到右，因此先执行除法运算 3500/1000，得到的结果为 3，3 再乘以 1000，得到的结果自然就是 3000。

③ 进行取模（%）运算时，运算结果的正负取决于被模数（% 左边的数）的符号，与模数（% 右边的数）的符号无关。例如，(-5)%3=-2，而 5%(-3)=2。

2. 赋值运算符

赋值运算符的作用就是将常量、变量或表达式的值赋给某一个变量。Java 中的赋值运算符及用法见表 2-4。

表 2-4 Java 中的赋值运算符及用法

运算符	作用	示例	结果
=	将运算符右边的值赋给左边变量	a=3; b=2;	a=3; b=2;

+=	将该运算符左边的数值加上右边的数值，再将其结果赋值给左边变量	a=3;
		b=2;
		a+=b;
			a=5;
			b=2;

-=	将该运算符左边的数值减去右边的数值，再将其结果赋值给左边变量	a=3;
		b=2;
		a-=b;
			a=1;
			b=2;

*=	将该运算符左边的数值乘以右边的数值，再将其结果赋值给左边变量	a=3;
		b=2;
		a*=b;
			a=6;
			b=2;

/=	将该运算符左边的数值除以右边的数值，再将其结果赋值给左边变量	a=3;
		b=2;
		a/=b;
			a=1;
			b=2;

%=	将该运算符左边的数值和右边的数值进行取模运算，再将其结果赋值给左边变量	a=3;
		b=2;
		a%=b;
			a=1;
			b=2;

在赋值运算时，左边的操作数必须是变量，不能是常量或表达式。运算顺序从右往左，将运算结果赋值给左边变量。在赋值运算符的使用中，需要注意以下两点。

① 在 Java 中可以通过一条赋值语句对多个变量进行赋值，具体示例如下。

```
int  x, y, z;
x = y = z = 5;                    // 为3个变量同时赋值
```

在上述代码中，一条赋值语句将变量 x、y、z 的值同时赋值为 5。需要注意的是，下面这种写法在 Java 中是不可以的。

```
int x = y = z = 5;               // 这样写是错误的
```

② 在表 2-4 中，除了 "="，其他都是特殊的赋值运算符，以 "+=" 为例，x += 3 就相当于 x = x + 3，表达式首先会进行加法运算 x+3，再将运算结果赋值给变量 x。-=、*=、/=、%= 赋值运算符都可以此类推。

3. 比较运算符

比较运算符也称为关系运算符，用于对两个数值或变量进行比较。通常将比较运算符连接起来的表达式也称为关系表达式，关系表达式的结果是一个布尔值，即 true 或 false。Java 中的比较运算符及用法见表 2-5。

表 2-5 Java 中的比较运算符及用法

运算符	作用	示例	结果
==	相等于	4 == 3	false
!=	不等于	4 != 3	true
<	小于	4 < 3	false
>	大于	4 > 3	true
<=	小于或等于	4 <= 3	false
>=	大于或等于	4 >= 3	true

注意：
在比较运算中，不能将比较运算符 "==" 误写成赋值运算符 "="。

4. 逻辑运算符

逻辑运算符操作的可以是布尔型变量或常量，以及结果为布尔值的表达式，其运算结果也是一个布尔值。Java 中的逻辑运算符及用法见表 2-6。

表 2-6 逻辑运算符

运算符	作用	示例	结果
&	与	true & true	true
		true & false	false
		false & false	false
		false & true	false
|	或	true | true	true
		true | false	true
		false| false	false
		false| true	true
^	异或	true ^ true	false
		true ^ false	true
		false ^ false	false
		false ^ true	true
!	非	!true	false
		!false	true
&&	短路与	true && true	true
		true && false	false
		false && false	false
		false && true	false
||	短路或	true || true	true
		true || false	true
		false || false	false
		false || true	true

在使用逻辑运算符的过程中，需要注意以下几个细节。

①逻辑运算符可以针对结果为布尔值的表达式进行运算。例如，x > 3 && y != 0。

②运算符"&"和"&&"都表示与操作，当且仅当运算符两边的操作数都为 true 时，其结果才为 true，否则结果为 false。虽然运算符"&"和"&&"都表示与操作，但两者在使用上有一定的区别。在使用"&"进行运算时，不论左边为 true 或者 false，右边表达式都会进行运算。使用"&&"进行运算，当左边表达式的结果为 false 时，右边表达式就不再进行运算，因此"&&"被称为短路与。

下面通过案例深入了解"&"和"&&"的区别，见文件 2-3。

文件 2-3　Example02.java

```
1   public class Example02 {
2       public static void main(String[] args) {
3           int x = 0;                              // 定义变量x，初始值为0
4           int y = 0;                              // 定义变量y，初始值为0
5           int z = 0;                              // 定义变量z，初始值为0
6           boolean a, b;                           // 定义boolean变量a和b
7           a = x > 0 & y++ > 1;                    // 使用逻辑运算符&对表达式进行运算
8           System.out.println(a);
9           System.out.println("y = " + y);
10          b = x > 0 && z++ > 1;                   // 使用逻辑运算符&&对表达式进行运算
11          System.out.println(b);
12          System.out.println("z = " + z);
13      }
14  }
```

在文件 2-3 中，第 3 ~ 5 行代码定义了 3 个整型变量 x、y、z，初始值都为 0；第 6 行代码定义了两个布尔类型的变量 a 和 b。第 7 行代码使用"&"运算符对两个表达式进行逻辑运算，由于使用的是运算符"&"，运算符两边的表达式都会进行运算。第 10 行代码是逻辑"&&"运算，当左边为 false 时，右边表达式不进行运算。

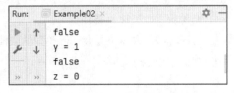

图 2-10　文件 2-3 的运行结果

文件 2-3 的运行结果如图 2-10 所示。

从图 2-10 可以得出，程序中变量 y 执行了自增，变量 z 没有执行自增。说明运算符"&"会对运算符两边的表达式进行运算。使用"&&"进行运算，当运算符左边为 false 时，右边的表达式则不再进行运算。

③运算符"|"和"||"都表示或操作，当运算符两边的任一表达式值为 true 时，其结果为 true。只有两边表达式的值都为 false 时，其结果才为 false。"||"运算符为短路或，当运算符"||"左边表达式的结果为 true 时，右边表达式不再进行运算，具体示例如下。

```
int x = 0;
int y = 0;
boolean b = x==0 || y++>0
```

上述代码块执行完毕后，b 的值为 true，y 的值仍为 0。原因是运算符"||"的左边表达式 x==0 结果为 true，那么右边表达式将不进行运算，y 的值不发生任何变化。

④ 运算符 "^" 表示异或操作，当运算符两边关系表达式的运算结果或布尔值相同时（都为 true 或都为 false），其结果为 false。当两边表达式的布尔值不相同时，其结果为 true。

5. 三元运算符

Java 提供了一个三元运算符，可以同时操作 3 个表达式。三元运算符语法格式如下。

表达式1 ? 表达式2 : 表达式3

在上述语法格式中，表达式 1 是一个结果为布尔值的逻辑表达式，当表达式 1 的结果为 true 时，计算表达式 2 的值作为整个表达式的结果，否则计算表达式 3 的值作为整个表达式的结果。

下面举例说明如何使用三元运算符。例如，求两个数 x、y 中的较大者，用三元运算方法的具体代码如下。

```
int x = 0;
int y = 1;
max = x > y? x : y;
System.out.println(max);
```

上述代码的运行结果为 max = 1。使用三元运算符时需要注意以下几点。

① 三元运算符中 "？" 和 ":" 是一对运算符，不能分开单独使用。

② 三元运算符的优先级低于比较运算符与算术运算符，但高于赋值运算符。

③ 三元运算符可以进行嵌套，运算方向自右向左。例如，a>b?a:c>d?c:d 应该理解为 a>b?a:(c>d?c:d)。

6. 自动类型转换

自动类型转换也叫隐式类型转换，指的是两种数据类型在转换过程中不需要显式地进行声明，由编译器自动完成。自动类型转换必须同时满足以下两个条件。

① 两种数据类型彼此兼容。

② 目标类型的取值范围大于源类型的取值范围。

例如下面的代码。

```
byte b = 3;
int x = b;
```

在上述代码中，使用 byte 类型的变量 b 为 int 类型的变量 x 赋值，由于 int 类型的取值范围大于 byte 类型的取值范围，编译器在赋值过程中不会造成数据丢失，所以编译器能够自动完成这种转换，在编译时不报告任何错误。

除了上述示例中演示的情况，还有很多类型之间可以自动转换。下面列出 3 种可以自动类型转换的情况。

① 整数类型之间可以实现转换。例如，byte 类型的数据可以赋值给 short、int、long 类型的变量；short、char 类型的数据可以赋值给 int、long 类型的变量；int 类型的数据可以赋值给 long 类型的变量。

② 整数类型转换为 float 类型。例如，byte、char、short、int 类型的数据可以赋值给 float 类型的变量。

③ 其他类型转换为 double 类型。例如，byte、char、short、int、long、float 类型的数据可以赋

值给 double 类型的变量。

7．强制类型转换

强制类型转换也叫显式类型转换，指的是两种数据类型之间的转换需要进行显式地声明。当两种类型彼此不兼容，或者目标类型取值范围小于源类型时，自动类型转换无法进行，这时就需要进行强制类型转换。在学习强制类型转换前，先看个例子，在本例中，使用 int 类型的变量 num 为 byte 类型的 b 赋值，见文件 2-4。

文件 2-4　Example03.java

```
1    public class Example03 {
2         public static void main(String[] args) {
3              int num = 4;
4              byte b = num;
5              System.out.println(b);
6         }
7    }
```

编译文件 2-4，程序报错，错误提示信息如图 2-11 所示。

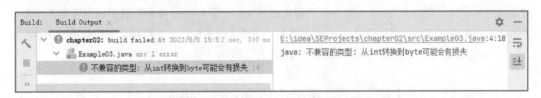

图 2-11　文件 2-4 编译报错

由图 2-11 可知，程序提示数据类型不兼容，不能将 int 类型转换成 byte 类型，原因是将一个 int 类型的值赋值给 byte 类型的变量 b 时，由于 int 类型的取值范围大于 byte 类型的取值范围，这样的赋值会导致数值溢出，即一个字节的变量无法存储 4 个字节的整数值。

针对上述情况，就需要进行强制类型转换，即强制将 int 类型的值赋值给 byte 类型的变量。强制类型转换格式如下。

目标类型 变量 =（目标类型）值

将文件 2-4 中第 4 行代码修改如下。

byte b = (byte) num;

修改后保存源文件，再次编译运行，程序运行结果如图 2-12 所示。

由图 2-12 可知，修改代码为强制类型转换后，程序可以正确编译运行。需要注意的是，在对变量进行强制类型转换时，如果将取值范围较大的数据类型强制转换为取值范围较小的数据，如将一个 int 类型的数转换为 byte 类型，极易造成数据精度的丢失。下面通过案例演示数据精度丢失的情况，见文件 2-5。

文件 2-5　Example04.java

```
1    public class Example04{
2         public static void main(String[] args) {
```

```
3            byte a;                      // 定义byte类型的变量a
4            int b = 298;                 // 定义int类型的变量b
5            a = (byte) b;
6            System.out.println("b=" + b);
7            System.out.println("a=" + a);
8        }
9    }
```

在文件 2-5 中，将一个 int 类型的变量 b 强制转换成 byte 类型并赋值给变量 a。

文件 2-5 的运行结果如图 2-13 所示。

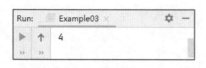

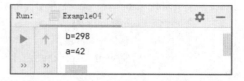

图 2-12　文件 2-4 修改后的运行结果　　　　　　图 2-13　文件 2-5 的运行结果

由图 2-13 可以看出，变量 b 本身的值为 298，然而在赋值给变量 a 后，a 的值为 42。出现这种现象的原因是，变量 b 为 int 类型，在内存中占用 4 个字节，byte 类型的数据在内存中占用 1 个字节，当将变量 b 的类型强制转换为 byte 类型后，前面 3 个高位字节的数据丢失，数值发生改变。

int 类型转换为 byte 类型的过程如图 2-14 所示。

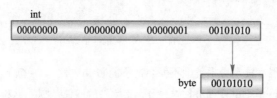

图 2-14　int 类型转换为 byte 类型的过程

从图 2-14 可以看出，将 int 类型转换为 byte 类型时，需要截断数据的前 24 位，只保留右边 8 位。

■ 任务分析

根据任务描述得知，本任务的目标是输出一个结账单。通过观察结账单展示的内容，可以使用下列思路实现。

① 定义变量存储账单菜品明细，包括菜品名称、数量、单价以及金额。其中，每个菜品的金额等于本菜品的数量乘以单价。

② 对账单所有菜品的金额进行累加，计算出消费总计。

③ 使用三元运算符判断消费总计是否大于 100 元，如果消费总计大于 100 元，那么会给予 8.8 折优惠，优惠金额是消费总计乘以 0.12，否则优惠金额为 0。

④ 使用消费总计减去优惠金额，计算出实收金额。由于实收金额是抹零后的数据，所以可以将实收金额转换为 int 类型的整数。

⑤ 按照结账单样式，依次输出相关内容。

■ 任务实现

结合任务分析的思路，下面在 IDEA 中创建一个名称为 BillAmout 的 Java 源文件，然后在该文件的 BillAmout 类中定义 main() 方法，并在 main() 方法中实现账单金额结算的功能，具体代码见文件 2-6。

文件 2-6　BillAmout.java

```
1    public class BillAmout {
2        public static void main(String[] args) {
3            String dish_01 = "油焖大虾";                     //菜品名称
4            int dishnum_01 = 2;                            //数量
5            double dishPrice_01 = 48.8;                     //单价
6            double dishAmout_01=dishnum_01*dishPrice_01;     //菜品01消费金额
7            String dish_02 = "宫保鸡丁";                     //菜品名称
8            int dishnum_02 = 2;                            //数量
9            double dishPrice_02 = 19.8;                     //单价
10           double dishAmout_02=dishnum_02*dishPrice_02;     //菜品02消费金额
11           double total=dishAmout_01+dishAmout_02;          //计算消费总计
12           double discount = total>100?total*0.12:0;        //计算优惠金额
13           int receivable=(int)(total-discount);            //计算实收金额
14           System.out.println("          结账单        ");
15           System.out.println("--------------------------");
16           System.out.println("菜品名称   数量（份）    单价（元）   金额（元）");
17           System.out.println("--------------------------");
18           System.out.println(dish_01 +"    "+dishnum_01+"     "
19                                        +dishPrice_01+"     "+dishAmout_01);
20           System.out.println(dish_02 +"    "+dishnum_02+"     "
21                                        +dishPrice_02+"    "+dishAmout_02);
22           System.out.println("--------------------------");
23           System.out.println("消费总计（元）: "+total);
24           System.out.println("优惠金额（元）: "+discount);
25           System.out.println("实收金额（元）: "+receivable);
26       }
27   }
```

上述代码中，第 3 ～ 10 行代码表示顾客消费的两种菜品情况，第 11 行代码用于计算顾客的消费总计，第 12 行代码用于计算顾客是否可以享受优惠，如果消费总计大于 100，那么可以享受的优惠金额是消费总计的 12%，否则优惠金额为 0。第 13 行代码用于计算抹零后的实收金额。第 14 ～ 25 行代码依次输出账单金额结算的所有信息。

文件 2-6 的运行结果如图 2-15 所示。

从图 2-15 可以看出，程序根据餐厅的账单结算规则输出了顾客的结账单。顾客消费金额大于 100，

图 2-15　文件 2-6 的运行结果

给顾客优惠了消费金额的 12%，最后实收时，去除了实际应收金额的小数位。

知识拓展 2.1　表达式类型的自动提升

任务2-3　会员充值

■ 任务描述

为了吸引更多顾客光顾，传智餐厅推出了会员充值活动，充值规则如下。

① 充 100 元，送 10 元。

② 充 200 元，送 30 元。

③ 充 500 元，送 80 元。

④ 充 1000 元，送 200 元。

本任务要求编写程序，实现会员充值功能，并输出充值后的余额。会员充值结果如图 2-16 所示。

请输入您要充值的金额(元): 100
充值成功，您充值金额为110元

请输入您要充值的金额(元): 200
充值成功，您充值金额为230元

请输入您要充值的金额(元): 500
充值成功，您充值金额为580元

请输入您要充值的金额(元): 1000　　　　请输入您要充值的金额(元): -100
充值成功，您充值金额为1200元　　　　充值失败

充值成功示例　　　　　　　　　充值失败示例

图 2-16　会员充值结果

■ 知识储备

1. 控制台输入数据

很多时候，如果希望能够在 Java 程序中读取用户输入的数据，可以使用 Java 提供的 Scanner 类。Scanner 类可以扫描并接收控制台输入的各种类型的数据，如整数、小数、字符串等。

使用 Scanner 类接收从控制台输入数据的方法比较简单，具体步骤如下。

① 在代码最前面引入 Scanner 类，具体代码如下。

```
import java.util.Scanner;
```

② 创建 Scanner 对象，具体代码如下。

```
Scanner sc = new Scanner(System.in);
```

上述代码中，new 关键字用于创建对象，System.in 表示接收的是系统输入的数据。

③ 调用 Scanner 类的相关方法接收不同类型的数据，示例代码如下。

```
int num = sc.nextInt();        // 从控制台输入整数
String str = sc.next();        // 从控制台输入字符串
float f = sc.nextFloat();      // 从控制台输入float数据
double d = sc.nextDouble();    // 从控制台输入double数据
```

下面通过案例学习如何使用 Scanner 类接收从控制台输入的数据，具体见文件 2-7。

文件 2-7 Example05.java

```
1   import java.util.Scanner;
2   public class Example05 {
3       public static void main(String[] args) {
4           Scanner sc = new Scanner(System.in);
5           System.out.print("请输入您的名字：");
6           String name = sc.next();
7           System.out.print("请输入您的年龄：");
8           int age = sc.nextInt();
9           System.out.println("您输入的名字是" + name + ",年龄是：" + age);
10      }
11  }
```

上述代码中，第 4 行代码创建了一个 Scanner 对象，第 6 行代码获取控制台输入的字符串，第 8 行代码获取控制台输入的整数，第 9 行代码将在控制台获取的内容输出到控制台。

文件 2-7 的运行结果如图 2-17 所示。

从图 2-17 可以得出，程序获取到控制台输入的字符串和整数。

2. if 语句

if 语句是指如果满足某种条件，就进行某种处理。例如，小明妈妈跟小明说"如果你考试得了 100 分，星期日就带你去游乐场玩"。这句话可以通过下面一段伪代码来描述。

```
如果小明考试得了100分
妈妈星期日带小明去游乐场
```

在上述伪代码中，"如果"相当于 Java 中的关键字 if，"小明考试得了 100 分"是判断条件，需要用 () 括起来，"妈妈星期日带小明去游乐场"是执行语句，需要放在 {} 中。修改后的伪代码如下。

```
if (小明考试得了100分) {
妈妈星期日带小明去游乐场
}
```

上面的例子就描述了 if 语句的用法，在 Java 中，if 语句的具体语法格式如下。

```
if (条件表达式)
{
执行语句
}
```

上述格式中，条件表达式的执行结果是一个布尔值，当执行结果为 true 时，{ } 中的执行语句才会执行。if 语句的执行流程如图 2-18 所示。

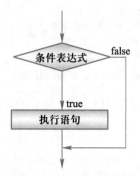

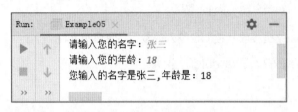

图 2-17 文件 2-7 的运行结果　　　　图 2-18 if 语句的执行流程

下面通过案例学习 if 语句的具体用法，见文件 2-8。

文件 2-8　Example06.java

```java
1  public class Example06 {
2      public static void main(String[] args) {
3          int x = 5;
4          if (x < 10) {
5              x++;
6          }
7          System.out.println("x=" + x);
8      }
9  }
```

在文件 2-8 中，第 3 行代码定义了一个变量 x，初始值为 5。第 4 ~ 6 行代码在 if 语句中判断 x 的值是否小于 10，如果 x 小于 10，就执行 x++。由于 x 值为 5，x<10 条件成立，{ } 中的语句会被执行，变量 x 的值进行自增。

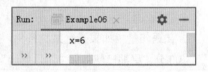

图 2-19 文件 2-8 的运行结果

文件 2-8 的运行结果如图 2-19 所示。

从图 2-19 的运行结果可以看出，x 的值由原来的 5 变成了 6，说明程序执行了 if 语句后面 { } 内的代码。

3. if...else 语句

if...else 语句是指如果满足某种条件，就进行某种处理，否则就进行另一种处理。例如，要判断一个正整数的奇偶，如果该数字能被 2 整除则是一个偶数，否则该数字就是一个奇数。if...else 语句具体语法格式如下。

```
if (条件表达式)
{
 执行语句1
}
else
{
 执行语句2
}
```

上述格式中，条件表达式的执行结果是一个布尔值。当执行结果为 true 时，if 后面 {} 中的执行语句 1 会执行。当执行结果为 false 时，else 后面 {} 中的执行语句 2 会执行。if...else 语句的执行流程如图 2-20 所示。

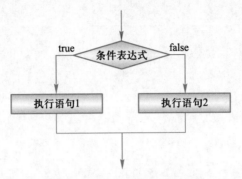

图 2-20　if...else 语句的执行流程

下面通过案例实现判断奇偶数的程序，见文件 2-9。

文件 2-9　Example07.java

```
1   public class Example07 {
2       public static void main(String[] args) {
3           int num = 19;
4           if (num % 2 == 0) {
5               // 判断条件成立，num被2整除
6               System.out.println("num是1个偶数");
7           } else {
8               System.out.println("num是1个奇数");
9           }
10      }
11  }
```

在文件 2-9 中，第 3 行代码定义了变量 num，num 的初始值为 19。第 4 ~ 9 行代码判断 num%2 的值是否为 0，如果为 0 则输出"num 是 1 个偶数"，否则输出"num 是 1 个奇数"。

文件 2-9 的运行结果如图 2-21 所示。

图 2-21　文件 2-9 的运行结果

4. if...else if...else 语句

if...else if...else 语句用于对多个条件进行判断，进行多种不同的处理。例如，对一个学生的考试成绩进行等级划分，如果分数大于 80 分，等级为优；如果分数大于 70 分，等级为良；如果分数大于 60 分，等级为中；如果分数小于 60 分，等级为差。

if...else if...else 语句具体语法格式如下。

```
if(条件表达式1)
{
    执行语句1
}
```

```
else if (条件表达式2)
{
    执行语句2
}
......
else if (条件表达式n)
{
    执行语句n
}
else
{
    执行语句n+1
}
```

上述格式中，条件表达式 1 的执行结果是一个布尔值。当执行结果为 true 时，if 后面 {} 中的执行语句 1 会执行。当执行结果为 false 时，会继续执行条件表达式 2，如果条件表达式 2 的执行结果为 true 则执行语句 2，依此类推，如果所有的条件表达式都为 false，则意味着所有条件均不满足，else 后面 {} 中的执行语句 n+1 会执行。if...else if...else 语句的执行流程如图 2-22 所示。

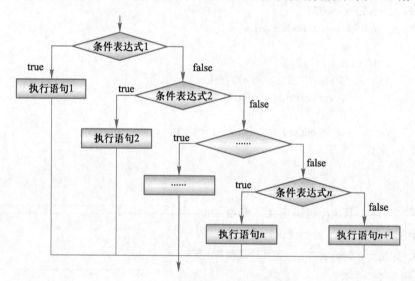

图 2-22　if...else if...else 语句的执行流程

下面通过案例演示 if...else if...else 语句的用法，该案例实现对学生考试成绩进行等级划分，见文件 2-10。

文件 2-10　Example08.java

```
1   public class Example08{
2       public static void main(String[] args) {
3           int grade = 75;                          // 定义学生成绩
4           if (grade > 80) {
5               // 满足条件 grade > 80
6               System.out.println("该成绩的等级为优");
7           } else if (grade > 70) {
```

```
8              // 不满足条件 grade > 80，但满足条件 grade > 70
9              System.out.println("该成绩的等级为良");
10         } else if (grade > 60) {
11              // 不满足条件 grade > 70，但满足条件 grade > 60
12              System.out.println("该成绩的等级为中");
13         } else {
14              // 不满足条件 grade > 60
15              System.out.println("该成绩的等级为差");
16         }
17     }
18 }
```

在文件 2-10 中，第 3 行代码定义了学生成绩 grade 为 75。grade=75 不满足第 1 个判断条件 grade>80，会执行第 2 个判断条件 grade>70，条件成立，因此会输出"该成绩的等级为良"。

图 2-23　文件 2-10 的运行结果

文件 2-10 的运行结果如图 2-23 所示。

从图 2-23 中可以得出，程序根据成绩等级划分规则，将成绩 75 划分为良。

■ 任务分析

根据任务描述得知，本任务的目标是输出会员充值后的金额，可以使用下列思路实现。

① 提示用户输入要充值的金额。

② 定义变量接收用户输入的充值金额。

③ 由于会员充值方式有多种，所以使用 if...else if...else 语句对用户输入的充值金额进行判断，根据判断的结果，计算并输出用户充值后的金额。

■ 任务实现

结合任务分析的思路，下面在 IDEA 中创建一个名称为 MemberRecharge 的 Java 源文件，并在该文件的 MemberRecharge 类中定义 main() 方法，在 main() 方法中实现会员充值的功能。具体代码见文件 2-11。

文件 2-11　MemberRecharge.java

```
1  import java.util.Scanner;
2  public class MemberRecharge {
3      public static void main(String[] args) {
4          System.out.print("请输入您要充值的金额（元）：");
5          Scanner sc = new Scanner(System.in);
6          int recharge = sc.nextInt();
7          if (recharge > 0 && recharge < 100) {
8              System.out.print("充值成功，您充值金额为" + recharge+"元");
9          } else if (recharge >= 100 && recharge < 200) {
10             recharge += 10;
```

```
11                    System.out.println("充值成功，您充值金额为" + recharge+"元");
12               } else if (recharge >= 200 && recharge < 500) {
13                    recharge += 30;
14                    System.out.println("充值成功，您充值金额为" + recharge+"元");
15               } else if (recharge >= 500 && recharge < 1000) {
16                    recharge += 80;
17                    System.out.println("充值成功，您充值金额为" + recharge+"元");
18               } else if (recharge >= 1000) {
19                    recharge += 200;
20                    System.out.println("充值成功，您充值金额为" + recharge+"元");
21               } else {
22                    System.out.println("充值失败!");
23               }
24          }
25  }
```

上述代码中，第 5 行代码用于接收用户输入的充值金额，第 6 ～ 22 行代码用于对充值金额进行判断，如果充值金额大于 0，但少于 100 元，那么会员卡充值金额就是实际充值金额，如果充值金额大于 100 元，那么会员卡充值金额会按照充值规则赠予不同的金额，如充 100 元送 10 元，充 200 元送 30 元，充 500 元送 80 元，充 1000 元送 200 元。如果充值金额少于 0，那么会提示"充值失败"。

假设充值金额为 200 元，文件 2-11 的运行结果如图 2-24 所示。

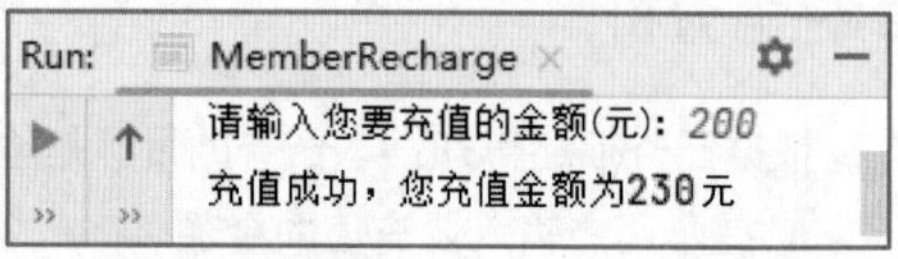

从图 2-24 可知，在控制台输入充值金额为 200 元时，赠送了 30 元，实际充值金额为 230 元。

图 2-24 文件 2-11 的运行结果（1）

假设充值金额为 1000 元，文件 2-11 的运行结果如图 2-25 所示。

从图 2-25 可知，在控制台输入充值金额为 1000 元时，赠送了 200 元，实际充值金额为 1200 元。

假设充值金额为 -100 元，文件 2-11 的运行结果如图 2-26 所示。

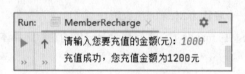

图 2-25 文件 2-11 的运行结果（2）

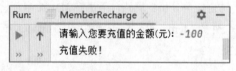

图 2-26 文件 2-11 的运行结果（3）

从图 2-26 可知，在控制台输入充值金额为 -100 元时，提示充值失败。说明当充值金额为 -100 元时，程序内所有条件表达式的执行结果都为 false，执行了 else{} 内的代码。

任务2-4 菜单选择

■ 任务描述

顾客登录餐厅助手后，可以自助进行菜品浏览、点餐、买单等一系列操作，本任务要求编写一个程序，实现顾客自助选择菜单的功能，效果如图 2-27 所示。

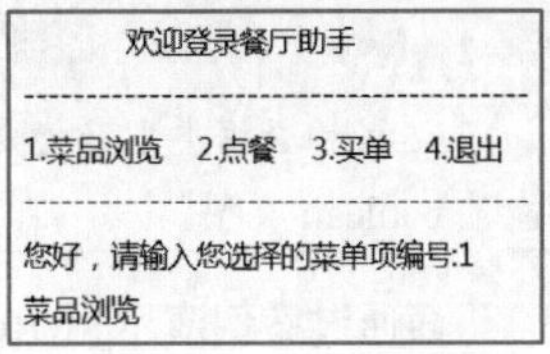

```
┌─────────────────────────────┐
│      欢迎登录餐厅助手          │
│ --------------------------- │
│ 1.菜品浏览  2.点餐  3.买单  4.退出 │
│ --------------------------- │
│ 您好，请输入您选择的菜单项编号:1  │
│ 菜品浏览                      │
└─────────────────────────────┘
```

图 2-27　菜单选择

■ 知识储备

switch 条件语句

switch 条件语句也是一种很常用的选择结构语句，和 if 条件语句不同，它只能针对某个表达式的值做出判断，从而决定程序执行哪一段代码。例如，在程序中使用数字 1 ～ 7 表示星期一到星期日，如果想根据输入的数字输出对应中文格式的星期值，可以通过下面一段伪代码来描述。

```
用于表示星期的数字
   如果等于1，则输出星期一
   如果等于2，则输出星期二
   如果等于3，则输出星期三
   如果等于4，则输出星期四
   如果等于5，则输出星期五
   如果等于6，则输出星期六
   如果等于7，则输出星期日
```

对于上面一段伪代码的描述，读者可能会立刻想到用刚学过的 if...else if...else 语句实现，但是由于 if...else if...else 语句判断条件较多，实现起来代码过长，不便于阅读。为此，Java 提供了 switch 条件语句实现这种需求。

switch 条件语句使用 switch 关键字描述一个表达式，使用 case 关键字描述和表达式结果比较的目标值，当表达式的值和某个目标值匹配时，就执行对应 case 后面的语句。

switch 语句的基本语法格式如下。

```
switch (表达式){
 case 目标值1:
      执行语句1
      break;
      ......
 case 目标值n:
      执行语句n
      break;
 default:
      执行语句n+1
      break;
 }
```

在上述格式中，switch 条件语句将表达式的值与每个 case 中的目标值进行匹配，如果找到匹配的值，就执行对应 case 后面的语句；如果没找到任何匹配的值，则执行 default 后面的语句。switch 条件语句中的 break 关键字将在后续内容介绍，此处，读者只需要知道 break 的作用是跳出 switch 条件语句即可。

💿 注意:

　　表达式的数据类型只能是 byte、short、char、int、枚举类型和 String 类型（从 JDK7 开始支持），不能是 boolean 类型。

　　下面通过案例演示 switch 条件语句的用法，在该案例中，使用 switch 条件语句根据给出的数值输出对应中文格式的星期值，见文件 2-12。

文件 2-12　Example09.java

```
1    public class Example09{
2        public static void main(String[] args) {
3            int week = 5;
4            switch (week) {
5                case 1:
6                    System.out.println("星期一");
7                    break;
8                case 2:
9                    System.out.println("星期二");
10                   break;
11               case 3:
12                   System.out.println("星期三");
13                   break;
14               case 4:
15                   System.out.println("星期四");
16                   break;
17               case 5:
18                   System.out.println("星期五");
19                   break;
20               case 6:
21                   System.out.println("星期六");
22                   break;
23               case 7:
24                   System.out.println("星期日");
25                   break;
26               default:
27                   System.out.println("输入的数字不正确！");
28                   break;
29           }
30       }
31   }
```

　　在文件 2-12 中，第 3 行代码定义了变量 week 并初始化为 5。第 4 ～ 29 行代码通过 switch 条件语句判断 week 的值并输出对应的星期值。

　　文件 2-12 的运行结果如图 2-28 所示。

　　从图 2-28 可以得出，由于变量 week 的值为 5，程序执行了目标值为 5 后面的语句。

　　当 week 的值和所有 case 后的目标值都不匹配时，将执行第 26 ～ 28 行代码。例如，将第 3 行代码替换为 int week = 8，再次运行程序，输出结果如图 2-29 所示。

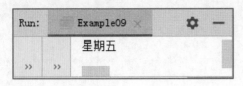

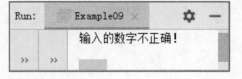

图 2-28　文件 2-12 的运行结果　　　　图 2-29　文件 2-12 修改后的运行结果

从图 2-29 可以得出，程序执行了 default 后面的代码。

■ 任务分析

根据任务描述得知，本任务的目标是输出用户在菜单中选择的菜单项，可以使用下列思路实现。

① 提示用户输入需要选择的菜单项编号，菜单项编号为 1、2、3、4。

② 使用 switch 条件语句对用户输入的菜单项编号进行判断，如果输入的编号是 1，输出"菜品浏览"。如果输入的编号是 2，输出"点菜"，如果输入的编号是 3，输出"买单"，如果输入的编号是 4，输出"退出"。如果输入其他编号，提示"输入错误，请重新输入！"。

■ 任务实现

结合任务分析的思路，下面在 IDEA 中创建一个名称为 CustomerMenu 的 Java 源文件，在该文件的 CustomerMenu 类中定义 main() 方法，在 main() 方法中实现菜单选择的功能。具体代码见文件 2-13。

文件 2-13　CustomerMenu.java

```
1   import java.util.Scanner;
2   public class CustomerMenu {
3       public static void main(String[] args) {
4           System.out.println("              欢迎登录餐厅助手              ");
5           System.out.println("----------------------------------------");
6           System.out.println("1.菜品浏览      2.点餐      3.买单      4.退出      ");
7           System.out.println("----------------------------------------");
8           System.out.print("您好，请输入您选择的菜单项编号:");
9           Scanner sc = new Scanner(System.in);
10          int inNum = sc.nextInt();
11          switch (inNum) {
12              case 1:
13                  System.out.println("菜品浏览");
14                  break;
15              case 2:
16                  System.out.println("点餐");
17                  break;
18              case 3:
19                  System.out.println("买单");
20                  break;
21              case 4:
22                  System.out.println("退出");
23                  break;
```

```
24              default:
25                  System.out.println("输入错误，请重新输入！");
26          }
27      }
28 }
```

上述代码中，第 9 ～ 10 行代码创建了一个 Scanner 对象 sc，并通过 sc 接收用户输入的菜单项编号，第 11 ～ 25 行代码使用 switch 条件语句判断输入的菜单项编号，并根据菜单项编号，输出与菜单项编号对应的提示信息。

文件 2-13 的运行结果如图 2-30 所示。

从图 2-30 可以看出，控制台输出了菜单，此时可以在控制台输入想要选择的菜单项对应的编号，例如，想要进行菜品浏览，在控制台输入 1，结果如图 2-31 所示。

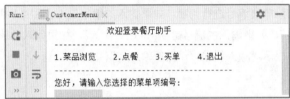

图 2-30 文件 2-13 的运行结果

图 2-31 菜品浏览

从图 2-31 可以得出，在控制台输入 1 后，程序执行了目标值为 1 后面的语句。

任务2-5 营业额统计

任务描述

传智餐厅每日营业结束后，都要统计当日的营业总额，统计方式是将每桌的消费总额累加，计算出当日的营业总额。假设传智餐厅共有 5 个餐桌，编号分别是 1 ～ 5，餐厅管理人员可以输入每桌的消费总额实现营业总额的计算。如果用户输入的桌号不存在，提示用户重新输入。本任务要求编写程序，实现传智餐厅每日营业总额统计，效果如图 2-32 所示。

图 2-32 当日营业总额统计（1）

■ 知识储备

1. while 循环语句

循环语句可以在满足循环条件的情况下，反复执行某一段代码，这段被重复执行的代码被称为循环体。while 循环语句是 Java 中常用的循环语句，它需要先判断循环条件，如果该条件为真，则执行循环体，否则跳出循环。

while 循环语句的语法结构如下。

```
while(循环条件){
循环体
}
```

上述语法结构中，{} 中循环体是否执行取决于循环条件。当循环条件为 true 时，循环体就会执行。循环体执行完毕，程序继续判断循环条件，如果条件仍为 true，则继续执行循环体，直到循环条件为 false 时，整个循环过程才会结束。

合理的利用循环语句，可以提高程序的质量和执行效率，同时开发人员在使用 While 循环语句时，务必保持认真细致的态度，避免循环没有出口，导致出现无限递归、死循环等问题。

while 循环的执行流程如图 2-33 所示。

下面通过依次输出 1 ～ 4 的自然数演示 while 循环语句的用法，见文件 2-14。

文件 2-14　Example10.java

```
1   public class Example10{
2       public static void main(String[] args) {
3           int x = 1;                              // 定义变量x，初始值为1
4           while (x <= 4) {                        // 循环条件
5               System.out.println("x = " + x);     // 条件成立，输出x的值
6               x++;                                // x自增
7           }
8       }
9   }
```

在文件 2-14 中，第 3 行代码定义了变量 x，初始值为 1。在满足循环条件 x <= 4 的情况下，循环体会重复执行，输出 x 的值并让 x 自增。

文件 2-14 的运行结果如图 2-34 所示。

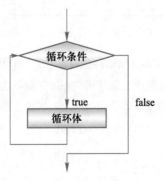

图 2-33　while 循环的执行流程

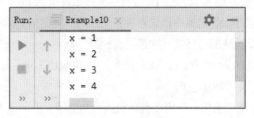

图 2-34　文件 2-14 的运行结果

由图 2-34 可知，输出结果中 x 的值分别为 1、2、3、4。需要注意的是，文件 2-15 中第 6 行代码在每次循环时改变变量 x 的值，从而达到最终改变循环条件的目的。如果没有这行代码，x 的值将一直为 1，整个循环会进入无限循环的状态，永远不会结束。

2. do...while 循环语句

do...while 循环语句和 while 循环语句功能类似，语法结构如下。

```
do {
    循环体
} while(循环条件);
```

在上述语法结构中，关键字 do 后面 {} 中的是循环体。do...while 循环语句将循环条件放在循环体的后面，这意味着，循环体会无条件执行一次，然后再根据循环条件决定是否继续执行。

do...while 循环的执行流程如图 2-35 所示。

下面修改文件 2-14，使用 do...while 循环语句依次输出 1 ～ 4 的自然数，见文件 2-15。

文件 2-15　Example11.java

```
1   public class Example11 {
2       public static void main(String[] args) {
3           int x = 1;                          // 定义变量x，初始值为1
4           do {
5               System.out.println("x = " + x); // 输出x的值
6               x++;                            // 将x的值自增
7           } while (x <= 4);                   // 循环条件
8       }
9   }
```

文件 2-15 的运行结果如图 2-36 所示。

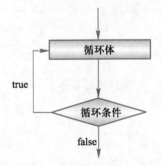

图 2-35　do...while 循环的执行流程

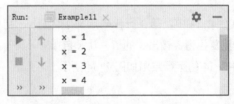

图 2-36　文件 2-15 的运行结果

文件 2-14 和文件 2-15 运行结果一致，说明 do...while 循环和 while 循环能实现同样的功能。但是在程序运行过程中，这两种语句还是有差别的。如果循环条件在循环语句开始时就不成立，那么 while 循环的循环体一次都不会执行，而 do...while 循环的循环体会执行一次。例如，将文件中的循环条件 x<=4 改为 x < 1，文件 2-15 会输出 x=1，而文件 2-14 什么也不会输出。

3. for 循环语句

for 循环语句一般用在循环次数已知的情况下，语法格式如下。

```
for（初始化表达式; 循环条件; 操作表达式）{
    循环体
}
```

在上述语法格式中，for 关键字后面的 () 中包括 3 部分内容，分别是初始化表达式、循环条件和操作表达式，它们之间用分号（;）分隔，{} 中的执行语句为循环体。

下面分别用①表示初始化表达式，②表示循环条件，③表示操作表达式，④表示循环体，通过序号分析 for 循环的执行流程。具体如下。

```
for（①;②;③）{
    ④
}
```

第 1 步，执行①。

第 2 步，执行②，如果判断结果为 true，执行第 3 步，如果判断结果为 false，执行第 5 步。

第 3 步，执行④。

第 4 步，执行③，然后重复执行第 2 步。

第 5 步，退出循环。

下面通过对自然数 1 ～ 4 进行累加求和演示 for 循环语句的使用，见文件 2-16。

文件 2-16　Example12.java

```
1   public class Example12{
2       public static void main(String[] args) {
3           int sum = 0;                              // 定义变量sum，用于存储累加和
4           for (int i = 1; i <= 4; i++) {            // i的值从1～4依次递增
5               sum += i;                             // 实现i的累加
6           }
7           System.out.println("sum = " + sum);       // 输出累加的和
8       }
9   }
```

在文件 2-16 的 for 循环中，变量 i 的初始值为 1，在判断条件 i<=4 结果为 true 的情况下，执行循环体 sum+=i；执行完毕后，执行操作表达式 i++，i 的值变为 2，然后继续进行条件判断，开始下一次循环，直到 i=5 时，判断条件 i<=4 结果为 false，循环结束，执行 for 循环后面的代码，输出"sum=10"。

文件 2-16 的运行结果如图 2-37 所示。

为了让初学者能熟悉整个 for 循环的执行过程，现将文件 2-16 运行期间每次循环中变量 sum 和 i 的值通过表 2-7 罗列出来。

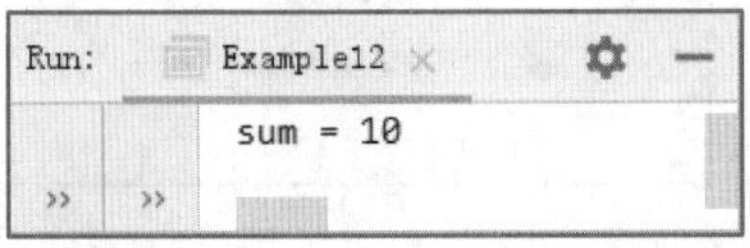

表 2-7　循环中 sum 和 i 的值

循环次数	i	sum
第 1 次	1	1
第 2 次	2	3
第 3 次	3	6
第 4 次	4	10

图 2-37　文件 2-16 的运行结果

4. 循环嵌套

循环嵌套是指在一个循环语句的循环体中再定义一个循环语句的语法结构。while、do...while、for 循环语句都可以进行嵌套，并且它们之间也可以互相嵌套，其中最常见的是在 for 循环中嵌套 for 循环。for 循环嵌套格式如下。

```
for(初始化表达式; 循环条件; 操作表达式) {
    ......
    for(初始化表达式; 循环条件; 操作表达式) {
        ......
    }
    ......
}
```

下面通过使用"*"输出直角三角形演示 for 循环嵌套的使用，见文件 2-17。

文件 2-17　Example13.java

```
1    public class Example13{
2        public static void main(String[] args) {
3            int i, j;                              // 定义两个循环变量
4            for (i = 1; i <= 9; i++) {             // 外层循环
5                for (j = 1; j <= i; j++) {         // 内层循环
6                    System.out.print("*");         // 输出*
7                }
8                System.out.print("\n");            // 换行
9            }
10       }
11   }
```

在文件 2-17 中定义了两层 for 循环，分别为外层循环和内层循环，外层循环用于控制输出的行数，内层循环用于控制每一行的列数，每一行的"*"个数都比上一行增加一个，最后输出一个直角三角形。

文件 2-17 的运行结果如图 2-38 所示。

由于嵌套循环程序比较复杂，下面分步骤讲解循环过程。

第 1 步：第 3 行代码定义了两个循环变量 i 和 j，其中 i 为外层循环变量，j 为内层循环变量。

第 2 步：第 4 行代码将 i 初始化为 1，判断条件为 i <= 9 为 true，首次进入外层循环的循环体。

第 3 步：第 5 行代码将 j 初始化为 1，由于此时 i 的值为 1，条件 j <= i 为 true，首次进入内层循环的循环体，输出一个"*"。

第 4 步：执行第 5 行代码中内层循环的操作表达式 j++，将 j 的值自增为 2。

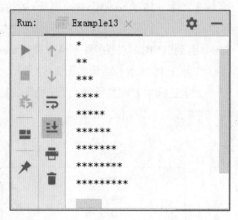

图 2-38　文件 2-17 的运行结果

第 5 步：执行第 5 行代码中的判断条件 j<=i，判断结果为 false，内层循环结束。执行第 8 行代码，输出换行符。

第 6 步：执行第 4 行代码中外层循环的操作表达式 i++，将 i 的值自增为 2。

第 7 步：执行第 4 行代码中的判断条件 i<=9，判断结果为 true，进入外层循环的循环体，继续执行内层循环。

第 8 步：由于 i 的值为 2，内层循环会执行两次，即在第 2 行输出 2 个 "∗"。在内层循环结束时会输出换行符。

第 9 步：以此类推，在第 3 行会输出 3 个 "∗"，逐行递增，直到 i 的值为 10 时，外层循环的判断条件 i <= 9 结果为 false，外层循环结束，整个循环也结束。

5. 跳转语句

跳转语句用于实现程序流程的跳转，Java 中的跳转语句有 break 语句和 continue 语句，下面分别进行讲解。

(1) break 语句

在 switch 条件语句和循环语句中都可以使用 break 语句。当它出现在 switch 条件语句中时，作用是终止某个 case 并跳出 switch 结构。当它出现在循环语句中，作用是跳出循环语句，执行循环语句后面的代码。在 switch 语句中使用 break，在前面已经演示过，下面讲解 break 在循环语句中的使用。修改文件 2-15，当变量 x 的值为 3 时，使用 break 语句跳出循环，修改后的代码见文件 2-18。

文件 2-18　Example14.java

```
1    public class Example14{
2        public static void main(String[] args) {
3            int x = 1;                              // 定义变量x，初始值为1
4            while (x <= 4) {                        // 循环条件
5                System.out.println("x = " + x);     // 条件成立，输出x的值
6                if (x == 3) {
7                    break;
8                }
9                x++;                                // x进行自增
10           }
11       }
12   }
```

上述代码中，第 3 行代码定义了一个 int 类型的变量 x，并赋值为 1，第 4 ~ 10 行代码定义了一个循环，当 x 的值小于或等于 4 时，执行循环体，其中，第 5 行代码在控制台输出 x 的值，第 6 ~ 8 行代码判断如果 x 的值等于 3，则跳出循环，第 9 行代码 x 的值自增 1。

文件 2-18 的运行结果如图 2-39 所示。

在文件 2-18 中，通过 while 循环输出 x 的值，当 x 的值为 3 时，使用 break 语句跳出循环，因此输出结果中并没有出现 "x=4"。

当 break 语句出现在嵌套循环中的内层循环时，

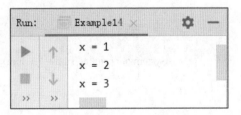

图 2-39　文件 2-18 的运行结果

它只能跳出内层循环，如果想使用 break 语句跳出外层循环，则需要在外层循环中使用 break 语句。
下面通过案例来演示，具体代码见文件 2-19。

文件 2-19　Example15.java

```
1   public class Example15 {
2       public static void main(String[] args) {
3           int i, j;                                    // 声明2个循环变量
4           for (i = 1; i <= 9; i++) {                   // 外层循环
5               if (i > 4) {                             // 判断i的值是否大于4
6                   break;                               // 跳出外层循环
7               }
8               for (j = 1; j <= i; j++) {               // 内层循环
9                   System.out.print("*");              // 输出*
10              }
11              System.out.print("\n");                 // 换行
12          }
13      }
14  }
```

在上述代码中，第 3 行代码声明了两个用于控制循环次数的变量 i 和 j，第 4 ～ 12 行代码创建
了一个 for 循环，循环条件为 i 小于或等于 9，其中第 5 ～ 7 行代码使用 if 语句对 i 的值进行判断，
如果 i 的值大于 4，则结束该循环。第 8 ～ 10 行代码在循环内部再创建了一个 for 循环，内部循环
中循环体执行时向控制台输出符号 "*"。

文件 2-19 的运行结果如图 2-40 所示。

从图 2-40 可以看出，控制台输出了 4 行 "*"，每行 "*" 的数量和行号一致。说明外层循环
执行 4 次后，执行了 break 语句跳出外层循环。

（2）continue 语句

continue 语句用在循环语句中，其作用是终止本次循环，执行下一次循环。下面通过对 1 ～
100 的奇数求和演示 continue 的用法，见文件 2-20。

文件 2-20　Example16.java

```
public class Example16 {
    public static void main(String[] args) {
        int sum = 0;                                // 定义变量sum，用于存储累加和
        for (int i = 1; i <= 100; i++) {
            if (i % 2 == 0) {                       // 如果i的值为偶数
                continue;                           // 结束本次循环
            }
            sum += i;                               // 实现i的累加
        }
        System.out.println("sum = " + sum);
    }
}
```

上述代码中，第 3 行代码定义了一个变量 sum 用于存储累加和。第 4 ～ 9 行代码使用 for 循
环依次获取 1 ～ 100 的值，其中，第 5 ～ 7 行代码判断 i 的值，如果值为偶数时，执行 continue 语

句结束本次循环，进行下一次循环；否则执行第 8 行代码，对 i 进行累加，最终得到 1 ～ 100 所有奇数的和。

文件 2-20 的运行结果如图 2-41 所示。

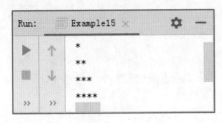

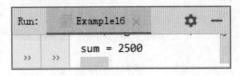

图 2-40　文件 2-19 的运行结果　　　　　　图 2-41　文件 2-20 的运行结果

从图 2-41 可以看出，控制台输出"sum=2500"，通过计算验证可以得出 sum 的值为 1 ～ 100 中所有奇数的累加和。

■ 任务分析

根据任务描述得知，本任务的目标是统计每日的营业总额，实现思路如下。

① 传智餐厅只有 5 个餐桌，统计每日营业总额时，需要对 5 个餐桌依次累加当天的消费总额，对此可以使用 while 循环，根据餐桌数量循环累加消费总额。

② 在 while 循环内部，对用户输入的桌号进行判断，如果桌号存在，则累加消费总额，如果桌号不存在，则提示用户桌号输入错误。

③ 统计完毕后，输出累加的消费总额，也就是当日营业总额。

■ 任务实现

结合任务分析的思路，下面在 IDEA 中创建一个名称为 BillStatistics 的 Java 源文件，在该文件的 BillStatistics 类中定义 main() 方法，在 main() 方法中实现营业总额统计的功能。具体代码见文件 2-21。

文件 2-21　BillStatistics.java

```
1   import java.util.Scanner;
2   public class BillStatistics {
3       public static void main(String[] args) {
4           //统计过消费总额的餐桌数量
5           int deskCount = 0;
6           //营业总额
7           double businessSale = 0;
8           while (deskCount < 5) {
9               System.out.print("请输入桌号：");
10              Scanner sc = new Scanner(System.in);
11              double DeskNum = sc.nextDouble();
12              if (DeskNum > 5 || DeskNum < 1) {
13                  System.out.println("输入的桌号有误，请重新输入");
```

```
14                continue;
15            }
16            System.out.print("请输入本桌的消费总额（元）： ");
17            double DeskBill = sc.nextDouble();
18            deskCount++;
19            businessSale += DeskBill;
20        }
21        System.out.println("今日营业总额为： " + businessSale+"元");
22    }
23 }
```

上述代码中，第 5 行代码定义变量 deskCount，用于记录当前完成统计的餐桌数量；第 7 行代码定义变量 businessSale，用于记录餐厅当日营业总额；第 8 ～ 20 行代码通过 while 循环统计餐厅当日营业总额，其中，第 12 行代码用于对餐桌编号进行判断，如果餐桌编号大于 5 或者小于 1，提示输入的桌号有误，反之，输入餐桌的消费总额，并对消费总额进行累加，得到当日营业总额。

运行文件 2-21，并依次输入桌号和每桌的消费总额，完成当日营业总额统计，结果如图 2-42 所示。

从图 2-42 可以看出，控制台依次输入了桌号和对应的消费总额，最后输出了今日营业总额。通过手动计算消费总额，可以得出今日营业总额统计正确。

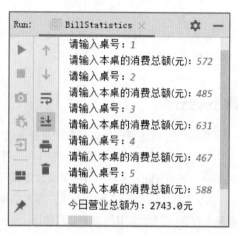

图 2-42　当日营业总额统计

任务2-6 **营业账目分析**

■ 任务描述

传智餐厅每周定期会对营业账目分析，掌握餐厅一周的经营情况以便做出快速调整保障餐厅持续盈利。已知传智餐厅每天的固定成本是 2800 元，本任务要求编写一个程序，对传智餐厅一周的营业账目进行分析，分析后需要统计一周有多少天盈利、多少天亏损、最多一天的营业额以及本周盈利总计。营业账目分析效果如图 2-43 所示。

> 本周共有5天盈利
> 本周共有2天亏损
> 最多一天的营业额是：4210.0元
> 本周盈利总计：2264.0元

图 2-43　营业账目分析

■ 知识储备

1. 数组的定义

在某些情况下，虽然可以使用单个变量来存储信息，但是如果需要存储的信息较多，如存储 50 名员工的工资，这时依次声明变量并赋值相对比较麻烦。这种情况可以使用数组对信息进行存储,以缩短和简化程序代码。

数组是一组有序数据的集合,数组中的每个数据被称为数组元素。数组中可以存放任意类型的数组元素,但同一个数组中存放的数组元素的数据类型必须相同。

在 Java 中,支持两种语法格式来定义数组,具体如下。

type[] arrayName;

或者

type arrayName[];

上述语法格式中,type 为数组元素的数据类型,arrayName 为数组名称,可以是任意合法的标识符。对于上述两种语法格式,Java 更推荐采用第 1 种格式,因为第 1 种格式很容易理解为定义一个变量,其中变量名是 arrayName,变量类型是 type[],具有更好的语意和可读性。

定义数组时,指定的数据类型既可以是基本数据类型,也可以是引用数据类型。下面通过示例演示数组的定义。

```
1  int[] salary;
2  double[] price;
3  String[] name;
```

上述代码中,第 1 行代码定义了一个 int 类型的数组,名称为 salary,第 3 行代码定义了一个 String 类型的数组,名称为 name。

2. 数组的初始化

Java 语言中数组必须初始化后才可以使用。所谓初始化,就是为数组元素分配内存空间,并为每个数组元素赋初始值。Java 中数组的初始化有静态初始化和动态初始化,下面对这 2 种初始化方式分别进行讲解。

(1)静态初始化

静态初始化是指数组初始化时显示指定每个数组元素的初始值,数组静态初始化的语法格式有 2 种,分别如下。

格式 1:

type[] arrayName =new type[]{元素1[,元素2,元素3,……,元素n]};

格式 2:

type[] arrayName = {元素1[,元素2,元素3,……,元素n]};

上述语法格式中,格式 2 是格式 1 的简写形式,type 是指定数组元素的数据类型,new 关键字后的 type 类型需要和数组元素的数据类型相同或者是其子类的实例。使用大括号把数组的所有元素括起来,大括号中的 [] 为可选项,如果数组中有多个元素,元素之间以英文逗号隔开。

下面通过示例演示数组的静态初始化。

```
int[] arr1=new int[]{1,3,5,7,9};
int[] arr2={2,4,6,8,10};
```

上述代码中,第 1 行代码使用静态初始化的方式定义了一个 int 类型的数组,数组名称为

arr1，并指定数组 arr1 中的元素为 1、3、5、7、9。

注意：
　　如果使用格式 2 进行静态初始化，数组的声明和初始化操作要同步，即初始化的代码中不能省略数组中元素的数据类型，否则会报错。错误代码如下。

```
int[] arr2;
arr2={2,4,6,8,10};
```

（2）动态初始化

动态初始化是指数组初始化时只指定数组长度，即指定数组中存放数组元素的个数，由系统为数组元素分配初始值，具体语法格式如下。

```
type[] arrayName = new type[length];
```

上述语法格式中，type 是指定数组元素的数据类型，length 为数组的长度，也就是数组可以容纳的元素个数，指定数组的长度后，数组长度就不能再修改。这里的数组长度也是必需的。

使用动态初始化数组时，系统会自动为数组元素分配默认初始值，根据元素类型的不同，默认初始值也不一样。不同类型数组元素的默认初始值见表 2-8。

表 2-8　不同类型数组元素的默认初始值

数据类型	默认初始值
byte、short、int、long	0
float、double	0.0
char	一个空字符，即 '\u0000'
boolean	false
引用数据类型	null，表示变量不引用任何对象

下面通过示例演示数组的动态初始化。

```
int[] arr=new int[5];
```

上述代码中，使用动态初始化的方式定义了一个 int 类型的数组，数组名称为 arr，并指定数组的长度为 5。

不管使用哪种方式初始化数组，初始化成功后，数组长度也确定了。数组长度为整数类型，可以通过如下语法格式获取。

```
arrayName.length;
```

上述语法格式中，arrayName 为数组的名称，length 为固定写法，是数组的属性名。

注意：
　　对一个数组进行初始化时，不要同时使用静态初始化和动态初始化，即不要初始化数组时既显示指定元素的初始值，又指定数组的长度，这样代码会报错。

3. 数组元素的访问和赋值

数组初始化后，就可以对数组中的数组元素进行访问，也可以重新为数组元素赋值。下面分别对数组元素的访问和赋值进行讲解。

（1）数组元素的访问

数组初始化后，系统会为数组分配内存空间，每块内存空间都有对应的地址进行标记。数组是引用数据类型，数组名中存储的是数组在内存中的地址。下面通过示例演示数组在内存中的状态。

例如，定义一个名称为 x、长度为 3 的 int 类型数组，代码如下。

```
int[] arr;                    // 声明一个int[]类型的变量
arr = new int[3];             // 为arr分配3个数组元素的空间
```

在上述代码中，第 1 行代码声明了一个变量 arr，该变量的类型为 int[]，即声明了一个 int 类型的数组。变量 arr 会占用一块内存单元，它没有被分配初始值。变量 x 的内存状态如图 2-44 所示。

第 2 行代码创建了一个数组，并将数组的地址赋值给变量 arr。在程序运行期间，变量 arr 引用数组，这时变量 arr 在内存中的状态会发生变化，如图 2-45 所示。

图 2-44　变量 arr 的内存状态

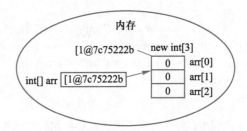

图 2-45　变量 arr 在内存中的状态变化

图 2-45 描述了变量 arr 引用数组的情况，其中 [I@7c75222b 为数组的内存地址，arr 指向的数组中有 3 个数组元素，初始值都为 0；方括号"[]"中的值为数组元素的索引（也称为下标），数组通过索引来区分数组中不同的元素，索引从 0 开始，根据顺序依次增 1，最大的索引是"数组的长度 -1"。

通过数组在内存中的状态可以知道，每个数组元素都有对应的索引，如果想访问数组元素，可以通过"数组名 [索引]"的方式完成。

下面通过案例演示如何访问数组中的元素，见文件 2-22。

文件 2-22　Example17.java

```
1  public class Example17{
2      public static void main(String[] args) {
3          int[] arr=new int[3];                              //创建数组对象
4          System.out.println("arr[0]=" + arr[0]);            //访问数组中的第1个元素
5          System.out.println("arr[1]=" + arr[1]);            //访问数组中的第2个元素
6          System.out.println("arr[2]=" + arr[2]);            //访问数组中的第3个元素
7          System.out.println("数组的长度是：" + arr.length);   //输出数组长度
8      }
9  }
```

在文件 2-22 中，第 3 行代码创建了一个长度为 3 的数组，并将数组在内存中的地址赋值给 int[] 类型的变量 arr。在第 4 ～ 6 行代码中，通过索引访问数组中的元素，第 7 行代码通过 length 属性获取数组中元素的个数。

文件 2-22 的运行结果如图 2-46 所示。

图 2-46 中在控制台输出所有数组元素的值和数组的长度，由于数组元素的数据类型为 int，所以数组元素的值都为默认初始值 0。

（2）数组元素的赋值

数组初始化后，数组中的数组元素就具有了初始值，一种为显示指定，一种由系统自动分配。如果需要修改数组元素的值，可以重新为数组元素赋值。

下面通过案例演示为数组元素赋值，具体见文件 2-23。

文件 2-23　Example18.java

```
1   public class Example18{
2       public static void main(String[] args) {
3           int[] arr=new int[3];                    //创建数组对象
4           arr[0]=1;                                 //为索引为0的数组元素赋值
5           arr[2]=3;                                 //为索引为2的数组元素赋值
6           System.out.println("arr[0]=" + arr[0]);   //访问数组中的第1个元素
7           System.out.println("arr[1]=" + arr[1]);   //访问数组中的第2个元素
8           System.out.println("arr[2]=" + arr[2]);   //访问数组中的第3个元素
9       }
10  }
```

上述代码中，第 3 行代码通过动态初始化方式创建了长度为 3 的数组对象，第 4 ～ 5 行代码分别为索引为 0 和索引为 2 的数组元素重新赋值，第 6 ～ 8 行代码依次访问数组中的 3 个元素，并输出在控制台上。

文件 2-23 的运行结果如图 2-47 所示。

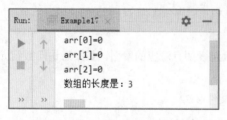

图 2-46　文件 2-22 的运行结果

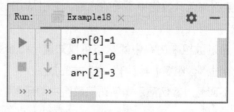

图 2-47　文件 2-23 的运行结果

图 2-47 中依次输出了数组 arr 中所有数组元素的值，其中索引为 0 和索引为 2 的数组元素的值分别为 1 和 3，说明程序成功为数组元素重新赋值。

脚下留心：数组索引越界和空指针异常

在使用前需要对数组进行非空的有效赋值，访问数组元素时，指定的索引需要大于或等于 0，并且小于或等于数组的长度，否则程序在编译时不会出现任何错误，但运行时出现异常。这两种情况造成的异常分别为数组索引越界和空指针异常，下面分别进行讲解。

（1）数组索引越界

存储到数组中的每个元素，都有自己的自动编号，最小值为 0，最大值为"数组长度 -1"，如果要访问数组存储的元素，必须依赖于索引。在访问数组的元素时，索引不能超出 0 ～ length-1 范围，否则程序会报错。

下面通过案例演示索引超出数组范围的情况，见文件 2-24。

文件 2-24　Example19.java

```
1    public class Example19{
2        public static void main(String[] args) {
3            int[] arr = new int[4];                    //定义一个长度为4的数组
4            System.out.println("arr[4]=" + arr[4]);    //通过索引4访问数组元素
5        }
6    }
```

上述代码中，第 3 行代码定义了一个长度为 4 的数组，第 4 行代码访问索引为 4 的数组元素。文件 2-24 的运行结果如图 2-48 所示。

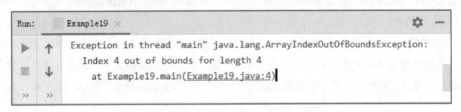

图 2-48　文件 2-24 的运行结果

图 2-48 中 ArrayIndexOutOfBoundsException 错误提示信息表示数组越界异常，出现这个异常的原因是数组的长度为 4，索引范围为 0 ～ 3，文件 2-24 中第 4 行代码使用索引 4 访问元素时超出了数组的索引范围。

（2）空指针异常

在使用变量引用一个数组时，变量必须指向一个有效的数组对象，如果该变量的值为 null，则意味着没有指向任何数组，此时通过该变量访问数组的元素会出现空指针异常。下面通过案例演示这种异常，见文件 2-25。

文件 2-25　Example20.java

```
1    public class Example20{
2        public static void main(String[] args) {
3            int[] arr = new int[3];                    //定义一个长度为3的数组
4            arr[0] = 5;                                 //为数组的第1个元素赋值
5            System.out.println("arr[0]=" + arr[0]);    //访问数组的元素
6            arr = null;                                 //将变量arr置为null
7            System.out.println("arr[0]=" + arr[0]);    //访问数组的元素
8        }
9    }
```

上述代码中，第 3 行代码定义一个长度为 3 的数组，并赋值给变量 arr，第 4 行代码重新为索引为 1 的数组元素赋值为 5，第 6 行代码重新为变量 arr 赋值为 null，并在第 5 和第 7 行代码访问索引为 0 的数组元素。

文件 2-25 的运行结果如图 2-49 所示。

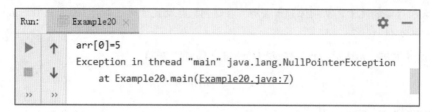

图 2-49　文件 2-25 的运行结果

从图 2-49 可以得出，文件 2-25 的第 4 和第 5 行代码都能通过变量 arr 正常操作数组，第 6 行代码将变量置为 null，第 7 行代码再次访问数组时就出现了空指针异常 NullPointerException。

4. 数组的常见应用

Java 数组是非常重要的数据结构，可以应用于很多领域，如图像处理、数据分析、算法设计等。开发人员需要以深入研究的态度，剖析不同应用场景的实际需求，将数组更高效地应用于项目中。下面介绍常见的 3 种，分别是数组的遍历、数组的排序、数组中最值的获取。

（1）数组的遍历

在操作数组时，经常需要依次访问数组中的每个元素，这种操作称为数组的遍历。由于数组中元素较多，所以常用循环语句完成数组的遍历。在遍历数组时，使用数组索引作为循环条件，只要索引没有越界，就可以访问数组元素。下面通过案例演示如何使用 for 循环来遍历数组，见文件 2-26。

文件 2-26　Example21.java

```
1  public class Example21 {
2      public static void main(String[] args) {
3          int[] arr = { 1, 2, 3, 4, 5 };                    //定义数组
4          // 使用for循环遍历数组元素
5          for (int i = 0; i < arr.length; i++) {
6              System.out.println("arr["+i+"]="+arr[i]);     //通过索引访问数组元素
7          }
8      }
9  }
```

文件 2-26 中，第 1 行代码定义了一个长度为 5 的数组 arr，第 5 ~ 7 行代码通过 for 循环遍历数组元素，其中第 5 行代码定义一个初始值为 0 的变量 i，当变量的值小于数组长度时，依次访问数组中的元素，并将元素的值输出在控制台上。

文件 2-26 运行结果如图 2-50 所示。

从图 2-50 可以看出，控制台中依次输出了数组中所有数组元素的值。

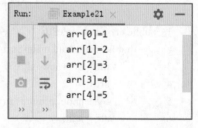

图 2-50　文件 2-26 的运行结果

（2）数组的排序

在实际开发中，数组最常用的操作就是排序，数组的排序方法有很多，下面讲解一种比较常见的数组排序算法——冒泡排序。

所谓冒泡排序，就是不断地比较数组中相邻的两个元素，较小者向上浮，较大者往下沉，整个过程和水中气泡上升的原理相似。下面对冒泡排序的整个过程进行分析说明。

　　第 1 轮排序时，从第一个数组元素开始，依次将相邻的两个数组元素进行比较，如果前一个数组元素的值比后一个数组元素的值大，则交换它们的位置。整个过程完成后，数组中最后一个数组元素就是最大值，这样就完成了第一轮比较。

　　第 2 轮排序时，除了最后一个数组元素，将剩余的数组元素继续进行两两比较，过程与第 1 轮相似，这样就可以将数组中第二大的元素放在倒数第 2 个位置。

　　后续排序以此类推，直到没有任何一对元素需要比较为止。

　　了解冒泡排序的原理后，下面通过案例来实现冒泡排序，见文件 2-27。

文件 2-27　Example22.java

```java
1    public class Example22 {
2        public static void main(String[] args) {
3            int[] arr = { 9, 8, 3, 5, 2 };
4            //1.冒泡排序前，先循环输出数组元素
5            for (int i = 0; i < arr.length; i++) {
6                System.out.print(arr[i] + " ");
7            }
8            System.out.println();                              //用于换行
9            //2.进行冒泡排序
10           //2.1 外层循环定义需要比较的轮数（两数对比，要比较n-1轮）
11           for (int   i= 1; i < arr.length; i++) {
12               //2.2 内层循环定义第i轮需要比较的两个数
13               for (int j = 0; j < arr.length -i; j++) {
14                   if (arr[j] > arr[j + 1]) {                 //比较相邻元素
15                       //下面的三行代码用于相邻两个元素交换
16                       int temp = arr[j];
17                       arr[j] = arr[j + 1];
18                       arr[j + 1] = temp;
19                   }
20               }
21           }
22           //3.完成冒泡排序后，再次循环输出数组元素
23           for (int i = 0; i < arr.length; i++) {
24               System.out.print(arr[i] + " ");
25           }
26       }
27   }
```

　　上述代码中，第 3 ~ 7 行代码定义了数组，并遍历出其中所有数组元素，输出在控制台；第 11 ~ 22 行代码，通过一个嵌套 for 循环实现了冒泡排序，其中，外层循环控制排序轮数，总循环次数为要排序数组的长度减 1，每次循环都能确定一个数组元素的最终位置；第 13 ~ 20 行代码中，内层循环的循环变量 j 用于控制每轮进行比较的相邻两个数，它被作为索引获取对应的数组元素进行比较，每次比较时，如果前者小于后者，就交换两个元素的位置。

　　文件 2-27 的运行结果如图 2-51 所示。

　　图 2-51 中，控制台输出了数组排序前和排序后的数

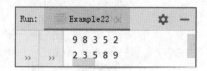

图 2-51　文件 2-27 的运行结果

组元素，可以看出，排序后数组元素的值从小到大排序，说明冒泡算法成功对数组元素进行排序。

对于第一次接触冒泡排序的读者而言，可能不太理解冒泡排序的过程，下面对文件 2-27 中的冒泡排序进行说明，具体如图 2-52 所示。

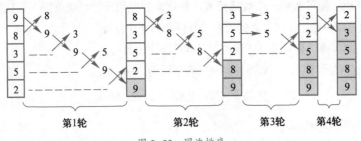

图 2-52 冒泡排序

从图 2-52 可以看出，在第 1 轮比较中，第 1 个元素 9 为最大值，因此它在每次比较时都会发生位置交换，最终被放到最后一个位置；第 2 轮比较与第 1 轮过程类似，元素 8 被放到倒数第 2 个位置；第 3 轮比较中，第 1 次比较没有发生位置交换，在第 2 次比较时才发生位置交换，元素 5 被放到倒数第 3 个位置；第 4 轮比较只针对最后两个元素，它们比较后发生了位置交换，元素 3 被放到第 2 个位置。通过 4 轮比较，数组中的元素完成了排序。

值得一提的是，文件 2-27 中第 16 ～ 18 行代码实现数组中两个元素交换的过程。首先定义一个临时变量 temp，用于记录数组元素 arr[j] 的值，然后将 arr[j+1] 的值赋给 arr[j]，最后将 temp 的值赋给 arr[j+1]，这样便完成了两个元素的交换。整个交换过程如图 2-53 所示。

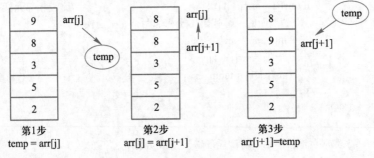

图 2-53 交换过程

（3）数组中最值的获取

在操作数组时，经常需要获取数组中元素的最值。例如，在一组数组中，找到最大的一个数或者最小的一个数。下面通过案例演示如何获取数组中元素的最大值，见文件 2-28。

文件 2-28 Example23.java

```
1   public class Example23{
2       public static void main(String[] args) {
3           // 1.定义一个int[]数组
4           int[] arr = { 4, 1, 6, 3, 9, 8 };
5           // 2.定义变量max用于记住最大数，首先假设第1个元素为最大值
6           int max = arr[0];
7           // 3.遍历数组，查找最大值
8           for (int i = 1; i < arr.length; i++) {
```

```
9              // 比较 arr[i]的值是否大于max
10             if (arr[i] > max) {
11                 // 条件成立，将arr[i]的值赋给max
12                 max = arr[i];
13             }
14         }
15         System.out.println("数组arr中的最大值为：" + max); // 输出最大值
16     }
17 }
```

文件 2-28 中，第 6 行代码定义了一个临时变量 max，用于记录数组的最大值。在获取数组中
的最大值时，首先假设数组中第一个元素 arr[0] 为最大
值，并将其赋值给 max；然后使用 for 循环对数组进行
遍历，在遍历过程中只要遇到比 max 值大的元素，就
将该元素赋值给 max，这样，变量 max 就能在循环结
束时记录数组中的最大值。

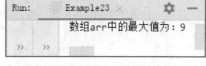

图 2-54　文件 2-28 的运行结果

文件 2-28 的运行结果如图 2-54 所示。

从图 2-54 可以得出，控制台输出了数组中值最大的数组元素。

■ 任务分析

根据任务描述得知，本任务的目标是对一周营业账目进行分析，实现思路如下。

① 定义一个数组，用于保存一周 7 天的营业额。

② 由于要分析一周盈利和亏损的天数，所以使用 for 循环对存储了营业额的数组进行遍历，
判断每天的营业额是否大于或等于固定成本，如果大于或等于，说明当日盈利，否则视为亏损。此
外，对每天的营业额与固定成本的差值进行累加，得到一周的盈利总计。

③ 由于还需要分析最多一天的营业额，所以另外一个 for 循环对存储了营业额的数组进行遍
历，数组的最大值就是最多一天的营业额。

④ 依次输出盈利天数、亏损天数、最多一天的营业额以及本周的盈利总计。

■ 任务实现

结合任务分析的思路，下面在 IDEA 中创建一个名称为 AccountAnalysis 的 Java 源文件，在该
文件的 AccountAnalysis 类中定义 main() 方法，在 main() 方法中实现营业账目分析的功能。具体代
码见文件 2-29。

文件 2-29　AccountAnalysis.java

```
1  public class AccountAnalysis {
2      public static void main(String[] args) {
3          double cost = 2800;        // 固定成本
4          double total = 0;          // 盈利总计
5          int profitdays – 0;        // 盈利天数
6          int lossdays = 0;          // 亏损天数
```

```
7          double maxprofit = 0;
8          // 定义数组存储一周的营业额
9          int[] arr = {2021, 2405, 3008, 3400, 3580, 3240, 4210};
10         // 使用for循环遍历数组，计算盈利天数、亏损天数以及盈利总计
11         for (int i = 0; i < arr.length; i++) {
12             if (arr[i] >= cost) {
13                 total += arr[i] - cost;
14                 profitdays++;
15             } else {
16                 total += arr[i] - cost;
17                 lossdays++;
18             }
19         }
20         // 使用for循环遍历数组，计算最多一天的营业额
21         for (int i = 1; i < arr.length; i++) {
22             // 比较 arr[i]的值是否大于maxprofit
23             if (arr[i] > maxprofit) {
24                 // 条件成立，将arr[i]的值赋给maxprofit
25                 maxprofit = arr[i];
26             }
27         }
28         System.out.println("本周共有" + profitdays + "天盈利");
29         System.out.println("本周共有" + lossdays + "天亏损");
30         System.out.println("最多一天的营业额是:" + maxprofit+"元");
31         System.out.println("本周盈利总计: " + total+"元");
32     }
33 }
```

上述代码中，第 9 行代码定义了一个数组，用于存储一周的营业额数据。第 11 ～ 19 行代码定义 for 循环，用于遍历数组的元素，将每个元素与固定成本 cost 的值进行比较，如果元素的值大于或等于 cost，说明盈利，此时盈利天数 profitdays 自增，并计算盈利金额，否则亏损天数 lossdays 自增，计算亏损金额。第 21 ～ 27 行代码同样使用 for 循环遍历数组，用于计算数组的最大值，也就是最多一天的营业额。

文件 2-29 的运行结果如图 2-55 所示。

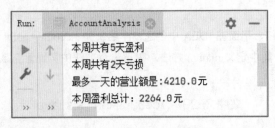

图 2-55　文件 2-29 的运行结果

图 2-55 输出了本周的营业额统计，可以得出本周有 5 天营业额大于 2800 元，有 2 天小于 2800 元，最多的日营业额为 4210 元，总盈利为 2264 元。

知识拓展 2.2 二维数组

任务2-7   账单结算

■ 任务描述

现在越来越多的人提倡绿色就餐，本着不浪费粮食的理念，很多顾客用餐结束后会将剩余饭菜打包。由于打包盒是有偿的，所以顾客最终支付的费用是优惠后的菜品消费金额加上打包盒的费用。已知顾客菜品消费满 100 元享受 8.8 折优惠，打包盒单价是 2 元，本任务要求编写一个程序实现顾客最终账单结算，具体效果如图 2-56 所示。

```
请输入菜品消费金额(元): 100
是否使用打包盒(y/n):y
请输入打包盒数量(个): 2
您应支付金额为：92.0 元
```

```
请输入菜品消费金额(元): 100
是否使用打包盒(y/n):n
您应支付金额为：88.0 元
```

```
请输入菜品消费金额(元): 80
是否使用打包盒(y/n):y
请输入打包盒数量(个): 2
您应支付金额为：84.0 元
```

```
请输入菜品消费金额(元): 80
是否使用打包盒(y/n):n
您应支付金额为：80.0 元
```

使用打包盒的情况   没有使用打包盒的情况

图 2-56 账单结算

■ 知识储备

1. 方法的定义与调用

方法是一段封装了特定功能、且可以重复使用的代码，它使程序更加模块化，不需要编写大量重复的代码。假设有一个游戏程序，在运行过程中，要不断发射炮弹。发射炮弹的动作需要编写 100 行代码，在每次实现发射炮弹的位置都需要重复编写这 100 行代码，这样程序会变得很臃肿，可读性也非常差。为了解决上述问题，通常会将发射炮弹的代码提取出来，放在一对 {} 中，并为这段代码起个名字，这样在每次发射炮弹的位置通过这个名字来调用发射炮弹的代码即可。

在 Java 中，定义方法的语法格式如下。

```
[修饰符] 返回值类型 方法名([形参列表]){
执行语句
...
return 返回值;
}
```

对于方法的语法格式，具体说明如下。

① 修饰符：可选项，Java 中的修饰符主要分为访问修饰符和非访问修饰符，通过修饰符可以限定方法的访问权限和指定方法特定的功能。方法的修饰符比较多，如前面使用的 static、public 都是修饰符，修饰符的具体内容会在后续内容进行讲解。

② 返回值类型：可以是 Java 中任意数据类型，如果方法声明了返回值类型，则方法体内必须存在有效的 return 语句返回具体的值，且返回值的类型必须与此处声明的类型匹配。如果方法没有返回值，则必须在此处使用 void 进行声明。

③ 形参列表：可选项，用于定义该方法可以接受的参数，形参列表由 0 到多组"参数类型 形参名"组合而成，多组参数之间以英文逗号（,）分隔，形参类型和形参名之间以英文空格分隔。如果定义方法时指定了形参列表，则调用该方法时必须传入对应的参数值。

④ return 返回值：如果需要返回内容给方法的调用者，使用"return 返回值 ;"格式用于返回方法指定类型的值并结束方法。

方法的参数包括形参与实参，形参是定义方法时参数列表中出现的参数，实参是调用方法时为方法传递的参数。定义好方法后，可以通过"方法名 ()"的形式调用。如果定义的方法指定了形参列表，那么调用方法时必须要在方法名后的小括号中传入对应数据类型和数量的实参。

下面通过案例演示方法的定义与调用，定义一个使用"*"符号输出矩形的方法，根据调用该方法时传入的实参，输出不同大小的矩形。具体代码见文件 2-30。

文件 2-30　Example24.java

```
1    public class Example24{
2        public static void main(String[] args) {
3            printRectangle(3, 5);
4            printRectangle(2, 4);
5            printRectangle(6, 10);
6        }
7        // 下面定义了一个输出矩形的方法，接收2个参数，其中height为长，width为宽
8        public static void printRectangle(int height, int width) {
9            // 下面是使用嵌套for循环实现*输出矩形
10           for (int i = 0; i < height; i++) {
11               for (int j = 0; j < width; j++) {
12                   System.out.print("*");
13               }
14               System.out.print("\n");
15           }
16           System.out.print("\n");
17       }
18   }
```

在文件 2-30 中，第 8 ~ 17 行代码定义了方法 printRectangle()，{} 内实现输出矩形的代码是方法体，printRectangle 是方法名，方法名后面 () 中的 height 和 width 是方法的参数，方法名前面的 void 表示方法没有返回值。第 3 ~ 5 行代码调用 printRectangle() 方法传入不同的参数，分别输出 3 行 5 列、2 行 4 列和 6 行 10 列的矩形。

文件 2-30 的运行结果如图 2-57 所示。

由图 2-57 可知，程序成功输出 3 个矩形。

文件 2-30 中的 printRectangle() 方法是没有返回值的，下面通过案例演示有返回值方法的定义与调用，见文件 2-31。

文件 2-31　Example25java

```
1    public class Example25 {
2        public static void main(String[] args) {
3            int area = getArea(3, 5);                    // 调用 getArea()方法
4            System.out.println(" The area is " + area);
5        }
6        // 下面定义了一个求矩形面积的方法，接收2个参数，其中x为长，y为宽
7        public static int getArea(int x, int y) {
8            int temp = x * y;                            // 使用变量temp存放运算结果
9            return temp;                                 // 将变量temp的值返回
10       }
11   }
```

在文件 2-31 中，第 6 ~ 9 行代码定义了一个 getArea() 方法用于求矩形的面积，参数 x 和 y 分别用于接收调用方法时传入的长和宽，return 语句用于返回矩形的面积。在 main() 方法中调用 getArea() 方法，获得长为 3、宽为 5 的矩形面积，并输出结果。

文件 2-31 的运行结果如图 2-58 所示。

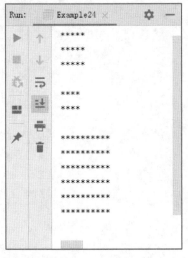

图 2-57　文件 2-30 的运行结果

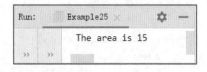

图 2-58　文件 2-31 的运行结果

由图 2-58 可知，程序成功输出矩形面积 15。

在文件 2-31 中，getArea() 方法的调用过程如图 2-59 所示。

从图 2-59 可以看出，当调用 getArea() 方法时，程序执行流程从当前方法调用处跳转到 getArea() 方法内部，程序为形参 x 和 y 分配内存，并将传入的实参 3 和 5 分别赋值给形参 x 和 y。在 getArea() 方法内部，计算 x*y 的值，并将计算结果通过 return 语句返回，整个方法的调用过程结束，形参 x 和 y 被释放。程序执行流程从 getArea() 方法内部跳转回主程序的方法调用处。

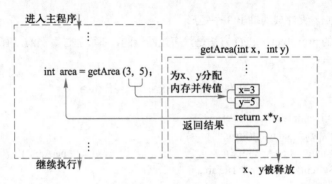

图 2-59　getArea() 方法的调用过程

2. 方法的重载

Java 允许同一个类中定义多个同名方法，只要它们的形参列表不同即可。如果同一个类中包含了两个或两个以上方法名相同的方法，但形参列表不同，这种情况被称为方法重载。需要注意的是，方法的重载与返回值类型无关。

下面通过案例演示方法的重载，在类中定义 3 个 add() 方法，分别用于实现 2 个整数相加、3 个整数相加以及 2 个小数相加的功能。具体代码见文件 2-32。

文件 2-32　Example26.java

```
1   public class Example26 {
2       public static void main(String[] args) {
3           // 下面是针对求和方法的调用
4           int sum1 = add(1, 2);
5           int sum2 = add(1, 2, 3);
6           double sum3 = add(1.2, 2.3);
7           // 下面的代码是输出求和的结果
8           System.out.println("sum1=" + sum1);
9           System.out.println("sum2=" + sum2);
10          System.out.println("sum3=" + sum3);
11      }
12      /**
13       *实现2个整数相加
14       */
15      public static int add(int x, int y) {
16          return x + y;
17      }
18      /**
19       *实现3个整数相加
20       */
21      public static int add(int x, int y, int z) {
22          return x + y + z;
23      }
24      /**
25       *实现2个小数相加
26       */
27      public static double add(double x, double y) {
```

```
28          return x + y;
29      }
30 }
```

上述代码中定义了 3 个同名的 add() 方法，但它们的参数列表不同，从而形成了方法的重载。在 main() 方法中调用 add() 方法时，通过传入实参的数量和数据类型便可以确定调用哪个重载的方法，如 add(1,2) 调用的是第 15 ～ 17 行代码定义的 add() 方法。

文件 2-32 的运行结果如图 2-60 所示。

从图 2-60 可以看到，控制台中输出了 3 个不同的求和结果，说明传入不同的参数，成功调用了 3 个不同的 add() 方法。

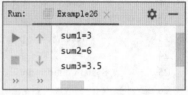

图 2-60　文件 2-32 的运行结果

■ 任务分析

根据任务描述得知，本任务的目标是计算顾客最终的账单结算金额，实现思路如下。

① 由于餐厅需要频繁进行账单结算，对此可以定义方法实现账单金额结算。账单结算时，需要根据顾客菜品消费以及打包盒使用的情况计算最终应支付的金额。考虑顾客消费后使用打包盒的不确定性，可以账单金额结算的方法进行重载，其中一个方法的参数只有菜品消费金额，另外一个方法的参数有两个，分别是菜品消费金额和打包盒费用。

② 使用 if...else 语句判断用户打包盒的使用情况，并根据使用情况调用不同的账单金额结算方法。

■ 任务实现

结合任务分析的思路，下面在 IDEA 中创建一个名称为 CheckOut 的 Java 源文件，在该文件的 CheckOut 类中定义 main() 方法，在 main() 方法中实现账单结算的功能。具体代码见文件 2-33。

文件 2-33　CheckOut.java

```
1  import java.util.Scanner;
2  public class CheckOut{
3      public static void main(String[] args) {
4          Scanner sc = new Scanner(System.in);
5          System.out.print("请输入菜品消费金额（元）：");
6          int price = sc.nextInt();
7          System.out.print("是否使用打包盒(y/n): ");
8          String pack = sc.next();
9          if (pack.equals("y")) {          //判断用户是否输入y
10             System.out.print("请输入打包盒数量（个）：");
11             int packNum = sc.nextInt();
12             int packNumPrice = packNum * 2;
13             pay(price, packNumPrice);
14         } else {
15             pay(price);
```

```
16            }
17        }
18    public static void pay(double price) {
19        double receivable = 0;
20        if (price >= 100) {
21            receivable = price * 0.88;
22        } else {
23            receivable = price;
24        }
25        System.out.println("您应支付金额为: " + receivable+"元");
26    }
27    public static void pay(double price, int packNumPrice) {
28        double receivable = 0;
29        if (price >= 100) {
30            receivable = price * 0.88 + packNumPrice;
31        } else {
32            receivable = price + packNumPrice;
33        }
34        System.out.println("您应支付金额为: " + receivable+"元");
35    }
36 }
```

上述代码中，第 18 ～ 35 行代码定义了两个重载的 pay() 方法，其中第 9 行代码中的 equals() 方法用于比较字符串的内容是否相同，第 18 ～ 26 行代码定义的 pay() 方法只有一个参数，用于实现没有使用打包盒的账单结算，第 27 ～ 35 行代码的 pay() 方法有两个参数，用于实现使用了打包盒的账单结算，第 8 ～ 15 行代码用于根据用户打包盒的使用情况调用不同的 pay() 方法计算最终账单的结算金额。

运行文件 2-33，在控制台中输入顾客的消费情况，例如，顾客菜品消费金额 100 元，使用了 2 个打包盒，运行结果如图 2-61 所示。

如果顾客菜品消费金额为 80 元，使用了 2 个打包盒，运行结果如图 2-62 所示。

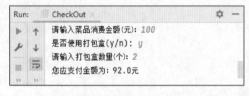

图 2-61　文件 2-33 的运行结果（1）

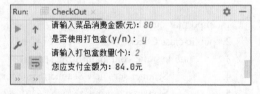

图 2-62　文件 2-33 的运行结果（2）

如果顾客菜品消费金额为 100 元，没有使用打包盒，运行结果如图 2-63 所示。

如果顾客菜品消费金额为 80 元，没有使用打包盒，运行结果如图 2-64 所示。

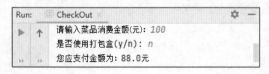

图 2-63　文件 2-33 的运行结果（3）

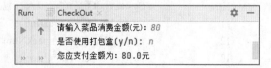

图 2-64　文件 2-33 的运行结果（4）

单元小结

　　本单元详细介绍了 Java 的基本语法，包括常量、变量、数据类型、运算符、条件结构语句、循环结构语句、数组以及方法等相关内容，并通过实现 7 个任务巩固了 Java 基础语法的内容。通过本单元的学习，希望读者能够掌握 Java 程序的基本语法，为学习 Java 后续的知识做好铺垫。

单元测试

　　请扫描二维码，查看本单元测试题目。

单元测试　单元 2

单元实训

　　请扫描二维码，查看本单元实训题目。

单元实训　单元 2

单元3

面向对象（上）

PPT：单元3 面
向对象（上）

教学设计：单元3
面向对象（上）

知识目标	● 了解面向对象的思想，能够说出面向对象的三大特性 ● 掌握类和对象的概念，能够说出类和对象的关系 ● 熟悉类的封装特性，能够说出为什么要封装以及如何实现封装 ● 了解代码块的应用，能够说出普通代码块和构造块的特点 ● 熟悉 static 关键字的使用，能够说出静态属性、静态方法和静态代码块的特点
技能目标	● 掌握对象的创建和使用，能够独立完成对象的创建 ● 掌握对象的引用传递，能够独立实现对象的引用传递 ● 熟悉 Java 的 4 种访问控制权限，能够在类中灵活使用访问控制权限实现类成员的访问控制 ● 掌握构造方法的定义和重载，能够独立定义构造方法，重载构造方法 ● 熟悉 this 关键字，能够使用 this 关键字调用成员属性、成员方法以及构造方法

　　Java 是一种面向对象的程序设计语言，了解面向对象的编程思想对于学习 Java 开发相当重要，在接下来的两个单元中，将为读者详细讲解如何使用面向对象的思想开发 Java 应用。

任务3-1　菜品的表示

■ 任务描述

　　顾客点菜时，需要知道菜品的名称、价格等信息。前面案例中都是直接定义变量存储菜品名称、菜品价格等菜品信息，但是存在一个问题，随着菜品数量的增多，需要定义很多变量存储菜品名称和菜品价格，这样编写的代码不仅冗余，而且可读性很差。本任务要求定义一个表示菜品的类，该类不仅包含了菜品信息，而且可以输出菜品信息。

■ 知识储备

1. 面向对象的思想

　　面向对象是一种符合人类思维习惯的编程思想。现实生活中存在各种形态不同的事物，这些事物之间存在各种各样的联系。在程序中使用对象映射现实中的事物，使用对象的关系描述事物之间的联系，这种思想就是面向对象。

　　提到面向对象，自然会想到面向过程，面向过程就是分析出解决问题所需要的步骤，然后用函数逐一实现这些步骤，使用时依次调用函数即可。面向对象则是把构成问题的事物按照一定规则划分为多个独立的对象，然后通过调用对象的方法来解决问题。当然，一个应用程序通常包含多个对象，通过多个对象的相互配合实现应用程序的功能，这样当应用程序功能发生变动时，只需要修改个别对象即可，从而使代码维护起来更加方便。

　　面向对象的特性可以概括为封装性、继承性和多态性，下面进行简单介绍。

（1）封装性

　　封装是面向对象的核心思想，它有两层含义，第一层含义是指把对象的特征和行为看成一个密不可分的整体，将这两者"封装"在一起（即封装在对象中）。另外一层含义指"信息隐藏"，将不想让外界知道的信息隐藏起来，例如，学开车时只需知道如何操作汽车，无需了解汽车内部是如何工作的。

（2）继承性

　　继承主要描述的是类与类之间的关系，通过继承，可以在原有类的基础上，对其功能进行扩展。例如，有一个汽车类，该类描述了汽车的普通特性和功能，而轿车类中不仅包含汽车的特性和功能，还增加了轿车特有的功能，这时，可以让轿车类继承汽车类，在轿车类中单独添加轿车特有的特性和功能即可。继承不仅增强了代码的复用性、提高了开发效率，还降低了程序产生错误的可能性，为程序的维护以及扩展提供了便利。

（3）多态性

　　多态是指在一个类中定义的属性和方法被其他类继承后，当把子类对象直接赋值给父类引用变量时，相同引用类型的变量调用同一个方法会呈现出不同的行为特性。例如，当听到 cut 这个单词时，理发师的行为是剪发，演员的行为是停止表演。不同的对象，所表现的行为是不一样的。

　　开发人员在使用面向对象编程时，不仅需要准守代码规范，也要恪守职业道德，避免滥用或误用面向对象的思想，导致出现程序崩溃、信息泄露等严重后果。面向对象的思想只凭上面的介绍可能无法真正理解，读者需要以坚持不懈的精神，不断实践练习，反复思考，才能真正领悟面向对象的思想。

　　2．类和对象的关系

　　在面向对象中，为了做到让程序对事物的描述与事物在现实中的形态保持一致，面向对象思想中提出了两个概念，即类和对象。在 Java 程序中，类和对象是最基本、最重要的单元。类表示某类事物的抽象描述，对象表示现实生活中某类事物的个体。

　　例如，在现实生活中，学生这个群体可以看成一个类，而某个具体的学生可以看成对象。类与对象的关系如图 3-1 所示。

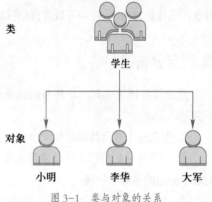

图 3-1　类与对象的关系

　　在图 3-1 中，学生可以看成一个类，小明、李华、大军都是学生类型的对象。类用于描述多个对象的共同特征，它是对象的模板。对象用于描述现实中的个体，它是类的实例。对象是根据类创建的，一个类可以对应多个对象。

　　3．类的定义

　　在面向对象的思想中最核心的就是对象，创建对象的前提是定义一个类，类是 Java 中一个重要的引用数据类型，也是组成 Java 程序的基本要素，所有的 Java 程序都是基于类而实现的。

　　类是对象的抽象，用于描述一组对象的共同特征和行为。例如，人都有姓名、年龄、性别等特征，还有工作、购物等行为。以面向对象的编程思想，可以把某一类中共同的特征和行为封装起来，把共同特征作为类的属性，把共同行为作为类的方法，其中类的属性也称为成员变量，类的方法也称为成员方法。

　　Java 中的类是通过 class 关键字定义的，语法格式具体如下。

```
[修饰符] class 类名 [extends 父类名][implements 接口名]{
      成员变量;
      成员方法;
}
```

关于上述语法格式的相关介绍如下。

　　① class 前面的 [修饰符] 是可选的，用于限定类的可访问范围。例如，public 修饰的类表示公共类，该类可以被其他类访问。

　　② class 后面的类名，一般要求遵守首字母大写的命名规范，并且命名要符合标识符的命名规则。

　　③ [extends 父类名] 是可选项，用来说明所定义的类继承哪个父类。

　　④ [implements 接口名] 是可选项，用来说明所定义的类实现了哪些接口。

　　下面根据上述格式定义一个学生类，成员变量包括姓名（name）、年龄（age），成员方法包括自我介绍的 say() 方法。学生类定义的示例代码如下。

```
class Student {
    String name;                        // 声明String类型的变量name
```

```
    int age;                    // 声明int类型的变量age
    // 定义say()方法
    void say() {
        System.out.println("大家好，我是" + name+"，我今年"+age+"岁。");
    }
}
```

上述代码中定义了一个学生类。其中，Student 是类名，name 和 age 是成员变量，say() 是成员方法，在成员方法 say() 中可以直接访问成员变量 name 和 age。

任务分析

根据任务描述得知，本任务的目标是定义一个菜品类，通过学习知识储备的内容，可以使用下列思路实现。

① 定义一个表示菜品的类，命名为 Dish。

② 由于菜品的特征主要是菜品名称和菜品价格，所以可以在 Dish 类中定义 2 个成员变量，分别表示菜品的名称和价格。

③ 由于菜品需要有信息展示功能，所以可以在 Dish 类中定义一个方法，输出菜品的名称和价格。

任务实现

结合任务分析的思路，下面定义一个 Dish 类，在该类中定义成员变量和成员方法。具体代码见文件 3-1。

文件 3-1　Dish.java

```
1   public class Dish {
2       //菜品名称
3       String name;
4       //菜品价格
5       double price;
6       //菜品信息展示
7       void dishInfo() {
8           System.out.println(name + ":" + price);
9       }
10  }
```

上述代码中，第 1 行代码定义了菜品类的名称为 Dish，第 3 和第 5 行代码分别定义了表示菜品名称和菜品价格的成员变量，第 7 ~ 9 行代码定义了一个 dishInfo() 方法，用于展示菜品信息。

知识拓展 3.1　访问控制

任务3-2　特价菜品

■ 任务描述

为了提高顾客的回头率，传智餐厅每日都会从推荐菜中选择一种菜品作为特价菜，设置特价菜后，该菜品会在价格上给予 8.5 折优惠。本任务要求编写一个程序实现特价菜品，效果如图 3-2 所示。

```
------本店推荐菜------
油焖大虾:46.0元
辣子鸡丁:38.0元
手撕包菜:23.0元
--------------------

请输入今日特价菜的名称：辣子鸡丁
今日特价菜：辣子鸡丁，价格是32.3元
```

```
------本店推荐菜------
油焖大虾:46.0元
辣子鸡丁:38.0元
手撕包菜:23.0元
--------------------

请输入今日特价菜的名称：宫保鸡丁
抱歉，您输入的菜品不存在！
```

图 3-2　特价菜品

■ 知识储备

1. 对象的创建与使用

应用程序想要完成具体的功能，仅有类是不够的，还需要根据类创建实例对象。Java 程序使用 new 关键字创建对象，具体格式如下。

```
类名 对象名称 = null;
对象名称 = new 类名();
```

上述格式中，创建对象分为声明对象和实例化对象两步，当然也可以直接通过下面的方式创建对象。

```
类名 对象名称 = new 类名();
```

例如，创建 Student 类的实例对象，示例代码如下。

```
Student stu = new Student();
```

上述代码中，new Student() 用于创建 Student 类的一个实例对象，Student stu 声明了一个 Student 类型的变量 stu。运算符 "=" 将新创建的 Student 对象地址赋值给变量 stu，变量 stu 引用的对象简称为 stu 对象。

了解对象的创建后，就可以使用类创建对象，示例代码如下。

```java
public class Test {
    public static void main(String[] args[]) {
        Student stu = new Student();            //创建stu对象
    }
}
```

上述代码创建了一个名称为 stu 的 Student 对象，stu 对象的内存分配如图 3-3 所示。

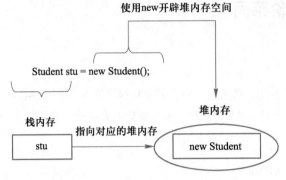

图 3-3 stu 对象的内存分配

由图 3-3 可知，创建 Student 类型对象时，程序会占用两块内存区域，分别是栈内存和堆内存。其中，通过 new Student() 创建的对象放在堆内存中，它是一个真正的对象，而 Student 类型的对象 stu 被存放在栈内存中，它是一个引用，会指向堆内存中存储的真正的对象。

创建对象后，可以使用对象访问类中的某个属性或方法，对象属性和方法的访问通过 "." 实现，具体格式如下。

```
对象名称.属性名
对象名称.方法名
```

下面通过案例学习对象属性和方法的访问，见文件 3-2。

文件 3-2 Example01.java

```
1    public class Example01 {
2        public static void main(String[] args) {
3            Student stu1 = new Student();
4            Student stu2 = new Student();
5            stu1.name = "小明";          // 访问stu1对象的name属性并赋值
6            stu1.age = 20;              // 访问stu1对象的age属性并赋值
7            stu1.say();                // 访问stu1对象的say()方法
8            stu2.name = "李华";
9            stu2.age = 21;
10           stu2.say();
11       }
12   }
```

在文件 3-2 中，在第 3～4 行代码创建了两个 Student 对象，分别赋值给 stu1 和 stu2。第 5～10 行代码分别通过调用 stu1 和 stu2 对象为 name 和 age 属性赋值并访问 say() 方法。

文件 3-2 的运行结果如图 3-4 所示。

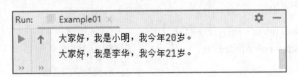

图 3-4 文件 3-2 的运行结果

由图 3-4 可知，对象 stu1 和 stu2 在调用 say() 方法时，打印的 name 和 age 值均不相同。这是因为 stu1 和 stu2 在系统内存中是两个完全独立的个体，它们分别拥有各自的 name 和 age 属性，对 stu1 对象的 name 和 age 属性赋值并不会影响到 stu2 对象的 name 和 age 属性的值。为 stu1 和 stu2 对象中的属性赋值后，stu1 和 stu2 对象的内存变化如图 3-5 所示。

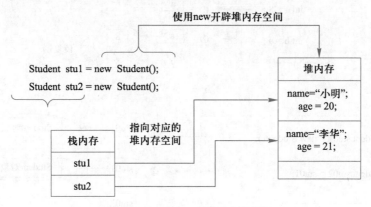

图 3-5　stu1 和 stu2 对象的内存变化

由图 3-5 可知，程序分别创建了两个 Student 对象 stu1 和 stu2，并且 stu1 和 stu2 分别指向不同的数据。

注意：
当一个对象被创建后，会对其中各种类型的成员变量进行初始化赋值，下面通过一张表罗列成员变量的初始值，具体见表 3-1。

表 3-1　成员变量的初始值

成员变量类型	初始值
byte	0
short	0
int	0
long	0L
float	0.0F
double	0.0D
char	空字符
boolean	false
引用数据类型	null

2. 值传递与引用传递

在 Java 程序中，当使用 "=" 赋值时，如果变量的类型是基本数据类型，那么，"=" 两端的变量会进行数值上的传递，也称为值传递。但是，如果变量的类型是引用数据类型，这种赋值属于引用传递。

从内存分配情况来看，值传递的变量具有独立的内存空间存放数据，引用传递的变量共同管理一个内存空间，为了读者更好地理解值传递和引用传递，下面通过图 3-6 和图 3-7 描述值传递与引用传递的内存状况。

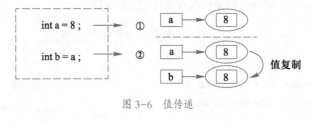

图 3-6　值传递

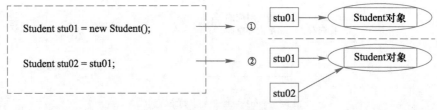

图 3-7　引用传递

值传递比较简单，这里不再赘述。为了读者更好地体会引用传递，下面通过案例来演示，具体代码见文件 3-3。

文件 3-3　Example02.java

```
1    class Example02 {
2        public static void main(String[] args) {
3            Student stu1 = new Student();
4            Student stu2 = null;
5            stu2 = stu1;
6            stu1.name = "小明";
7            stu1.age = 20;
8            stu2.age = 50;
9            stu1.say();
10           stu2.say();
11       }
12   }
```

在文件 3-3 中，第 3 行代码创建一个 Student 对象存放在堆内存中，并将该 Student 对象所在内存空间的地址赋值给 stu1，此时 stu1 通过该地址值指向内存中的 Student 对象；第 4 行代码声明一个 Student 类型的变量 stu2，但没有指向任何对象；第 5 行代码将 stu1 存储的地址值赋值给 stu2，此时 stu2 也通过内存地址值指向堆内存中的 Student 对象。第 6 ～ 7 行代码用于对 stu1 对象的 name 和 age 属性赋值，第 8 行代码用于对 stu2 对象的 age 属性赋值，第 9 ～ 10 行代码分别通过 stu1 和 stu2 对象调用 say() 方法。

文件 3-3 的运行结果如图 3-8 所示。

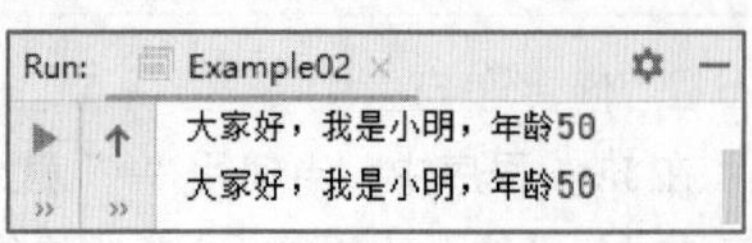

由图 3-8 可知，stu1 和 stu2 对象输出的内容是一致的，这是因为 stu2 对象获得了 stu1 对象内存空间的使用权。在 Example02 类中，第 7 行代码对 stu1 对象的 age 属

Run:　　Example02 ×　　　　　　　　　　⚙　—
大家好，我是小明，年龄50
大家好，我是小明，年龄50

图 3-8　文件 3-3 的运行结果

性赋值后，第 8 行代码通过 stu2 对象对 age 属性值进行了修改。

■ 任务分析

根据任务描述得知，本任务的目标是从推荐菜中选择一款菜品作为特价菜，特价菜在价格上给予 8.5 折优惠。通过观察特色菜品和特价菜品展示的内容，可以使用下列思路实现。

① 创建表示菜品的类，该类包含菜品名称和菜品价格两个属性以及一个输出菜品信息的方法。这里使用任务 3-1 定义的菜品类 Dish。

② 创建推荐菜对象，并将它们存放在数组中。

③ 提示用户输入特价菜的名称，通过遍历推荐菜数组查看用户输入的特价菜是否在推荐菜中，如果存在，修改菜品价格，并输出特价菜的信息，如果不存在，提示用户输入的菜品不存在。

■ 任务实现

结合任务分析的思路，下面定义一个 DiscountDish 类，在该类中定义 main()，并在 main() 方法中实现特价菜品的设置。具体代码见文件 3-4。

文件 3-4　DiscountDish.java

```
1    import java.util.Scanner;
2    public class DiscountDish {
3        public static void main(String[] args) {
4            Dish d1 = new Dish();
5            d1.name = "油焖大虾";
6            d1.price = 46.0元;
7            Dish d2 = new Dish();
8            d2.name = "辣子鸡丁";
9            d2.price = 38.0元;
10           Dish d3 = new Dish();
11           d3.name = "手撕包菜";
12           d3.price = 23.0元;
13           //使用数组存储创建的3个推荐菜
14           Dish[] specialDish = {d1, d2, d3};
15           System.out.println("-------本店推荐菜-------");
16           //使用for循环遍历展示推荐菜的信息
17           for (int i = 0; i < specialDish.length; i++) {
18               specialDish[i].dishInfo();
19           }
20           System.out.println("--------------------");
21           //输入今日特价菜
22           Scanner sc = new Scanner(System.in);
23           System.out.print("请输入今日特价菜的名称：");
24           String discountDish = sc.next();
25           Dish discount = null;
26           //循环判断用户输入的特价菜是否存在
27           for (int i = 0; i < specialDish.length; i++) {
```

```
28              Dish dish = specialDish[i];
29              // 判断用户输入的菜品名称是否存在
30              if (discountDish.equals(dish.name)) {
31                  discount = dish;
32                  discount.price = discount.price * 0.85;
33                  System.out.println("今日特价菜：" + discount.name +
34                                     "，价格是" + discount.price + "元");
35              }
36          }
37          //用户输入的菜品不存在，输出提示信息
38          if (discount == null) {
39              System.out.println("抱歉，您输入的菜品不存在！");
40          }
41      }
42 }
```

在文件 3-4 中，第 4 ～ 14 行代码创建了 3 个推荐菜品对象并存放在数组 specialDish 中；第 17 ～ 19 行代码使用 for 循环遍历输出推荐菜的信息；第 27 ～ 36 行代码用于判断用户输入的菜品名称是否存在，如果存在，则计算特价菜的价格，并输出特价菜的信息；第 38 ～ 40 行代码用于处理用户输入菜品不存在的情况，提示用户输入的菜品不存在。

假设用户输入的特价菜名称是"辣子鸡丁"，文件 3-4 的运行结果如图 3-9 所示。

从图 3-9 可以看出，输入"辣子鸡丁"作为特价菜后，辣子鸡丁的价格为原价格的 85% 输出在控制台中。

假设用户输入的特价菜名称是宫保鸡丁，文件 3-4 的运行结果如图 3-10 所示。

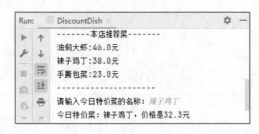

图 3-9　文件 3-4 的运行结果（1）

图 3-10　文件 3-4 的运行结果（2）

从图 3-10 可以看出，输入"宫保鸡丁"作为特价菜后，由于餐厅餐单中不存在宫保鸡丁，控制台输出了对应的提示信息。

任务3-3　新增菜品

■ 任务描述

为了保证菜品不断更新，餐厅助手提供了新增菜品的功能。工作人员可以输入菜品的名称以及价格实现菜品的新增。为了保证新增的菜品不会重复，且价格是正数，每次新增的菜品都会进行校验。已知目前存在的菜品是油焖大虾、辣子鸡丁、手撕包菜这 3 种，本任务要求编写一个程序实现新增菜品，效果如图 3-11 所示。

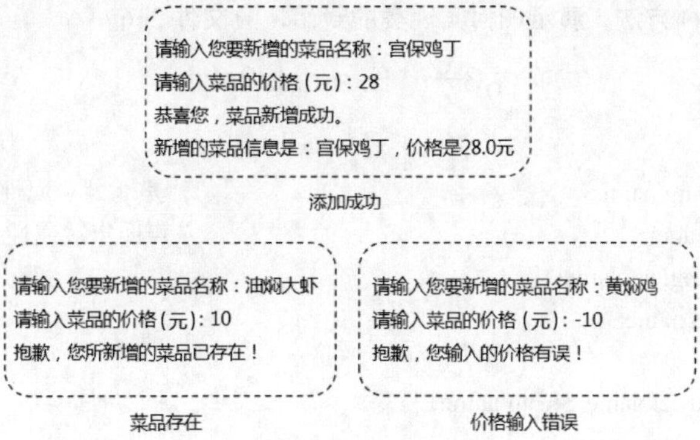

请输入您要新增的菜品名称：宫保鸡丁
请输入菜品的价格（元）：28
恭喜您，菜品新增成功。
新增的菜品信息是：宫保鸡丁，价格是28.0元

添加成功

请输入您要新增的菜品名称：油焖大虾
请输入菜品的价格（元）：10
抱歉，您所新增的菜品已存在！

菜品存在

请输入您要新增的菜品名称：黄焖鸡
请输入菜品的价格（元）：-10
抱歉，您输入的价格有误！

价格输入错误

图 3-11　新增菜品

■ 知识储备

1. 为什么要封装

在 Java 面向对象的思想中，封装是指一种将类的实现细节包装、隐藏起来的方法。封装可以被认为是一个保护屏障，防止本类的代码和数据被外部类定义的代码随意访问。下面通过示例具体讲解为什么要封装，见文件 3-5。

文件 3-5　Example03.java

```
1    public class Example03 {
2        public static void main(String[] args) {
3            Student stu=new Student();
4            stu.name="小玲";
5            stu.age=-20;
6            stu.say();
7        }
8    }
```

在文件 3-5 中，第 5 行代码将 age 属性赋值为 -20 岁，这在程序中不会有任何问题，因为 int 的值可以取负数。但在现实中，-20 明显是一个不合理的年龄值，为了避免这种错误的发生，在设计 Student 类时，应该对成员变量的访问进行一些限定，不允许外界随意访问，这就需要实现类的封装。

2. 什么是封装

类的封装是指将对象的状态信息隐藏在对象内部，不允许外部程序直接访问对象的内部信息，而是通过该类提供的指定方法实现对内部信息的操作和访问。

封装的具体实现过程是，在定义一个类时，将类中的属性私有化，即使用 private 关键字修饰类的属性，私有属性只能在它所在的类中被访问。如果外界想要访问私有属性，需要提供一些使用 public 修饰的公有方法，其中包括用于获取属性值的 getXxx() 方法（也称为 getter() 方法）和设置属性值的 setXxx() 方法（也称为 setter() 方法）。需要注意的是，setter() 和 getter() 方法中的 Xxx 必须是首字母大写的属性名，例如，name 属性的 getter() 方法，必须命名为 getName()。

下面定义一个 Person 类，使用 private 关键字修饰 name 和 age 属性，使用 public 关键字修饰其对应的 getter()/setter() 方法，演示如何实现类的封装，见文件 3-6。

文件 3-6　Example04.java

```
1   class Person {
2       private String name;                        // 声明姓名属性
3       private int age;                            // 声明年龄属性
4       public String getName() {
5           return name;
6       }
7       public void setName(String name) {
8           this.name = name;
9       }
10      public int getAge() {
11          return age;
12      }
13      public void setAge(int age) {
14          if (age < 0) {
15              System.out.println("年龄不能小于0！");
16          } else {
17              this.age = age;
18          }
19      }
20      void say() {
21          System.out.println("大家好，我是" + name + "，我今年" + age + "岁。");
22      }
23  }
24  public class Example04 {
25      public static void main(String[] args) {
26          Person person = new Person();
27          person.setName("张三");
28          person.setAge(-18);
29          person.say();
30      }
31  }
```

在文件 3-6 中，使用 private 关键字将 name 和 age 属性声明为私有属性，并对外界提供 getter() 和 setter() 方法，其中，getName() 和 getAge() 方法用于获取 name 和 age 属性的值，setName() 和 setAge() 方法用于设置 name 和 age 属性的值。

文件 3-6 的运行结果如图 3-12 所示。

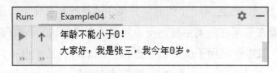

图 3-12　文件 3-6 的运行结果

由图 3-13 可知，当调用 setAge() 方法传入了 -18 时，程序提示年龄输入有误，age 显示为初始值 0。这是因为 setAge() 方法对参数 age 进行了判断，如果 age 的值小于 0，会打印"年龄不能小于 0！"，age 会采用初始值 0。

■ 任务分析

根据任务描述得知，本任务的目标是在工作人员新增菜品信息时，对要新增的菜品信息进行校验。通过观察新增的菜品信息展示的内容，可以使用下列思路实现。

① 定义一个菜品类，在新增菜品名称和价格时，对菜品名称和价格进行校验。如果输入的菜品名称已经存在，那么将菜品名称设置为无名菜。如果输入的菜品价格小于 0 或者大于 499，则认为该菜品价格超出范围，则将菜品价格设置为 9999。

② 定义一个实现新增菜品的类，提示用户输入要新增的菜品信息，并对菜品名称和价格进行判断，只有菜品信息输入符合要求，才可以新增菜品，否则提示新增的菜品已存在或者菜品价格输入有误。

■ 任务实现

结合任务分析的思路，下面分步骤实现新增菜品的功能，具体如下。

（1）定义菜品类

定义一个菜品类 NewDish，用于存放菜品信息，并对菜品信息进行封装，具体代码见文件 3-7。

文件 3-7　NewDish.java

```
1   public class NewDish {
2       private String name;                //菜品名称
3       private double price;               //菜品价格
4       public String getName() {
5           return name;
6       }
7       public double getPrice() {
8           return price;
9       }
10      public void setName(String name) {
11          if (name.equals("油焖大虾") || name.equals("辣子鸡丁")
12                                       || name.equals("手撕包菜")) {
13              this.name = "无名菜";
14          } else {
15              name = nm;
16          }
17      }
18      public void setPrice(double p) {
19          if (p < 0 || p > 499) {
20              price = 9999;
21          } else {
22              price = p;
```

```
23              }
24          }
25          public void showInfo() {
26              System.out.println("新增的菜品信息是： " + this.name +
27                                      "，价格是" + this.price + "元");
28          }
29      }
```

文件 3-7 中，第 2 ～ 3 行代码使用 private 修饰表示菜品名称和价格的 name 和 price 属性；第 4 ～ 9 行代码定义的 getter() 方法用于获取菜品名称和价格；第 10 ～ 17 行代码定义的 setName() 方法用于设置菜品名称；第 11 和第 12 行代码中的 equals() 方法用于比较字符串的内容是否相同，如果菜品名称是油焖大虾、辣子鸡丁或者手撕包菜，说明菜品已存在，将菜品名称设置为无名菜；第 18 ～ 24 行代码定义的 setPrice() 方法用于设置菜品价格，如果菜品价格小于 0，那么将菜品价格设置为 9999；第 25 ～ 28 行代码定义的 showInfo() 方法用于显示新增的菜品信息。

（2）定义新增菜品类

定义 AddDish 类，并在该类中定义 main() 方法，在 main() 方法中实现菜品的新增，具体代码见文件 3-8。

文件 3-8　AddDish.java

```
1   import java.util.Scanner;
2   public class AddDish {
3       public static void main(String[] args) {
4           Scanner sc = new Scanner(System.in);
5           System.out.print("请输入您要新增的菜品名称：");
6           String name = sc.next();
7           NewDish dish = new NewDish();
8           dish.setName(name);
9           System.out.print("请输入菜品的价格（元）：");
10          double price = sc.nextDouble();
11          dish.setPrice(price);
12          if (dish.getName().equals("无名菜")) {
13              System.out.println("抱歉，您所新增的菜品已存在！");
14          } else if (dish.getPrice() == 9999) {
15              System.out.print("抱歉，您输入的价格有误！");
16          } else {
17              System.out.println("恭喜您，菜品新增成功。");
18              dish.showInfo();
19          }
20      }
21  }
```

在文件 3-8 中，第 8 行代码使用 dish 对象调用 setName() 方法设置菜品名称，第 11 行代码使用 dish 对象调用 setPrice() 方法设置菜品价格。第 12 ～ 19 行代码用于对设置的菜品信息进行判断。由于封装 NewDish 类时，对不符合要求的菜品名称和价格分别赋值为无名菜和 9999，所以使用 dish 对象调用 getName() 和 getPrice() 方法获取菜品信息后，如果菜品名称是无名菜，说明菜品已存在，如果菜品价格是 9999，说明价格输入有误。只有菜品名称和菜品价格都符合要求，才会使用 dish 对象调用 showInfo() 方法输出新增成功的菜品信息。

（3）新增菜品测试

如果新增的菜品名称是宫保鸡丁，价格是 28 元，文件 3-8 的运行结果如图 3-13 所示。

从图 3-13 可以得出，当输入的菜品名称原来不存在，且价格处于指定区间，那么新增菜品成功。

如果新增的菜品名称是油焖大虾，文件 3-8 的运行结果如图 3-14 所示。

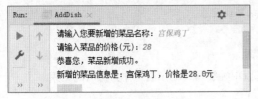
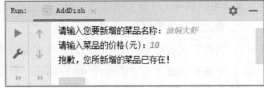

图 3-13　文件 3-8 的运行结果（1）　　　　图 3-14　文件 3-8 的运行结果（2）

从图 3-14 可以得出，当输入的菜品名称原来已存在，新增菜品时会失败，并进行相应的提示。

如果新增的菜品名称是黄焖鸡，价格是 -10 元，文件 3-8 的运行结果如图 3-15 所示。

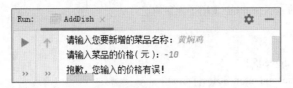

图 3-15　文件 3-8 的运行结果（3）

从图 3-15 可以得出，当输入的菜品价格不在指定价格区间内，新增菜品时会失败，并进行相应的提示。

至此，新增菜品已经完成。

任务3-4　会员注册

■ 任务描述

传智餐厅为了让顾客注册会员时更加方便，决定在餐厅助手中实现用户注册页面的功能，工作人员进入系统，输入要注册的会员用户名、注册人的手机号和注册人的年龄，输入完成后会展示注册人的姓名、手机号和年龄，如果输入的年龄小于或等于 0，将不保存注册人的年龄。本任务要求编写程序实现会员注册，效果如图 3-16 所示。

图 3-16　会员注册

■ 知识储备

1. 构造方法的定义

从前面所学的知识可以发现，实例化一个对象后，如果要为这个对象中的属性赋值，则必须通过直接访问对象的属性或调用 setter() 方法才可以，如果需要在实例化对象时为这个对象的属性赋值，可以通过构造方法实现。构造方法（也被称为构造器）是类的一个特殊成员方法，在类实例化对象时自动调用。在定义构造方法时，有以下几点需要注意。

① 构造方法的名称必须与类名一致。

② 构造方法名称前不能有任何返回值类型的声明。

③ 不能在构造方法中使用 return 返回值，但可以单独编写 return 语句作为方法的结束。

下面通过案例演示构造方法的定义，见文件 3-9。

文件 3-9　Example05.java

```
1   class Animal {
2       public Animal() {
3           System.out.println("调用了无参构造方法");
4       }
5   }
6   public class Example05 {
7       public static void main(String[] args) {
8           System.out.println("声明对象...");
9           Animal animal;
10          System.out.println("实例化对象...");
11          animal = new Animal();
12      }
13  }
```

文件 3-9 中，在 Animal 类中定义了无参构造方法，在 Example05 类的 main() 方法中，声明并实例化了一个 Animal 对象。

文件 3-9 的运行结果如图 3-17 所示。

由图 3-17 可知，当调用关键字 new 实例化对象时，程序调用了 Animal 类的无参构造方法。

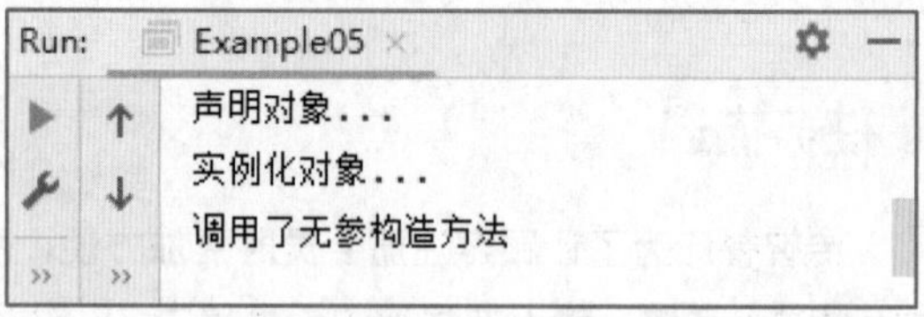

一个类中除了定义无参构造方法外，还可以定义有参构造方法，通过有参构造方法可以实现对属性的赋值。

图 3-17　文件 3-9 的运行结果

下面修改文件 3-9，演示有参构造方法的定义与调用，见文件 3-10。

文件 3-10　Example06.java

```
1   class Animal01 {
2       private String name;
3       private int age;
4       public Animal01(String n, int a) {
5           name = n;
```

```
6              age = a;
7              System.out.println("调用了有参构造方法");
8          }
9          public void showInfo() {
10             System.out.println("我是" + name + ",今年" + age+"岁了。");
11         }
12     }
13     public class Example06 {
14         public static void main(String[] args) {
15             Animal01 animal01 = new Animal01("龙猫", 2);
16             animal01.showInfo();
17         }
18     }
```

在文件 3-10 中，Animal01 类中声明了私有属性 name 和 age，并且定义了有参构造方法。第 15 行代码实例化 Animal01 对象，并传入参数"龙猫"和 2，分别赋值给 name 和 age，该过程会调用有参构造方法，第 16 行代码通过 animal01 对象调用了 showInfo() 方法。

文件 3-10 的运行结果如图 3-18 所示。

由图 3-18 可知，name 属性被赋值为"龙猫"，age 属性被赋值为 2。

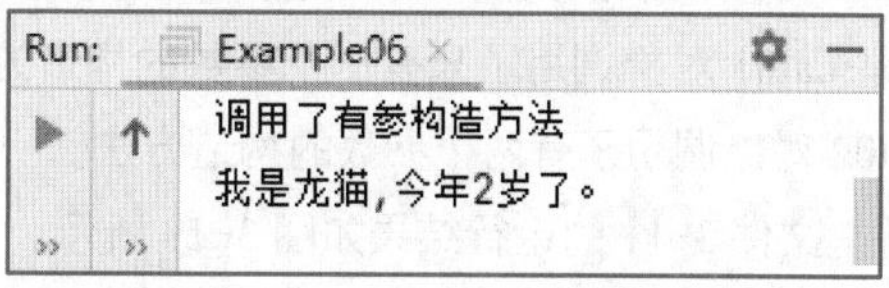

构造方法可以通过 private 进行修饰，私有构造

图 3-18　文件 3-10 的运行结果

方法可以让当前类不被外部创建实例，加强代码的安全性。一般类中定义私有构造方法后，会提供一个静态方法来创建对象，采用静态方法可以消耗较少的内存。读者在使用构造方法时，务必采取严谨分析的态度，深入了解和分析实际情况后，再决定使用何种构造方法。

2．构造方法的重载

与普通方法一样，构造方法也可以重载，在一个类中可以定义多个构造方法，但是需要每个构造方法的参数类型或参数个数不同。在创建对象时，可以通过调用不同的构造方法为不同的属性赋值。

下面通过案例学习构造方法的重载，见文件 3-11。

文件 3-11　Example07.java

```
1      class Cat {
2          private String name;
3          private int age;
4          public Cat() {
5          }
6          public Cat(String n) {
7              name = n;
8              System.out.println("调用了一个参数的构造方法");
9          }
10         public Cat(String n, int a) {
11             name = n;
12             age = a;
13             System.out.println("调用了两个参数的构造方法");
14         }
15         public void shout() {
```

```
16              System.out.println("我是" + name + ",年龄是" + age);
17          }
18  }
19  public class Example07 {
20      public static void main(String[] args) {
21          Cat cat01 = new Cat("波斯猫");
22          Cat cat02 = new Cat("加菲猫", 5);
23          cat01.shout();
24          cat02.shout();
25      }
26  }
```

在文件 3-11 中，Cat 类中定义了一个无
参构造方法和一个有参构造方法。在 main() 方
法中，第 21、22 行代码实例化对象 cat01 和
cat02 时，根据实例化对象时传入参数个数的不
同，cat01 对象调用了只有一个参数的构造方法，
cat02 对象调用了有两个参数的构造方法。

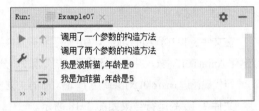

图 3-19 文件 3-11 的运行结果

文件 3-11 的运行结果如图 3-19 所示。

3. this 关键字

在 Java 开发中，当成员变量与局部变量发生重名问题时，需要使用 this 关键字区分成员变量
与局部变量。Java 中的 this 关键字有 3 种用法，具体介绍如下。

（1）用 this 关键字调用本类中的属性

在文件 3-11 中，Cat 类定义成员变量 age 表示年龄，而构造方法中表示年龄的参数是 a，这样
的程序可读性很差。需要将一个类中表示年龄的变量进行统一命名，如都声明为 age，但这样做会
导致成员变量和局部变量的名称冲突。下面通过案例进行验证，见文件 3-12。

文件 3-12 Example08.java

```
1   class Dog {
2       private String name;
3       private int age;
4       public Dog(String name, int age) {
5           name = name;
6           age = age;
7       }
8       public void shout() {
9           System.out.println("我是:" + name + ",年龄:" + age);
10      }
11  }
12  public class Example08 {
13      public static void main(String[] args) {
14          Dog dog = new Dog("金毛", 5);
15          dog.shout();
16      }
17  }
```

文件 3-12 的运行结果如图 3-20 所示。

由图 3-20 可知，dog 对象的 name 值为 null，age 为 0，这表明构造方法中的赋值并没有成功，这是因为构造方法参数名称与对象成员变量名称相同，编译器无法确定哪个名称是当前对象的属性。为了解决这个问题，Java 提供了关键字 this 指代当前对象，通过 this 可以访问当前对象的成员。修改文件 3-12，使用 this 关键字指定当前对象属性，见文件 3-13。

文件 3-13　Example09.java

```
1  class Dog01 {
2      private String name;
3      private int age;
4      public Dog01(String name, int age) {
5          this.name = name;
6          this.age = age;
7      }
8      public void shout() {
9          System.out.println("我是:" + name + ",年龄:" + age);
10     }
11 }
12 public class Example09 {
13     public static void main(String[] args) {
14         Dog01 dog = new Dog01("金毛", 5);
15         dog.shout();
16     }
17 }
```

文件 3-13 的运行结果如图 3-21 所示。

图 3-20　文件 3-12 的运行结果

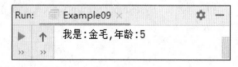

图 3-21　文件 3-13 的运行结果

由图 3-21 可知，文件 3-13 成功调用构造方法完成了 dog 对象的初始化。这是因为在构造方法中，使用 this 关键字明确标识出类中的两个属性 this.name 和 this.age，这样在进行赋值操作时不会产生歧义。

（2）使用 this 关键字调用成员方法

通过 this 关键字调用成员方法，具体示例代码如下。

```
class Student {
    public void openMouth() {
        ...
    }
    public void read() {
        this.openMouth();
    }
}
```

上述代码中，在 read() 方法中使用 this 关键字调用了 openMouth() 方法。需要注意的是，此处的 this 关键字可以省略。

（3）使用 this 关键字调用构造方法

构造方法是在实例化对象时被 Java 虚拟机自动调用，在程序中不能像调用其他成员方法一样调用构造方法，但可以在一个构造方法中使用 "this(参数 1, 参数 2…)" 的形式调用其他构造方法。

下面通过案例演示使用 this 关键字调用构造方法，见文件 3-14。

文件 3-14　Example10.java

```
1   class Worker {
2       private String name;
3       private int age;
4       public Worker() {
5           System.out.println("调用了无参构造方法");
6       }
7       public Worker(String name, int age) {
8           this();                    // 调用无参构造方法
9           this.name = name;
10          this.age = age;
11      }
12      public String read() {
13          return "我是:" + name + ",年龄:" + age;
14      }
15  }
16  public class Example10 {
17      public static void main(String[] args) {
18          Worker worker = new Worker("张三", 28);
19          System.out.println(worker.read());
20      }
21  }
```

文件 3-14 中，Worker 类中定义了一个无参构造方法和一个有参构造方法，并在有参构造方法中使用 this() 形式调用本类中的无参构造方法。

文件 3-14 的运行结果如图 3-22 所示。

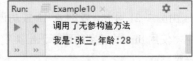

使用 this 调用类的构造方法时，应注意以下两点。

① 只能在构造方法中使用 this 调用其他构造方法，不能在成员方法中通过 this 调用构造方法。

图 3-22　文件 3-14 的运行结果

② 在构造方法中，使用 this 调用其他构造方法的语句必须位于第一行，且只能出现一次。

下面程序的写法是错误的。

```
public Student(String name) {
    System.out.println("有参构造方法被调用了。");
    this(name);                              //不在第一行，编译错误
}
```

③ 不能在一个类的两个构造方法中使用 this 互相调用，下面程序的写法是错误的。

```
class Student {
    public Student () {
        this("张三");                                  // 调用有参构造方法
        System.out.println("无参构造方法被调用了。");
    }
    public Student (String name) {
        this();                                       // 调用无参构造方法
        System.out.println("有参构造方法被调用了。");
    }
}
```

■ 任务分析

根据任务描述得知，本任务的目标是实现一个会员注册的功能，通过观察会员注册效果的内容，可以使用下列思路实现。

① 定义一个用户类，该类包含姓名、手机号、年龄属性以及两个构造方法，其中一个构造方法具有姓名、手机号、年龄 3 个参数，一个构造方法具有姓名、年龄两个参数。

② 定义一个实现用户注册的类，该类接收用户输入的信息，包括姓名、手机号和年龄。如果用户输入的年龄小于等于 0，则认定年龄输入无效，注册成功的用户信息不包含年龄，此时调用两个参数的构造方法创建用户。如果用户输入的年龄大于 0，则认定年龄输入有效，注册成功的用户信息包括年龄，此时调用 3 个参数的构造方法创建用户。

■ 任务实现

结合任务分析的思路，下面分步骤实现用户注册功能，具体如下。

（1）定义用户类

创建一个 User 类，用于表示注册用户的信息。在 User 类中定义类的属性、setter()/getter() 方法，以及一个包含用户名和手机号的构造方法，一个包含用户名、手机号、年龄的构造方法。具体代码见文件 3-15。

文件 3-15　User.java

```
1   public class User {
2       //用户名
3       private String name;
4       //手机号
5       private String tel;
6       //年龄
7       private int age;
8       //包含必填信息的构造方法
9       public User(String name, String tel) {
10          this.name = name;
11          this.tel = tel;
12          System.out.println("注册成功，用户名：" + this.name +
13                              " 手机号：" + this.tel);
```

```
14        }
15        //包含所有信息的构造方法
16        public User(String name, String tel, int age) {
17            this.name = name;
18            this.tel = tel;
19            this.age = age;
20            System.out.println("注册成功，用户名："+ this.name + " 手机号："+
21                                    this.tel + " 年龄："+ this.age);
22        }
23        // 省略getter和setter方法
24            ……
25 }
```

文件 3-15 中，第 9 ～ 22 行代码定义了两个重载的构造方法，其中第 9 ～ 14 行代码定义的构造方法有两个参数，第 16 ～ 22 行代码定义的构造方法有 3 个参数。

（2）定义用户注册类

创建一个实现用户注册的类 Register，在该类中定义 main() 方法，在 main() 方法中提示用户输入注册信息，并根据用户输入的信息调用不同的构造方法创建 User 对象，具体代码见文件 3-16。

文件 3-16　Register.java

```
1 import java.util.Scanner;
2 public class Register {
3     public static void main(String[] args) {
4         System.out.println("-------欢迎来到用户注册页面！-------");
5         Scanner sc = new Scanner(System.in);
6         System.out.print("请输入用户名：");
7         String name = sc.next();
8         System.out.print("请输入手机号：");
9         String tel = sc.next();
10        System.out.print("请输入年龄：");
11        int age = sc.nextInt();
12        User user = null;
13        if (age<=0) {
14            user = new User(name, tel);
15        } else {
16            user = new User(name, tel, age);
17        }
18    }
19 }
```

在文件 3-16 中，第 13 ～ 17 行代码用于根据用户输入的年龄进行判断，如果用户输入的年龄小于或等于 0，则调用 User 类两个参数的构造方法创建对象，否则调用 User 类 3 个参数的构造方法创建 User 对象。

（3）测试会员注册

运行文件 3-16，在控制台中根据提示信息依次输入用户名为王子、手机号为 18066668888、年龄为 20，运行结果如图 3-23 所示。

从图 3-23 可以看出，输入合格的用户信息后，提示注册成功，并将注册的用户信息输出在控制台，说明调用了 User 类中 3 个参数的构造方法初始化用户信息。

再次运行文件 3-16，依次输入用户名为公主、手机号为 18088889999、年龄为 -10，运行结果如图 3-24 所示。

图 3-23 文件 3-16 的运行结果（1）

图 3-24 文件 3-16 的运行结果（2）

从图 3-24 可以看出，输入的用户信息中年龄为无效数据，控制台提示注册成功，但展示的注册用户信息不包含年龄，说明调用了 User 类中两个参数的构造方法初始化用户信息。

至此，会员注册功能完成。

知识拓展 3.2 默认构造方法

任务3-5　登录验证码

■ 任务描述

为了保证用户登录的安全性，登录餐厅助手时，除了要正确输入用户名和密码，还要正确输入验证码。本任务要求编写一个程序，实现登录验证码的生成与校验，效果如图 3-25 所示。

验证码: pekN
请输入验证码: pekN
验证码校验通过！

验证码: BHzl
请输入验证码: bhi1
验证码校验不通过！

图 3-25 登录验证码

■ 知识储备

static 关键字

Java 中的 static 关键字可以修饰类的成员，包括属性、方法及代码块，具体介绍如下。

（1）static 修饰属性

如果在 Java 程序中使用 static 修饰属性，则该属性称为静态属性（也称为全局属性），静态属性可以使用类名直接访问，格式如下。

类名.属性名

学习静态属性前，先来看一个案例，见文件 3-17。

文件 3-17 Example11.java

```java
1  class CollegeStudent01 {
2      String name;
3      int age;
4      String school = "A大学";
5      public CollegeStudent01(String name, int age) {
6          this.name = name;
7          this.age = age;
8      }
9      public void info() {
10         System.out.println("姓名:" + this.name + ", 年龄:" +
11                             this.age + ", 学校:" + school);
12     }
13 }
14 public class Example11 {
15     public static void main(String[] args) {
16         CollegeStudent01 stu1 = new CollegeStudent01("张三", 18);
17         CollegeStudent01 stu2 = new CollegeStudent01("李四", 19);
18         CollegeStudent01 stu3 = new CollegeStudent01("王五", 20);
19         stu1.info();
20         stu2.info();
21         stu3.info();
22         stu1.school = "B大学";
23         System.out.println("修改stu1学生对象的学生信息为B大学后");
24         stu1.info();
25         stu2.info();
26         stu3.info();
27     }
28 }
```

文件 3-17 中，CollegeStudent01 类中定义了 name、age 和 school 属性，有参构造方法和 info() 方法，并在 info() 方法中输出了 name、age 和 school 属性的值。第 16 ～ 21 行代码分别定义了 Student 类的 3 个实例对象，并分别使用 3 个实例对象调用 info() 方法。第 23 ～ 26 行代码再次使用 3 个实例对象调用 info() 方法，输出修改后的学生信息。

文件 3-17 的运行结果如图 3-26 所示。

由图 3-26 可知，张三的学校信息由 A 大学修改为 B 大学，而李四和王五的大学信息没有变化，表明非静态属性是对象所有，改变当前对象的属性值，不影响其他对象的属性值。下面考虑一种情况：假设 A 大学改名为 B 大学，而此时 CollegeStudent01 类已经产生了 10 万个学生对象，那么意味着，如果要修改这些学生对象的学校信息，需要将这 10 万个对象中的学校属性全部进行修改，共修改 10 万遍，这样肯定是非常麻烦的。

为了解决上述问题，可以使用 static 关键字修饰

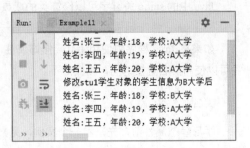

图 3-26 文件 3-17 的运行结果

school 属性，将其变为公共属性。这样，school 属性只会分配一块内存空间，被 CollegeStudent01 类的所有对象共享，只要某个对象进行了一次修改，全部学生对象的 school 属性值都会发生变化。

修改文件 3-17，使用 static 关键字修饰 school 属性，具体代码见文件 3-18。

文件 3-18 Example12.java

```java
1  class CollegeStudent02 {
2      String name;                               // 声明name属性
3      int age;                                   // 声明age属性
4      static String school = "A大学";            // 定义school属性
5      public CollegeStudent02(String name, int age) {
6          this.name = name;
7          this.age = age;
8      }
9      public void info() {
10         System.out.println("姓名:" + this.name + ",  年龄:" +
11                             this.age + ",  学校:" + school);
12     }
13 }
14 public class Example12 {
15     public static void main(String[] args) {
16         CollegeStudent02 stu1 = new CollegeStudent02("张三", 18);
17         CollegeStudent02 stu2 = new CollegeStudent02("李四", 19);
18         CollegeStudent02 stu3 = new CollegeStudent02("王五", 20);
19         stu1.info();
20         stu2.info();
21         stu3.info();
22         stu1.school = "B大学";
23         stu1.info();
24         stu2.info();
25         stu3.info();
26     }
27 }
```

文件 3-18 中，第 4 行代码使用 static 关键字修饰了 school 属性，第 22 行代码为 stu1 对象的 school 属性重新赋值。

文件 3-18 的运行结果如图 3-27 所示。

由图 3-27 可知，虽然只修改了一个 stu1 对象的学校属性，但是 stu1、stu2 和 stu3 对象的 school 属性内容都发生了变化，说明使用 static 声明的属性是对所有对象共享的。文件 3-18 的内存分配如图 3-28 所示。

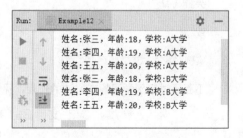

图 3-27 文件 3-18 的运行结果

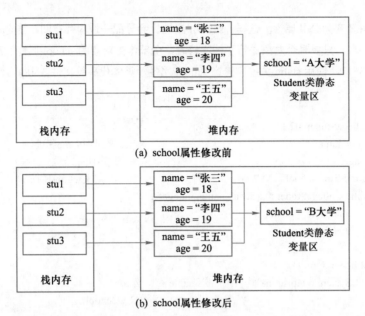

图 3-28　文件 3-18 的内存分配

脚下留心：static 不能修饰局部变量

　　static 关键字只能修饰成员变量，不能修饰局部变量，否则编译器会报错。例如，下面的代码是非法的。

```
public class Student {
    public void study() {
        static int num = 10;        // 这行代码是非法的，编译器会报错
    }
}
```

（2）static 修饰成员方法

　　如果想要使用类中的成员方法，就需要先将这个类实例化。而在实际开发时，开发人员有时希望在不创建对象的情况下，通过类名就可以直接调用某个方法，这时就需要使用静态方法，要实现静态方法只需要在成员方法前加上 static 关键字即可。

　　同静态变量一样，静态方法也可以通过类名和对象访问，具体如下。

类名.方法

或

实例对象名.方法

下面通过案例学习静态方法的使用，见文件 3-19。

文件 3-19　Example13.java

```
1    class CollegeStudent03 {
2        private String name;                              //声明name属性
3        private int age;                                  //声明age属性
```

```
4          private static String school = "A大学";        //定义school属性
5          public CollegeStudent03(String name, int age) {
6              this.name = name;
7              this.age = age;
8          }
9          public void info() {
10             System.out.println("姓名:" + this.name + ", 年龄:" +
11                                     this.age + ", 学校:" + school);
12         }
13         public static String getSchool() {
14             return school;
15         }
16         public static void setSchool(String s) {
17             school = s;
18         }
19 }
20 public class Example13 {
21     public static void main(String[] args) {
22         CollegeStudent03 stu1 = new CollegeStudent03("张三", 18);
23         CollegeStudent03 stu2 = new CollegeStudent03("李四", 19);
24         CollegeStudent03 stu3 = new CollegeStudent03("王五", 20);
25         System.out.println("----修改前----");
26         stu1.info();
27         stu2.info();
28         stu3.info();
29         System.out.println("----修改后----");
30         CollegeStudent03.setSchool("B大学");        //为静态属性school重新赋值
31         stu1.info();
32         stu2.info();
33         stu3.info();
34     }
35 }
```

在文件 3-19 中，CollegeStudent03 类将所有属性都使用 private 关键字进行了封装，想要更改属性值就必须使用 setter() 方法，由于 school 属性是用 static 关键字修饰的，所以可以直接使用类名调用 school 属性的 getter() 方法。在 main() 方法中，第 30 行代码直接使用类名 CollegeStudent03 对静态方法 setSchool() 进行调用，将静态属性 school 重新赋值为 "B 大学"。

文件 3-19 的运行结果如图 3-29 所示。

从图 3-29 可以得出，使用类名 CollegeStudent03 对静态方法 setSchool() 进行调用后，静态属性 school 重新赋值为 "B 大学"。

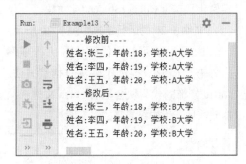

图 3-29　文件 3-19 的运行结果

注意：

　　静态方法只能访问静态成员，因为非静态成员需要先创建对象才能访问，即随着对象的创建，非静态成员才会分配内存，而静态方法在被调用时可以不创建任何对象。

（3）static 修饰代码块

　　在 Java 类中，用 static 关键字修饰的代码块称为静态代码块。当类被加载时，静态代码块就会执行，由于类只加载一次，所以静态代码块只执行一次。在程序中，通常使用静态代码块对类的成员变量进行初始化。

　　下面通过案例学习静态代码块的使用，见文件 3-20。

文件 3-20　Example14.java

```
1  class CollegeStudent04 {
2      String name;                            //成员属性
3      {
4          System.out.println("我是构造代码块");
5      }
6      static {
7          System.out.println("我是静态代码块");
8      }
9      public CollegeStudent04() {              //构造方法
10         System.out.println("我是CollegeStudent04类的构造方法");
11     }
12 }
13 public class Example14 {
14     public static void main(String[] args) {
15         CollegeStudent04 stu1 = new CollegeStudent04();
16         CollegeStudent04 stu2 = new CollegeStudent04();
17         CollegeStudent04 stu3 = new CollegeStudent04();
18     }
19 }
```

　　文件 3-20 中，第 3～5 行代码声明了一个构造代码块，第 6～8 行代码声明了一个静态代码块，第 15～17 行代码分别实例化了 3 个 CollegeStudent04 对象。

　　文件 3-20 的运行结果如图 3-30 所示。

　　由图 3-30 可知，代码块的执行顺序为静态代码块→构造代码块→构造方法。static 修饰的代码块会随着 class 文件一同加载，属于优先级最高的。

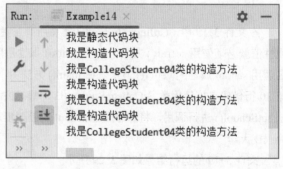

图 3-30　文件 3-20 的运行结果

注意：

　　文件 3-21 的 main() 方法中创建了 3 个 CollegeStudent04 对象，但在 3 次实例化对象过程中，静态代码块中的内容只输出了一次，这是因为静态代码块在类第一次使用时才会被加载，且只会加载一次。

■ 任务分析

根据任务描述得知，本任务的目标是生成登录时的验证码，可以使用下列思路实现。

① 定义一个验证码工具类，在类中定义一个静态方法用于生成验证码。

② 定义一个校验验证码类，在该类中调用验证码工具类生成验证码，然后提示用户输入验证码，如果用户输入的验证码和生成的验证码匹配，提示"验证码校验通过！"，反之，提示"验证码校验不通过！"。

■ 任务实现

结合任务分析的思路，下面分步骤实现登录验证码，具体如下。

（1）定义工具类

创建一个验证码工具类 CodeTool，在该类中定义用于生成随机验证码的静态方法，具体代码见文件 3-21。

文件 3-21　CodeTool.java

```
1   import java.util.Random;
2   public class CodeTool {
3       // 生成验证码的静态方法
4       public static String createCode(int n) {
5           // 基于字母和数字开发验证码
6           String chars =
7               "abcdefghijklmnopquvwyzABCDEFGHIJKLMNOPQUVWXYZ0123456789";
8           // 定义变量存储验证码
9           String code = "";
10          Random r = new Random();    // 用于生成随机数
11          for (int i = 0; i < n; i++) {
12              int index = r.nextInt(chars.length());
13              // 每次获取一个字符，依次组成验证码
14              code += chars.charAt(index);
15          }
16          return code;
17      }
18  }
```

在文件 3-21 中，第 6 ~ 7 行代码创建了基于字母和数字组合的字符串，第 9 行代码定义了 code 变量用于存储验证码，第 16 行代码表示从字母和数字的字符串中随机获取 n 个字符组成验证码。

（2）定义校验密码类

定义一个校验验证码类 VerifyCode，在类中定义 main() 方法，在 main() 方法中使用验证码工具类获取生成的随机验证码，并对用户输入的验证码与生成的验证码进行比较，具体代码见文件 3-22。

文件 3-22　VerifyCode.java

```java
1   import java.util.Scanner;
2   public class VerifyCode {
3       public static void main(String[] args) {
4           //获取并展示4位长度的验证码
5           String code = CodeTool.createCode(4);
6           System.out.println("验证码：" + code);
7           Scanner sc = new Scanner(System.in);
8           System.out.print("请输入验证码：");
9           String inCode = sc.next();
10          if (code.equals(inCode)) {
11              System.out.println("验证码校验通过！");
12          } else {
13              if (!code.equals(inCode)) {
14                  System.out.println("验证码校验不通过！");
15              }
16          }
17      }
18  }
```

在文件 3-22 中，第 5 行代码通过 CodeTool 类调用 createCode() 方法 4 位长度的验证码，第 9 行代码用于接收用户从键盘输入的验证码，第 10 ～ 16 行代码使用 if...else 语句判断用户输入的验证码和生成验证码是否匹配，如果匹配，提示"验证码校验通过！"，反之，提示"验证码校验不通过！"。

（3）测试登录验证码

运行文件 3-22 的 main() 方法，验证码校验通过的效果如图 3-31 所示。

从图 3-33 可以看出，当输入的验证码和生成的验证码相同，则校验通过。

运行文件 3-22 的 main() 方法，验证码校验不通过的结果如图 3-32 所示。

图 3-31　文件 3-22 的运行结果（1）　　　　图 3-32　文件 3-22 的运行结果（2）

从图 3-32 可以看出，当输入的验证码和生成的验证码不同，则校验不通过。

至此，登录验证码已经完成。

单元小结

本单元详细介绍了面向对象的部分内容，包括面向对象的思想、类和对象的关系、封装、构造方法、this 关键字、static 关键字等相关内容，并通过实现 5 个任务巩固了面向对象的这些内容。

通过本单元的学习，希望读者能够掌握 Java 中面向对象的基础内容，为学习 Java 后续的知识做好铺垫。

单元测试

请扫描二维码，查看本单元测试题目。

单元测试　单元 3

单元实训

请扫描二维码，查看本单元实训题目。

单元实训　单元 3

单元 4

面向对象（下）

PPT：单元 4　面
向对象（下）

教学设计：单元4
面向对象（下）

知识目标	● 了解面向对象中的继承特性，能够说出继承的概念与特点 ● 熟悉多态的概念，能够说出多态的定义
技能目标	● 掌握方法的重写，能够在子类中重写父类方法 ● 掌握 super 关键字，能够在类中使用 super 关键字访问父类成员和构造方法 ● 掌握 final 关键字，能够灵活使用 final 关键字修饰类、方法和变量 ● 掌握抽象类，能够实现抽象类的定义与使用 ● 掌握接口，能够独立编写接口 ● 掌握多态的应用，能够基于多态实现对象类型转换

在上一单元中，介绍了面向对象的基本用法，本单元将继续讲解面向对象的一些高级特征，如继承、多态等。

任务4-1 员工薪资查询

■ 任务描述

为了不断提高餐厅服务质量，充分调动员工的工作主动性和积极性，传智餐厅制定了一套薪资制度，该制度明确了员工不同岗位的薪资组成结构以及计算方式，具体如下。

① 餐厅员工岗位共 2 类，分别是厨师和服务员。

② 所有人薪资由底薪、奖金、扣款金额 3 部分组成，即薪资 = 底薪 + 奖金 - 扣款金额。

③ 厨师和服务员的底薪相同，均为 3000 元 / 月。

④ 厨师和服务员的奖金计算方式不同，计算方式如下。

厨师岗位的奖金 = 炒菜份数 / 月 × 10

服务员岗位的奖金 = 服务桌数 / 月 × 5

⑤ 扣款金额是根据顾客的有效投诉次数进行计算，每次有效投诉扣款 50 元。

为了能让员工更清晰地知道自己每月薪资的明细，本任务要求实现员工薪资查询的功能，具体效果如图 4-1 所示。

```
----------本月薪资查询----------
请输入员工编号: w001
请输入密码: w001123
服务员: 小丽,本月服务桌数: 300,本月有效投诉次数: 0
我的本月薪资:4500.0元{底薪: 3000.0元,奖金: 1500.0元,扣款: 0.0元}
```

```
----------本月薪资查询----------
请输入员工编号: c001
请输入密码: c001123
厨师: 张三,本月炒菜份数: 700,本月有效投诉次数: 0
我的本月薪资:10000.0元{底薪: 3000.0元,奖金: 7000.0元,扣款: 0.0元}
```

```
----------本月薪资查询----------
请输入员工编号: c005
请输入密码: c005123
用户名或者密码错误
```

图 4-1 员工薪资查询

■ 知识储备

1. 继承的概念

现实生活中，提到继承，通常会想到子女继承父辈的财产、事业等。在程序中，继承描述的是事物之间的所属关系，通过继承可以使多种事物之间形成一种关系体系。例如，猫和狗都属于动物，程序中便可以描述为猫和狗继承自动物，同理，波斯猫和巴厘猫继承自猫科，而沙皮狗和斑点狗继承自犬科。上述动物继承关系如图 4-2 所示。

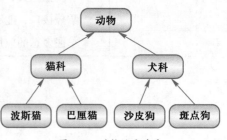

图 4-2 动物继承关系

在 Java 中，类的继承是指在一个现有类的基础上构建一个新类，构建出来的新类被称为子类，现有类被称为父类。子类会自动继承父类的所有属性和方法，使子类具有父类的特征和行为。

在 Java 中，如果想声明一个类继承另一个类，需要使用 extends 关键字，其语法格式如下。

```
class 子类 extends 父类{
    // 代码
}
```

下面通过案例学习子类是如何继承父类的，具体代码见文件 4-1。

文件 4-1 Example01.java

```java
1    // 定义Animal类
2    class Animal {
3        private String name;                //声明name属性
4        private int age;                    //声明age属性
5        public String getName() {
6            return name;
7        }
8        public void setName(String name) {
9            this.name = name;
10       }
11       public int getAge() {
12           return age;
13       }
14       public void setAge(int age) {
15           this.age = age;
16       }
17   }
18   //定义Dog类继承Animal类
19   class Dog extends Animal {
20       private String color;              //声明color属性
21       public String getColor() {
22           return color;
23       }
24       public void setColor(String color) {
25           this.color = color;
26       }
27   }
28   public class Example01 {
29       public static void main(String[] args) {
30           Dog dog = new Dog();                   //创建dog对象
31           dog.setName("牧羊犬");                  //调用父类的setName()方法
32           dog.setAge(3);                         //调用父类的setAge()方法
33           dog.setColor("黑色");                  //调用dog类的setColor()方法
34           System.out.println("名称：" + dog.getName() + ",年龄：" +
35                   dog.getAge() + ", 颜色：" + dog.getColor());
```

```
36    }
37 }
```

在文件 4-1 中，第 19 ～ 27 行代码定义的 Dog 类继承了 Animal 类，此时，Dog 类不仅拥有 Animal 类的 name 和 age 属性，还有自己定义的 color 属性；第 31 ～ 32 行代码通过 dog 对象调用 Animal 类的 setName() 和 setAge() 方法设置名称和年龄；第 33 代码通过 dog 对象调用 setColor() 方法设置颜色；第 34 ～ 35 行代码通过 dog 对象分别调用 getName()、getAge() 和 getColor() 方法输出名称、年龄和颜色。

文件 4-1 的运行结果图 4-3 所示。

图 4-3　文件 4-1 的运行结果

由图 4-3 可知，程序成功设置并获取了 dog 对象的名称、年龄和颜色。

📖 注意：

子类虽然可以通过继承访问父类的成员和方法，但不是所有的父类属性和方法都可以被子类访问。子类只能访问父类中 public 和 protected 修饰的属性和方法，父类中被默认修饰符 default 和 private 修饰的属性和方法不能被子类访问。

在类的继承中，需要注意一些问题，具体如下。

① 在 Java 中，类只支持单继承，不允许多继承，即一个类只能有一个直接父类，下面这种情况是不合法的。

```
class A{}
class B{}
class C extends A,B{}    //C类不可以同时继承A类和B类
```

② 多个类可以继承一个父类，下面这种情况是允许的。

```
class A{}
class B extends A{}      //类B继承类A
class C extends A{}      //类C继承类A
```

③ 在 Java 中，多层继承也是可以的，即一个类的父类可以再继承另外的父类。例如，C 类继承自 B 类，而 B 类又可以继承自类 A，这时，C 类也可称为 A 类的子类，下面这种情况是允许的。

```
class A{}
class B extends A{}      //类B继承类A，类B是类A的子类
class C extends B{}      //类C继承类B，类C是类B的子类，同时也是类A的子类
```

④ 在 Java 中，子类和父类是一种相对概念，一个类可以是某个类的父类，也可以是另一个类的子类。例如，在第③种情况中，B 类是 A 类的子类，同时又是 C 类的父类。

2. 方法的重写

在继承关系中，子类会自动继承父类中定义的方法，但有时在子类中需要对继承的方法进行

一些修改，即对父类的方法进行重写。在子类中重写的方法需要和父类被重写的方法具有相同的方法名、参数列表以及返回值类型。

　　下面通过案例讲解方法的重写，具体代码见文件 4-2。

文件 4-2　Example02.java

```
1  //定义Person类
2  class Person {
3      //定义打招呼的方法
4      void sayHello() {
5          System.out.println("打招呼");
6      }
7  }
8  //定义Student类继承Person类
9  class Student extends Person {
10     //重写父类Person中的sayHello()方法
11     @Override
12     void sayHello() {
13         System.out.println("您好！");
14     }
15 }
16 public class Example02 {
17     public static void main(String[] args) {
18         Student stu = new Student();
19         stu.sayHello();
20     }
21 }
```

　　在文件 4-2 中，第 2 ～ 7 行代码定义了一个 Person 类，并在 Person 类中定义了一个 sayHello() 方法；第 9 ～ 15 行代码定义了 Student 类继承 Person 类，在 Student 类中重写父类 Person 的 sayHello() 方法；第 11 行代码 @Override 表示下面的方法是重写的父类方法；第 18、19 行代码实例化 Student 类对象 stu，并通过 stu 对象调用 sayHello() 方法。

　　文件 4-2 的运行结果如图 4-4 所示。

　　由图 4-4 可知，控制台输出了"您好！"，说明 stu 对象调用的是子类 Student 重写的 sayHello() 方法，而不是父类的 sayHello() 方法。

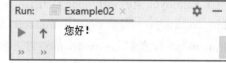

图 4-4　文件 4-2 的运行结果

注意：

　　子类重写父类方法时，不能使用比父类中被重写的方法更严格的访问权限。例如，父类中的方法是 public 权限，子类的方法就不能是 private 权限。

---

3. super 关键字

　　当子类重写父类的方法后，子类对象将无法访问父类中被子类重写过的方法。为了解决这个问题，Java 提供了 super 关键字，使用 super 关键字可以在子类中访问父类的非私有方法、非私有属性以及构造方法。下面详细讲解 super 关键字的具体用法。

　　① 使用 super 关键字访问或调用父类的非私有属性或非私有方法，具体格式如下。

super.属性
super.方法(参数1,参数2...)

下面通过案例学习使用 super 关键字访问父类的成员变量和成员方法，具体代码见文件 4-3。

文件 4-3　Example03.java

```
1   class Employee {
2       String company = "传智教育";
3       void introduce() {
4           System.out.println("欢迎您的加入");
5       }
6   }
7   class Staff extends Employee {
8       @Override
9       public void introduce() {
10          super.introduce();        //使用super关键字访问父类的成员方法
11      }
12      public void printName() {
13          System.out.println("我所在的公司是" + super.company);//访问父类成员变量
14      }
15  }
16  public class Example03 {
17      public static void main(String[] args) {
18          Staff staff = new Staff();
19          staff.introduce();
20          staff.printName();
21      }
22  }
```

在文件 4-5 中，第 1～6 行代码定义了一个 Employee 类，并在 Employee 类中定义了成员变量 company 和成员方法 introduce ()；第 7～15 行代码定义了继承自 Employee 类的 Staff 类，并重写了 Employee 类的 introduce () 方法，在 Staff 类的 introduce() 方法中使用 super. introduce() 调用了父类的 introduce () 方法，在 printName() 方法中使用 super. company 访问了父类的成员变量 company。

文件 4-3 的运行结果如图 4-5 所示。

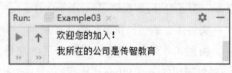

图 4-5　文件 4-3 的运行结果

由图 4-5 可知，控制台输出了 "欢迎您的加入！" "我所在的公司是传智教育"，说明子类通过 super 关键字成功访问到父类的成员变量和成员方法。

② 使用 super 关键字调用父类中指定的构造方法，具体格式如下。

super(参数1,参数2...)

下面通过案例学习如何使用 super 关键字调用父类的构造方法，具体代码见文件 4-4。

文件 4-4　Example04.java

```
1   // 定义MotorVehicle类表示机动车
```

```
2  class MotorVehicle {
3      private String name;
4      public MotorVehicle(String name) {
5          this.name = name;
6      }
7      public String getName() {
8          return name;
9      }
10     public void setName(String name) {
11         this.name = name;
12     }
13     public String info() {
14         return "名称: " + this.getName();
15     }
16 }
17 //定义Car类表示轿车
18 class Car extends MotorVehicle {
19     private String color;
20     public Car(String name, String color) {
21         super(name);
22         this.setColor(color);
23     }
24     public String getColor() {
25         return color;
26     }
27     public void setColor(String color) {
28         this.color = color;
29     }
30     @Override
31     public String info() {
32         return super.info() + ",颜色: " + this.getColor();
33     }
34 }
35 public class Example04 {
36     public static void main(String[] args) {
37         Car car= new Car("红旗轿车", "红色");
38         System.out.println(car.info());
39     }
40 }
```

在文件 4-4 中，第 21 行代码在 Car 类中使用 super() 调用了父类的构造方法；第 31 ~ 33 行代码在 Car 类中重写了父类 MotorVehicle 中的 info() 方法，然后在重写的 info() 方法中使用 super 关键字调用了父类 MotorVehicle 的 info() 方法，用于获取父类 info() 方法返回的 name 值；第 37、38 行代码创建了一个 car 对象，并在控制台输出 car 对象调用 info() 方法的结果。

文件 4-4 的运行结果如图 4-6 所示。

由图 4-6 可知，控制台输出了"名称：红旗

图 4-6　文件 4-4 的运行结果

轿车，颜色：红色"，说明子类 Car 使用 super() 成功调用了父类的构造方法，并传递了参数 name 的值。

需要注意的是，通过 super() 调用父类构造方法的代码必须位于子类构造方法的第一行，并且只能出现一次。

super 与 this 关键字的作用非常相似，都可以调用构造方法、方法和属性，但是两者之间还是有区别的，super 与 this 关键字的区别见表 4-1。

表 4-1　super 与 this 关键字的区别

区别点	this 关键字	super 关键字
属性访问	访问本类中的属性，如果本类中没有该属性，则从父类中继续查找	直接访问父类中的非私有属性
方法访问	访问本类中的方法，如果本类中没有该方法，则从父类中继续查找	直接访问父类中的非私有方法
构造方法访问	调用本类构造方法，必须放在构造方法的首行	调用父类构造方法，必须放在子类构造方法的首行

注意：

this 和 super 关键字在构造方法中不可以同时出现，因为使用 this 和 super 关键字调用构造方法的代码都要求必须放在构造方法的首行。

4. final 关键字

在默认情况下，所有的成员变量和成员方法都可以被子类重写，如果父类的成员不希望被子类重写，可以在声明父类中成员时使用 final 关键字修饰。final 有"最终""不可更改"的含义。在 Java 中，可以使用 final 关键字修饰类、属性、方法，在修饰时需要注意以下几点。

① 使用 final 关键字修饰的类不能有子类。

② 使用 final 关键字修饰的方法不能被子类重写。

③ 使用 final 关键字修饰的变量是常量，只能被赋值一次。

下面针对 final 关键字的用法逐一进行讲解。

（1）final 关键字修饰类

Java 中使用 final 关键字修饰的类不可以被继承，也就是不能派生子类。下面通过案例进行验证，具体代码见文件 4-5。

文件 4-5　Example05.java

```
1  final class Animal01 {    // 使用final关键字修饰Animal01类
2  }
3  class Dog01 extends Animal01 {    // Dog01类继承Animal01类
4  }
5  public class Example05 {
6      public static void main(String[] args) {
7          Dog01 dog = new Dog01();
8      }
9  }
```

文件 4-5 中，第 1、2 行代码定义了 Animal01 类并使用 final 关键字修饰，说明 Animal 类不允许被任何类继承，第 3、4 行代码定义了 Dog01 类并继承 Animal01 类。

编译文件 4-5，编译器报错，如图 4-7 所示。

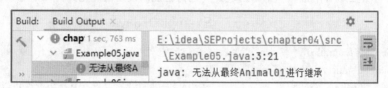

图 4-7　文件 4-5 编译报错

由图 4-7 可知，编译器提示"无法从最终 Animal01 进行继承"错误，说明 Dog01 类不能继承使用 final 关键字修饰的 Animal01 类。由此可见，被 final 关键字修饰的类不能被其他类继承。

（2）final 关键字修饰方法

当一个类的方法被 final 关键字修饰后，该类的子类将不能重写该方法。下面通过案例进行验证，具体代码见文件 4-6。

文件 4-6　Example06.java

```
1   class Animal02{
2       //使用final关键字修饰shout()方法
3       public final void shout() {}
4   }
5   class Dog02 extends Animal02 {
6       //重写Animal02类的shout()方法
7       public void shout() {}
8   }
9   public class Example06 {
10      public static void main(String[] args) {
11          Dog02 dog=new Dog02(); // 创建Dog02类的对象
12      }
13  }
```

在文件 4-6 中，第 3 行代码在 Animal02 类中定义了一个使用 final 关键字修饰的 shout() 方法，第 7 行代码在 Dog02 类中重写了父类 Animal02 中的 shout() 方法。

编译文件 4-6，编译器报错，如图 4-8 所示。

图 4-8　文件 4-6 编译报错

由图 4-8 可知，使用 final 关键字修饰父类 Animal02 中的 shout() 方法，在子类 Dog02 类中重写 shout() 方法时，编译器提示"Dog02 中的 shout() 无法覆盖 Animal02 中的 shout() 被覆盖的方法为 final"错误。这是因为 Animal02 类的 shout() 方法被 final 关键字修饰，而子类不能对 final 关键字修饰的方法进行重写。

（3）final 关键字修饰变量

Java 中被 final 关键字修饰的变量被赋值后不能再次被赋值，如果再次对 final 关键字修饰的常量赋值，则程序会在编译时报错。下面通过案例进行验证，具体代码见文件 4-7。

文件 4-7 Example07.java

```
1   public class Example07 {
2       public static void main(String[] args) {
3           final int AGE = 18;        //使用final关键字修饰的变量AGE第一次可以被赋值
4           AGE = 20;                  //再次被赋值会报错
5       }
6   }
```

在文件 4-7 中，第 3 行代码使用 final 关键字修饰了一个 int 类型的变量 AGE，说明 AGE 是一个常量，只能被赋值一次，第 4 行代码对 AGE 进行第二次赋值。

编译文件 4-7 时，编译器报错，如图 4-9 所示。

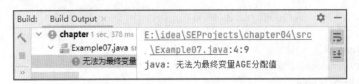

图 4-9 文件 4-7 编译时报错

由图 4-9 可知，程序编译时提示"无法为最终变量 AGE 分配值"错误，这是因为使用 final 关键字定义的常量本身不可被修改。

注意：

在使用 final 关键字声明变量时，变量名称要求全部字母大写。如果一个程序中的变量使用 public static final 声明，则此变量将成为全局常量，代码如下。

public static final String NAME = "哈士奇";

5. 抽象类

定义一个类时，常常需要定义一些成员方法用于描述类的行为特征，但有时这些方法的实现方式是无法确定的。例如，Animal 类中的 shout() 方法用于描述动物的叫声，但是不同的动物，叫声也不相同，因此在 shout() 方法中无法准确描述动物的叫声。

针对上述情况，Java 提供了抽象方法来满足这种需求。抽象方法是使用 abstract 关键字修饰的成员方法，抽象方法在定义时不需要实现方法体。其语法格式如下。

abstract 返回值类型 方法名称(参数列表);

当一个类包含了抽象方法，该类就是抽象类。抽象类和抽象方法一样，必须使用 abstract 关键字进行修饰。抽象类的语法格式如下。

abstract class 抽象类名称{
    属性;

```
    访问权限 返回值类型 方法名称(参数){              //普通方法
        return [返回值];
    }
    访问权限 abstract 返回值类型 抽象方法名称(参数);    //抽象方法，无方法体
}
```

从上面抽象类的语法格式中可以发现，抽象类的定义比普通类多了一个或多个抽象方法，其他地方与普通类的组成基本相同。

抽象类的定义规则如下。

① 包含抽象方法的类必须是抽象类。

② 声明抽象类和抽象方法时都要使用 abstract 关键字修饰。

③ 抽象方法只需声明而不需要实现。

④ 非抽象类继承了抽象类，该类必须实现抽象类中的全部抽象方法。

下面通过案例学习抽象类的使用，具体代码见文件 4-8。

文件 4-8　Example08.java

```java
1   abstract class Animal03 {
2       //定义抽象方法shout()
3       abstract void shout();
4   }
5   class Cat extends Animal03 {
6       //实现抽象方法shout()
7       void shout() {
8           System.out.println("喵喵喵...");
9       }
10  }
11  public class Example08 {
12      public static void main(String[] args) {
13          Cat cat = new Cat();        //创建cat类的对象
14          cat.shout();                //通过cat对象调用shout()方法
15      }
16  }
```

在文件 4-10 中，第 1 ～ 4 行代码是声明了一个抽象类 Animal03，并在 Animal03 类中定义了一个抽象方法 shout()；第 5 ～ 10 行代码在子类 Cat 中实现父类 Animal03 的抽象方法 shout()；第 13、14 行代码在测试类中创建了 Cat 类的对象 cat，并使用 cat 对象调用 shout() 方法输出"喵喵喵 ..."的信息。

文件 4-8 的运行结果如图 4-10 所示。

由图 4-10 可知，控制台输出了"喵喵喵 ...",说明 cat 对象调用了 Cat 类中实现的父类 Animal03的抽象方法 shout()。

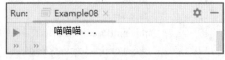

图 4-10　文件 4-8 的运行结果

注意:

使用 abstract 关键字修饰的抽象方法不能使用 private 关键字修饰，因为抽象方法必须要被子类实现，如果使用了 private 关键字修饰抽象方法，则子类无法实现该方法。

■ 任务分析

根据任务描述得知，本任务的目标需要实现餐厅员工薪资查询，根据所学的知识，可以使用下列思路实现。

① 虽然餐厅员工岗位分为厨师和服务员，但是他们存在员工编号、姓名、底薪等共同特征，以及查看本人当月的工作情况和薪资明细的共同行为。为此，可以定义一个表示员工的抽象类，该类包含厨师和服务员岗位共同的特征和行为。厨师和服务员岗位可以通过继承员工类表示。

② 由于所有员工的底薪、每次投诉的扣款金额、厨师的工作单价、服务员的工作单价都是固定的数值，不能进行更改，可以通过 final 关键字进行修饰。

③ 不同岗位的工作内容是不同的，对此，可以在父类定义一个输出工作情况的抽象方法，厨师和服务员继承员工类后，可以各自实现抽象方法的方法体，输出本人当月的具体工作情况。

④ 定义两个数组，分别存储厨师和服务员信息。员工查询薪资时，首先需要输入员工编号，然后输入密码，默认情况下，员工的初始密码为 "编号 +123"。如果员工密码正确且员工编号正确，输出本人当月的工作情况和薪资明细。

■ 任务实现

结合任务分析的思路，下面实现餐厅员工薪资查询功能，具体步骤如下。

（1）定义员工类

在 src 目录下新建 task01 包，在 task01 包中创建表示员工的抽象类 Employee，在该类中声明员工的属性，并定义属性的 setter()/getter() 方法、构造方法和工作方法，具体代码见文件 4-9。

文件 4-9　Employee.java

```
1    public abstract class  Employee {
2         private String id ;                              //员工编号
3         private String name;                             //姓名
4         private final double BASE_PAY=3000;              //底薪
5         private final double unitDeduct=50;              //扣款单价
6         private double unitPrice;                        //工作单价
7         private int workload;                            //工作量
8         private    int count;                            //投诉次数
9         public Employee(String id, String name, double unitPrice,
10            int workload, int count) {
11            this.id = id;
12            this.name = name;
13            this.unitPrice=unitPrice;
14            this.workload = workload;
15            this.count = count;
16        }
17        //此处省略成员变量的getter/setter方法
18        public    void empInfo(){
19            double deduct=unitDeduct*count;              //扣款
20            double bonus=unitPrice*workload;             //奖金
```

```
21       double subVal=BASE_PAY+bonus-deduct;        //本月薪资
22       System.out.println("我的本月薪资:"+subVal+"元"+"{" +
23              " 底薪: " + BASE_PAY +"元"+
24              ", 奖金: " + bonus +"元"+", 扣款: " + deduct +"元"+"}");
25    }
26    public abstract void work();
27 }
```

上述代码中，第 2 ～ 8 行代码声明员工的属性，其中第 4 ～ 5 行代码中底薪和扣款单价使用 final 关键字进行修饰，赋值后不能被修改；第 18 ～ 25 行代码定义了计算员工薪资的方法 empInfo()；第 26 行代码定义了一个抽象方法，用于输出员工当月的工作情况。

（2）定义厨师类

在 target01 包中创建表示厨师的 Chef 类，Chef 类继承 Employee 类，并重写 Employee 类的 work() 方法，在重写的 work() 方法中输出厨师当月的工作情况，具体代码见文件 4-10。

文件 4-10　Chef.java

```
1  public class Chef extends Employee{
2      //厨师工作单价
3      private static final double UNIT_PRICE=10;
4      public    Chef(String id, String name, int workload, int count) {
5          super(id, name, UNIT_PRICE, workload, count);
6      }
7      @Override
8      public void work() {
9          System.out.println("厨师: "+super.getName()+",本月炒菜份数: "+
10             super.getWorkload()+",本月有效投诉次数: "+super.getCount());
11         super.empInfo();
12     }
13 }
```

上述代码中，第 3 行代码声明了厨师的工作单价，第 4 ～ 6 行代码定义了有参构造方法，第 8 ～ 12 行代码重写了父类的 work() 方法，用于输出厨师当月工作情况以及薪资明细。

（3）定义服务员类

在 target01 包中创建表示服务员的 Waiter 类，Waiter 类继承 Employee 类，并重写 Employee 类的 work() 方法，具体代码见文件 4-11。

文件 4-11　Waiter.java

```
1  public class Waiter extends Employee {
2      //服务员工作单价
3      private static final double UNIT_PRICE=5;
4      public    Waiter(String id, String name,    int workload, int count) {
5          super(id, name, UNIT_PRICE, workload, count);
6      }
7      @Override
8      public void work() {
9          System.out.println("服务员: "+super.getName()+",本月服务桌数: "+
```

```
10                    super.getWorkload()+",本月有效投诉次数："+super.getCount());
11            super.empInfo();
12       }
13  }
```

上述代码中，第 3 行代码声明了服务员的工作单价，第 4 ～ 6 行代码定义了有参构造方法，第 8 ～ 12 行代码重写了父类的 work() 方法，用于输出服务员当月工作情况以及薪资明细。

（4）定义员工薪资查询类

在 target01 包中创建 SalaryQuery 类，用于实现员工薪资查询。由于员工查询薪资前需要登录，默认员工的初始密码为"员工编号 +123"。登录成功后，员工本月的工作情况以及薪资信息会输出在控制台。具体代码见文件 4-12。

文件 4-12　SalaryQuery.java

```
1   import java.util.Scanner;
2   public class SalaryQuery {
3       public static void main(String[] args) {
4           //创建厨师对象
5           Chef c1 = new Chef("c001", "张三", 700, 0);
6           Chef c2 = new Chef("c002", "李四", 650, 0);
7           //保存厨师对象的数组
8           Chef[] chefs = {c1, c2};
9           //创建服务员对象
10          Waiter w1 = new Waiter("w001", "小丽", 300, 0);
11          Waiter w2 = new Waiter("w002", "小花", 400, 1);
12          //保存服务员对象的数组
13          Waiter[] waiters = {w1, w2};
14          System.out.println(" -----------本月薪资查询-----------");
15          Scanner sc = new Scanner(System.in);
16          System.out.print("请输入员工编号：");
17          String id = sc.next();
18          System.out.print("请输入密码：");
19          String psw = sc.next();
20          boolean flag = false;     //判断用户信息是否正确的标识
21          for (int i = 0; i < waiters.length; i++) {
22              if (id.equals(waiters[i].getId()) && psw.equals(id + "123")){
23                  waiters[i].work();
24                  flag = true;
25              }
26          }
27          for (int i = 0; i < chefs.length; i++) {
28              if (id.equals(chefs[i].getId()) && psw.equals(id + "123")) {
29                  chefs[i].work();
30                  flag = true;
31              }
32          }
33          if (flag == false) {
34              System.out.println("用户名或者密码错误");
```

```
35          }
36      }
37 }
```

上述代码中，第 4～13 行代码创建了厨师对象和服务员对象，并分别将厨师对象和服务员对象存放于数组 chefs 和 waiters；第 15～19 行代码用于获取用户输入的员工编号和密码；第 21～32 行代码用于判断用户输入的员工编号和密码是否正确，如果正确，则调用 work() 方法输出员工的工作情况及薪资明细，否则提示"用户名或者密码错误"。

（5）测试员工薪资查询

运行文件 4-12，根据控制台的提示信息依次输入员工编号 c001、密码 c001123，结果如图 4-11 所示。

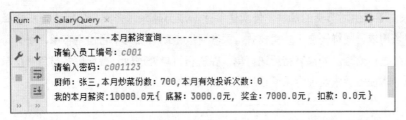

图 4-11　文件 4-12 的运行结果（1）

从图 4-11 可以看出，控制台根据员工编号输出了张三的工作量，并根据薪资计算公式计算并输出了张三本月的薪资情况。

再次运行文件 4-12，根据控制台的提示信息依次输入员工编号 w001、密码 w001123，结果如图 4-12 所示。

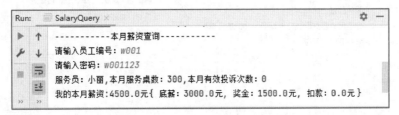

图 4-12　文件 4-12 的运行结果（2）

从图 4-12 可以看出，控制台根据员工编号输出了小丽的工作量，并根据薪资计算公式计算并输出了小丽本月的薪资情况。

再次运行文件 4-12，根据控制台的提示信息依次输入员工编号 c005、密码 c005123，结果如图 4-13 所示。

图 4-13　文件 4-12 的运行结果（3）

从图 4-13 可以得出，当用户编号不存在时，会提示错误信息。

至此，员工薪资查询完成。

知识拓展 4.1　Object 类

任务4-2　订单管理

■ 任务描述

近年来，随着生活节奏的加快，外卖送餐逐渐成为越来越多用户的餐饮消费选择。传智餐厅为了满足市场需求，同样开启了外卖模式，顾客可以借助第三方平台自主下单，所有订单均可以在餐厅助手系统进行处理。如果有待配送订单，在进行订单处理时，餐厅服务员负责接单，配送员负责配送订单。本任务要求实现订单管理功能，结果如图 4-14 所示。

```
--------订单管理--------
订单编号：0001,订单状态：待配送
订单编号：0002,订单状态：待配送
是否对订单进行处理（y/n）：y
0001订单开始处理
服务员张三接单！
配送员李四在配送订单编号为0001的订单！
0002订单开始处理
服务员张三接单！
配送员李四在配送订单编号为0002的订单！
所有订单已配送
```

```
--------订单管理--------
订单编号：0001,订单状态：待配送
订单编号：0002,订单状态：待配送
是否对订单进行处理（y/n）：n
订单暂不处理！
```

图 4-14　订单管理

■ 知识储备

1. 接口

抽象类是从多个具体类中抽象出来的模板，如果将这种抽象进行得更彻底，则可以提炼出一种更加特殊的"抽象类"——接口。接口是从多个相似类中抽象出来的规范，不提供任何实现，核心是规范和实现分离，并由此产生了一种编程方式，称为面向接口编程。

面向接口编程就是将程序的业务逻辑进行分离，以接口形式对接不同的业务模块。接口中不实现任何业务逻辑，业务逻辑由接口的实现类来完成。当业务需求变更时，只需要修改实现类中的业务逻辑，而不需要修改接口中的内容，以减少需求变更对系统产生的影响。

下面通过现实生活中的例子来类比面向接口编程。例如，鼠标、U 盘等外部设备通过 USB 插口来连接计算机，即插即用，非常灵活。如果需要更换与计算机进行连接的外部设备，只需要拔掉当前 USB 插口上的设备，插入新设备即可，这就是面向接口编程的思想。

在 Java 中，接口突破了单继承的限制，一个类只能直接继承一个父类，而一个接口可以同时继承多个父接口。在 JDK 8 之前，接口是由全局常量和抽象方法组成的。JDK 8 对接口进行了重新定义，接口中除了可以定义抽象方法外，还可以定义 default 修饰的方法（称为默认方法）和 static 修饰的方法（称为静态方法），且这两种方法必须有方法体。从 JDK9 开始，接口中允许使用 private 修饰方法，修饰的方法也可以非静态方法和静态方法。

接口使用 interface 关键字声明，语法格式如下。

```
[public] interface 接口名 [extends 接口1,接口2...] {
    [public] [static] [final] 数据类型 常量名 = 常量;
    [public] [abstract] 返回值的数据类型 方法名(参数列表);
    [public] static 返回值的数据类型 方法名(参数列表){}
    [public] default 返回值的数据类型 方法名(参数列表){}
    private[static]返回值的数据类型 方法名(参数列表){}
}
```

上述语法格式中，"extends 接口 1，接口 2..."表示一个接口可以继承多个父接口，父接口之间使用逗号分隔。接口中的变量默认使用 public static final 进行修饰，即全局常量。接口中定义的抽象方法默认使用 public abstract 进行修饰，JDK 8 和 JDK 9 新增的可以在接口中定义默认方法、静态方法、私有方法等特性在项目开发中使用较少，通常在一些 Java 源码中才会涉及，读者对这两种方式能够识别语法、明白调用关系即可。

📝 注意：

在很多 Java 程序中，经常看到在编写接口中的方法时省略了 public，很多读者认为它的访问权限是 default，这实际上是错误的。不管写不写访问权限，系统都会自动使用 public 对方法进行修饰。

接口本身不能直接实例化，接口中的抽象方法和默认方法只能通过接口实现类的实例化对象进行调用。通过 implements 关键字实现接口的类称为实现类，实现类必须实现接口所有的抽象方法。其语法格式如下。

```
修饰符 class 类名 implements 接口1,接口2,...{
    ...
}
```

上述格式中，implements 表示实现接口，一个类可以同时实现多个接口，多个接口使用英文逗号（,）分隔。

良好的接口设计可以降低系统各部分的相互依赖，提高组成单元的内聚性，降低组成单元之间的耦合程度，从而提高系统的维护性和扩展性。接口通常都是面向整个开发团队，对此，开发人员在设计接口时，需要秉承良好的团队合作精神，与他人友好协作。

下面通过案例学习接口的使用，具体代码见文件 4-13。

文件 4-13　Example09.java

```
1   //计算面积的接口
2   interface Area{
3       static final double pi = 3.1;
4       abstract double calculatedArea (int radius);
5   }
6   //填充颜色的接口
7   interface Color {
```

```
8        abstract String drawcolor(String color);
9    }
10   class Circle implements Area, Color {
11       @Override
12       public double calculatedArea (int radius) {
13           return pi * radius * radius;
14       }
15       @Override
16       public String drawcolor(String color) {
17           return color;
18       }
19   }
20   class Example09 {
21       public static void main(String[] args) {
22           Circle circle= new Circle();
23           System.out.println("圆的面积是：" + circle. calculatedArea (5));
24           System.out.println("圆的填充颜色：" + circle.drawcolor("红色"));
25       }
26   }
```

在文件 4-13 中，第 1 ～ 5 行代码定义的 Area 接口内部有一个全局常量 pi 和一个抽象方法 calculatedArea()；第 7 ～ 9 行代码定义的 Color 接口内部有一个抽象方法 drawcolor()；第 10 ～ 19 行代码定义的 Circle 类同时实现了 Area 和 Color 接口；第 22 ～ 24 行代码定义了 circle 对象，并通过 circle 对象调用 calculatedArea() 和 drawcolor() 方法。

文件 4-13 的运行结果如图 4-15 所示。

由图 4-15 可知，控制台输出了圆的面积以及填充的颜色信息，说明 Circle 类成功实现了 Area 和 Color 接口的 calculatedArea() 和 drawcolor() 方法。

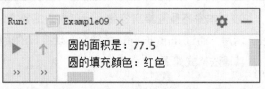

图 4-15　文件 4-13 的运行结果

2. 多态

多态是面向对象思想中一个非常重要的概念，在 Java 中，多态是指不同类的对象在调用同一个方法时表现出的多种不同行为。例如，要实现一个动物叫声的方法，由于每种动物的叫声是不同的，可以在方法中接收一个动物类型的参数，当传入猫类对象时就发出猫类的叫声，当传入犬类对象时就发出犬类的叫声。在同一个方法中，这种由于参数类型不同而导致执行效果不同的现象就是多态。Java 中多态主要有以下两种形式。

① 方法的重载。

② 对象的多态（方法的重写）。

多态性让程序中同一个属性或方法在父类及其各个子类中具有不同的含义，可以提高程序设计的灵活性和可扩展性。在团队协同开发时，开发人员也需要持有和而不同的思想，最大限度地实现优势互补，实现多元化的高质量程序。

下面以实现对象的多态为例，通过案例演示 Java 程序中的多态，具体代码见文件 4-14。

文件 4-14　Example10.java

```
1    abstract class Animal06 {
```

```
2          abstract void action();
3      }
4      class Fish extends Animal06 {
5          @Override
6          void action() {
7              System.out.println("水里游");
8          }
9      }
10     class Horse extends Animal06 {
11         @Override
12         void action() {
13             System.out.println("地上跑");
14         }
15     }
16     public class Example10{
17         public static void main(String[] args) {
18             Animal06 an01 = new Fish();
19             Animal06 an02 = new Horse();
20             an01.action();
21             an02.action();
22         }
23     }
```

在文件 4-14 中，第 4 ～ 15 行代码定义了两个继承 Animal06 抽象类的 Fish 类和 Horse 类，并在 Fish 类和 Horse 类中分别实现 Animal06 抽象类的 action() 方法。第 18 ～ 21 行代码创建了 Fish 类对象和 Horse 类对象，并将 Fish 类对象和 Horse 类对象向上转型为 Animal06 类型的对象，然后使用 Animal06 类型的 an01 对象和 an02 对象分别调用 action() 方法。

文件 4-14 的运行结果如图 4-16 所示。

由图 4-16 可知，控制台输出了"水里游""地上跑"，说明对象 an1 和 an2 调用的分别是 Fish 类和 Horse 类中的 action() 方法，这样就实现了多态。

图 4-16　文件 4-14 的运行结果

■ 任务分析

根据任务描述得知，本任务的目标是对待配送订单进行处理，根据所学的知识，可以使用下列思路实现。

① 定义一个表示订单的类 Order，该类内部定义了订单编号、订单状态属性和一个用于输出订单信息的方法。

② 定义一个订单配送的接口 Delivery，接口内部定义了一个 deliver() 方法，用于实现订单配送。

③ 由于服务员和配送员都包含姓名和岗位两个特征以及订单处理的功能，可以定义一个表示处理订单人员的 Person 类，该类包括姓名、岗位两个属性以及一个订单处理的方法。

④ 定义一个表示服务员的类 Waiter，该类继承自 Person 类。

⑤ 定义一个表示配送员的类 Deliveryman，该类继承自 Person 类，由于配送员具有订单配送的功能，所以 Deliveryman 类实现了 Delivery 接口。

⑥ 定义订单处理的类 OrderManage，该类首先创建了两个订单对象、一个服务员对象和一个配送员对象，然后输出所有的订单信息，再根据用户的输入对订单进行处理。

■ 任务实现

结合任务分析的思路，下面实现订单管理功能，具体实现步骤如下。

（1）定义订单类

在 src 目录下新建 task02 包，在 task02 包中创建表示订单的类 Order，在该类中声明表示订单编号、订单状态、订单处理人员 3 个属性，以及定义一个输出订单信息的方法，具体代码见文件 4-15。

文件 4-15　Order.java

```java
1   public class Order {
2       //订单编号
3       private String id;
4       //订单状态
5       private String state;
6       //订单处理人员
7       private Person person;
8       public Order(String id, String state) {
9           this.id = id;
10          this.state = state;
11      }
12      public String getId() {
13          return id;
14      }
15      public void setId(String id) {
16          this.id = id;
17      }
18      public String getState() {
19          return state;
20      }
21      public void setState(String state) {
22          this.state = state;
23      }
24      public Person getPerson() {
25          return person;
26      }
27      public void setPerson(Person person) {
28          this.person = person;
29      }
30      public void orderInfo() {
31          System.out.println("订单编号：" + this.id + ",订单状态：" + this.state);
32          if (this.person != null) {
33              System.out.print("配送员信息：");
34          }
35      }
36  }
```

（2）定义订单配送接口

在 task02 包中创建配送接口 Delivery，在该接口中定义配送订单的方法 deliver()，具体代码见文件 4-16。

文件 4-16 Delivery.java

```
1   public interface Delivery {
2       //配送订单
3       void deliver(Order order);
4   }
```

（3）定义订单处理人员的父类

在 task02 包中创建订单处理人员的父类 Person，在该类中声明姓名、岗位两个属性，以及定义一个处理订单的方法，具体代码见文件 4-17。

文件 4-17 Person.java

```
1   public class Person {
2       private String name;              //表示姓名
3       private String job;               //表示岗位
4       public Person(String name, String job) {
5           this.name = name;
6           this.job = job;
7       }
8       public String getName() {
9           return name;
10      }
11      public String getJob() {
12          return job;
13      }
14      public void setName(String name) {
15          this.name = name;
16      }
17      public void setJob(String job) {
18          this.job = job;
19      }
20      //用于处理订单的方法
21      public   void orderProcessing(Order order){
22          System.out.println(order.getId()+"订单开始处理");
23      }
24  }
```

（4）定义服务员类

在 task02 包中创建表示服务员的类 Waiter，该类继承 Person 类，并且重写了 orderProcessing() 方法，用于实现接单功能，具体代码见文件 4-18。

文件 4-18 Waiter.java

```
1   public class Waiter extends Person {
2       public Waiter(String name, String job) {
```

```
3              super(name, job);
4          }
5          @Override
6          public void orderProcessing(Order order) {
7              super.orderProcessing(order);
8              System.out.println(this.getJob() + this.getName() + "接单！");
9          }
10    }
```

（5）定义配送员类

在 task02 包中创建表示配送员的类 Deliveryman，该类在继承 Person 类的同时实现了 Delivery 接口，具体代码见文件 4-19。

文件 4-19　Deliveryman.java

```
1     public class Deliveryman extends Person implements Delivery {
2          public Deliveryman(String name, String job) {
3              super(name, job);
4          }
5          @Override
6          public void orderProcessing(Order order) {
7              deliver(order);
8          }
9          @Override
10         public void deliver(Order order) {
11             System.out.println(getJob() + getName() +
12                 "在配送订单编号为" + order.getId() + "的订单！");
13         }
14    }
```

在文件 4-19 中，第 10 ～ 13 行代码实现了 Delivery 接口的 deliver() 方法，该方法内部输出了配送员和配送订单的信息。

（6）定义订单管理类

在 task02 包中创建 OrderManage 类，在该类中定义 main() 方法，并在 main() 方法中实现订单处理，具体代码见文件 4-20。

文件 4-20　OrderManage.java

```
1     import java.util.Scanner;
2     public class OrderManage {
3          public static void main(String[] args) {
4              //创建待配送订单
5              Order order01 = new Order("0001", "待配送");
6              Order order02 = new Order("0002", "待配送");
7              Order[] orders = {order01, order02};
8              //创建服务员对象和配送员对象
9              Person d1 = new Waiter("张三", "服务员");
10             Person d2 = new Deliveryman("李四", "配送员");
11             //待配送订单的数量
```

```
12                int count = orders.length;
13                Scanner sc = new Scanner(System.in);
14                System.out.println("---------订单管理----------");
15                for (int i = 0; i < orders.length; i++) {
16                    Order order = orders[i];
17                    order.orderInfo();
18                }
19                System.out.print("是否对订单进行处理（y/n）: ");
20                String flag = sc.next();
21                if (flag.equals("y")) {
22                    for (int i = 0; i < orders.length; i++) {
23                        d1.orderProcessing(orders[i]);
24                        d2.orderProcessing(orders[i]);
25                        count--;
26                    }
27                    if (count == 0) {
28                        System.out.println("所有订单已配送");
29                    }
30                } else {
31                    System.out.println("订单暂不处理!");
32                    System.exit(0);
33                }
34            }
35 }
```

在文件 4-20 中，第 5 ～ 7 行代码创建了两个待配送的订单并保存到数组中；第 9 ～ 10 行代码创建了服务员对象和配送员对象；第 15 ～ 18 行代码用于展示待配送的订单信息；第 21 ～ 33 行代码用于根据用户的操作处理订单，如果用户输入 y，表示要处理订单，那么通过服务员对象 d1 和配送员对象 d2 调用 orderProcessing() 方法处理订单，直到订单处理完成，并提示"所有订单已配送"；如果用户输入 n，则提示用户"订单暂不处理！"，并退出当前程序。

（7）测试订单管理

运行文件 4-20，根据控制台中的提示信息输入 y，结果如图 4-17 所示。

从图 4-17 可以看出，程序启动后会展示待配送的订单，输入 y 后，程序会对订单进行处理，由服务员接单，配送员配送订单。

再次运行文件 4-20，在控制台中输入 n，结果如图 4-18 所示。

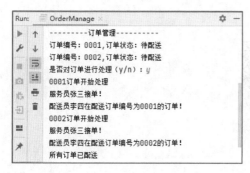

图 4-17　文件 4-20 的运行结果（1）

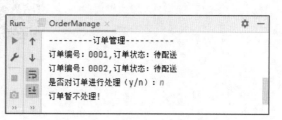

图 4-18　文件 4-20 的运行结果（2）

从图 4-18 可以看出，如果在控制台中输入 n，程序将不对待配送的订单进行处理。
至此，订单管理完成。

知识拓展 4.2 成员内部类　　知识拓展 4.3 局部内部类　　知识拓展 4.4 静态内部类

知识拓展 4.5 匿名内部类　　　知识拓展 4.6 instanceof 关键字

单元小结

　　本单元在前面的基础上对面向对象的基础知识进行了更深入地讲解，包括面向对象的继承特性、方法的重写、super 关键字、final 关键字、抽象类、接口、多态等相关内容，并通过实现 2 个任务巩固了面向对象的这些内容。通过本单元的学习，希望读者进一步体会面向对象思想，为后续任务的开发和知识的学习打下良好的基础。

单元测试

　　请扫描二维码，查看本单元测试题目。

单元测试　单元 4

单元实训

　　请扫描二维码，查看本单元实训题目。

单元实训　单元 4

单元 5

异常

PPT：单元 5 异常

教学设计：单元 5 异常

学习目标

知识目标	● 了解异常的概念，能够说出什么是异常 ● 了解什么是运行时异常和编译时异常，能够说出运行时异常和编译时异常的特点 ● 了解异常的产生及处理，能够说出处理异常的 3 种处理方式
技能目标	● 掌握 try...catch 语句和 finally 语句的使用，能够使用 try...catch 和 finally 语句处理异常 ● 掌握 throws 关键字的使用，能够使用 throws 关键字抛出异常 ● 掌握 throw 关键字的使用，能够使用 throw 关键字抛出异常 ● 掌握如何自定义异常，能够编写自定义异常类

每个人都希望自己身体健康，工作顺利，但在实际生活中总会遇到各种状况，如生病、工作时计算机蓝屏等。同样，在程序运行时也会发生各种状况，例如，程序运行时磁盘空间不足、网络连接中断等。针对这种情况，Java 语言引入了异常，以异常类的形式对这些非正常情况进行封装，通过异常处理机制对程序运行时发生的各种问题进行处理。本单元将结合餐厅会员卡充值结账服务的功能对异常进行详细讲解。

任务5-1 会员卡支付

■ 任务描述

传智餐厅的会员就餐后，可以选择使用会员卡支付方式结算账单，但是要保证会员卡余额足够。已知某会员的卡号是 1023，余额是 98 元，本任务要求编写一个会员卡支付的程序，效果如图 5-1 所示。

```
请输入您使用的会员卡号: 1023
请输入您的消费金额(元): 90
消费成功，您的会员卡余额为8.0元
感谢您对本店的光顾
```

```
请输入您使用的会员卡号: 1023
请输入您的消费金额(元): 120
抱歉，您的会员卡余额不足，请先充值
感谢您对本店的光顾
```

```
请输入您使用的会员卡号: 1024
会员卡号输入有误
感谢您对本店的光顾
```

```
请输入您使用的会员卡号: 1023
请输入您的消费金额(元): -120
消费金额不能是负数
感谢您对本店的光顾
```

图 5-1 会员卡支付效果

考虑到用户输入会员卡号或者消费金额时，可能会存在输入信息不是数字而导致程序报错的情况，为此，本任务要求对用户输入信息可能产生的异常进行处理，并输出如图 5-2 所示的提示信息。

```
请输入您使用的会员卡号: a
输入信息有误，请重新输入
感谢您对本店的光顾
```

```
请输入您使用的会员卡号: 1023
请输入您的消费金额(元): a
输入信息有误，请重新输入
感谢您对本店的光顾
```

图 5-2 会员卡号或消费金额输入异常

■ 知识储备

1. 什么是异常

Java 中的异常是指 Java 程序在运行时出现的错误或非正常情况，如在程序中读取一个不存在的文件、除数为 0 等。程序是否会出现异常，通常取决于程序的输入、程序中对象的当前状态以及程序所处的运行环境等。

下面通过案例认识什么是异常，在本例中，计算以 0 为除数的表达式，运行程序并观察结果。具体代码见文件 5-1。

文件 5-1　Example01.java

```
1   public class Example01 {
2       //下面的方法实现了两个整数相除
3       public static int divide(int x, int y) {
4           int result = x / y;          //定义一个变量result记录两个数相除的结果
5           return result;               //将结果返回
6       }
7       public static void main(String[] args) {
8           int result = divide(4, 0);   //调用divide()方法，第2个参数为0
9           System.out.println(result);
10      }
11  }
```

在文件 5-1 中，第 8 行代码调用 divide() 方法时，第 2 个参数传入了 0，即除数为 0，由于 0 不能作为除数出现在除法表达式中，所以该程序运行时会发生异常。

文件 5-1 的运行结果如图 5-3 所示。

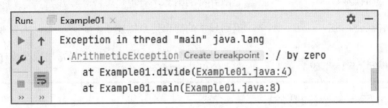

图 5-3　文件 5-1 的运行结果

由图 5-3 可知，程序发生了算术异常，提示运算时出现了除以 0 的情况。异常发生后，程序会立即结束，无法向下执行。

除了 ArithmeticException 异常类外，Java 还提供了大量的异常类，每一个异常类都表示一种预定义的异常，这些异常类都继承自 java.lang 包下的 Throwable 类。下面通过图 5-4 展示 Throwable 类的继承体系。

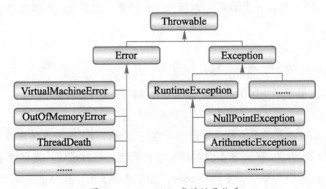

图 5-4　Throwable 类的继承体系

从图 5-4 可以看出，Throwable 类是所有异常类的父类，它有两个直接子类：Error 类和

Exception 类，其中 Error 类代表程序中产生的错误，Exception 类代表程序中产生的异常。下面分别对 Throwable 类的这两个异常子类进行讲解。

（1）Error 类

Error 类称为错误类，它表示 Java 程序运行时产生的系统内部错误或资源耗尽等错误。这类错误比较严重，仅靠修改程序代码不可能恢复正常运行。例如，使用 Java 命令去运行一个不存在的类就会出现 Error 错误。

（2）Exception 类

Exception 类称为异常类，它表示程序本身可以处理的错误。Java 程序中进行的异常处理，都是针对 Exception 类及其子类的。在 Exception 类的众多子类中有一个特殊的子类——RuntimeException 类，RuntimeException 类及其子类用于表示运行时异常，Exception 类的其他子类都用于表示编译时异常。

为了解决程序运行时的各种异常情况，Throwable 类提供了一些方法，Throwable 类的子类可以通过重写这些方法，实现本类异常的处理。Throwable 类的常用方法见表 5-1。

表 5-1 Throwable 类的常用方法

方法声明	功能描述
String getMessage()	返回异常的消息字符串
String toString()	返回异常的简单信息描述
void printStackTrace()	获取异常类名和异常信息，以及异常出现在程序中的位置，把信息输出在控制台

2. 编译时异常与运行时异常

在实际开发中，如果程序编译时产生了异常，必须对该异常进行处理，否则程序无法正常运行，这种异常被称为编译时异常（也称为 checked 异常）。另外还有一种异常是在程序运行时产生的，针对这种异常，即使不进行处理，依然可以编译通过，因此被称为运行时异常（也称为 unchecked 异常）。接下来分别对这两种异常进行讲解。

（1）编译时异常

在 Exception 类中，除了 RuntimeException 类及其子类，Exception 类的其他子类都是编译时异常。编译时异常的特点是 Java 编译器会对异常进行检查，如果出现异常就必须对异常进行处理，否则程序无法通过编译。

处理编译时异常有两种方式，具体如下。

① 使用 try...catch 语句对异常进行捕获处理。

② 使用 throws 关键字声明抛出异常，由调用者对异常进行处理。

（2）运行时异常

RuntimeException 类及其子类都是运行时异常。运行时异常的特点是在程序运行时由 Java 虚拟机自动进行捕获处理，Java 编译器不会对异常进行检查。也就是说，当程序中出现这类异常时，即使没有使用 try...catch 语句捕获或使用 throws 关键字声明抛出，程序也能编译通过，只是在程序运行过程中可能报错。

在 Java 中，常见的运行时异常有多种，具体见表 5-2。

表 5-2　常见的运行时异常

方法声明	功能描述
ArithmeticException	算术异常
IndexOutOfBoundsException	索引越界异常
ClassCastException	类型转换异常
NullPointerException	空指针异常
NumberFormatException	数字格式化异常

运行时异常一般是由程序中的逻辑错误引起的,在程序运行时无法恢复。例如,通过数组的索引访问数组元素时,如果索引超过了数组范围,就会发生运行时异常,代码如下。

```
int[] arr = new int[5];
System.out.println(arr[6]);
```

在上述代码中,由于数组 arr 的长度为 5,最大索引应为 4,当使用 arr[6] 访问数组中的元素就会发生数组索引越界的异常。

3. try...catch 和 finally 语句

Java 提供了 try...catch 语句用于捕获并处理异常,其语法格式如下。

```
try{
    //程序代码块
}catch(ExceptionType e){
    //异常处理代码
}
```

上述语法格式中,在 try 代码块中编写可能发生异常的 Java 语句,在 catch 代码块中编写针对异常进行处理的代码,其中 ExceptionType 为当前 catch 所能接收的异常类型,必须是 Exception 类或其子类。

当 try 代码块中的程序发生异常时,系统会将异常信息封装为一个异常对象,并将这个异常对象传递给 catch 代码块进行处理,catch 语句会依据所抛出异常对象的类型对异常进行捕获和处理。处理后,程序会跳过 try 语句块内剩余的语句,转到 catch 语句块后面的第一条语句开始执行。

编写 try...catch 语句时,需要注意以下几点。

① try 代码块是必需的。

② catch 代码块必须位于 try 代码块之后。

③ catch 代码块可以有多个,但捕获父类异常的 catch 代码块必须位于捕获子类异常的 catch 代码块后面。

try...catch 语句的异常处理流程如图 5-5 所示。

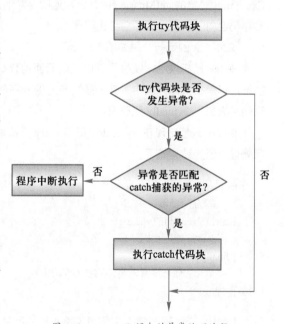

图 5-5　try...catch 语句的异常处理流程

由图 5-5 可知,如果执行 try 代码块中的语句没有发生异常,则直接跳出 try...catch 语句,继续执行 try...catch 语句后面的语句。如果执行 try 代码块中的语句发生异常,则程序会自动跳转到 catch 代码块中匹配对应的异常类型。如果 catch 代码块中匹配到对应的异常,则执行 catch 代码块中的代码,执行后程序继续往下执行。如果 catch 代码块中匹配不到对应的异常,则程序中断执行。

下面修改文件 5-1,使用 try...catch 语句对文件 5-1 中出现的异常进行捕获,见文件 5-2。

文件 5-2　Example02.java

```
1   public class Example02 {
2       //下面的方法实现了两个整数相除
3       public static int divide(int x, int y) {
4           int result = x / y;              //定义一个变量result记录两个数相除的结果
5           return result;                   //将结果返回
6       }
7       public static void main(String[] args) {
8           //下面的代码定义了一个try...catch语句用于捕获异常
9           try {
10              int result = divide(4, 0);       //调用divide()方法
11              System.out.println(result);
12          } catch (Exception e) {              //对异常进行处理
13              System.out.println("捕获的异常信息为: " + e.getMessage());
14          }
15          System.out.println("程序继续向下执行...");
16      }
17  }
```

在文件 5-2 中,第 9 ~ 14 行代码对可能发生异常的代码用 try...catch 语句进行了处理,在 try 代码块中发生除 0 异常时,程序会通过 catch 语句捕获异常。第 13 行代码在 catch 语句中通过调用 Exception 对象的 getMessage() 方法,返回异常信息"/ by zero",catch 代码块对异常处理完毕后,程序仍会向下执行,而不会终止程序。

文件 5-2 的运行结果如图 5-6 所示。

在 try 代码块中,发生异常的语句后面的代码不会被执行,如文件 5-2 中第 11 行代码就没有执行,但是在实际开发中,有一些语句无论程序是否发生异常都要被执行,这时可以在 try...catch 语句后面加一个 finally 代码块。

finally 只能出现在 try...catch 语句或 try 代码块之后,不能单独出现。try...catch...finally 实现异常处理的语法结构如下。

```
try{
    //程序代码块
}catch(ExceptionType e){
    //异常处理代码
} finally{
    //无论有无异常发生都将执行的代码
}
```

finally 代码块必须位于所有 catch 代码块之后。try...catch...finally 语句的异常处理流程如图 5-7 所示。

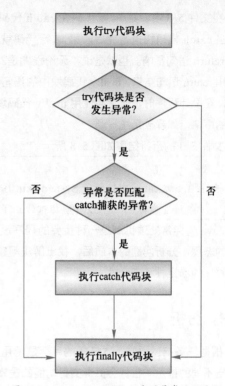

图 5-7　try...catch...finally 语句的异常处理流程

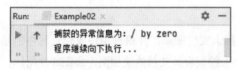

图 5-6　文件 5-2 的运行结果

由图 5-5 可知，在 try...catch...finally 语句中，不管程序是否发生异常，finally 代码块中的代码都会被执行。需要注意的是，如果程序发生异常，而异常并没有被捕获，那么在执行完 finally 代码块中的代码后，程序会中断执行。

下面修改文件 5-2，演示 try...catch...finally 语句的用法，见文件 5-3。

文件 5-3　Example03.java

```
1   public class Example03 {
2       //下面的方法实现了两个整数相除
3       public static int divide(int x, int y) {
4           int result = x / y;                 //定义一个变量result记录两个数相除的结果
5           return result;                      //将结果返回
6       }
7       public static void main(String[] args) {
8           //下面的代码定义了一个try...catch...finally语句用于捕获异常
9           try {
10              int result = divide(4, 0);      //调用divide()方法
11              System.out.println(result);
12          } catch (Exception e) {             //对捕获到的异常进行处理
13              System.out.println("捕获的异常信息为：" + e.getMessage());
14              return;                         //用于结束当前语句
15          } finally {
16              System.out.println("进入finally代码块");
17          }
18          System.out.println("程序继续向下...");
19      }
20  }
```

在文件 5-3 中，第 14 行代码在 catch 代码块中增加了一个 return 语句，用于结束当前方法，这样当 catch 代码块执行完后，第 18 行代码就不会执行。但是 finally 代码块中的代码仍会执行，不受 return 语句影响。也就是说，无论程序是发生异常还是使用 return 语句结束，finally 代码块中的语句都会执行。因此，在设计程序时，通常会使用 finally 代码块处理必须要做的事情，如释放系统资源。

图 5-8　文件 5-3 的运行结果

文件 5-3 的运行结果如图 5-8 所示。

📖 注意:

如果在 try...catch 中执行了 System.exit(0) 语句，finally 代码块将不再执行。System.exit(0) 表示退出当前 Java 虚拟机，当 Java 虚拟机停止了，任何代码都不能再执行。

Java 的异常处理机制是一种重要的程序设计技术，开发人员在使用这种技术时，需要以尽职尽责的态度，分析问题的本质后，找出解决问题的最优方案，再对处理异常的方案做出选择，有效保护程序的稳定性和安全性。

■ 任务分析

根据任务描述得知，本任务的目标是使用会员卡支付账单，并根据用户支付过程中的输入情况给出不同的提示。根据会员卡支付功能的逻辑，可绘制会员支付的流程图，如图 5-9 所示。

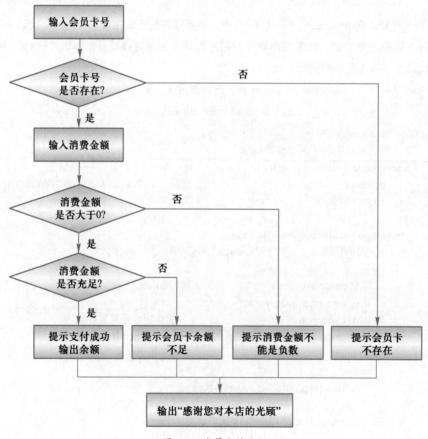

图 5-9　会员支付流程

由图 5-9 可知，会员卡支付功能可以使用下列思路实现。

① 定义一个表示会员卡信息的类，该类有会员卡号和余额两个属性。

② 创建一个会员卡对象，将卡号赋值为 1023，余额赋值为 98。

③ 按照会员支付流程，依次获取用户输入的内容。由于会员支付流程涉及的分支条件比较多，需要在不同的条件语句中处理会员支付流程中的不同逻辑。

④ 考虑用户在输入消费金额时，程序可能出现异常，这里使用 try...catch 语句捕获会员支付的逻辑代码。另外，无论支付结果如何，程序都会输出"感谢您对本店的光顾"，可以在 try...catch 语句后添加 finally 代码块来实现。

■ 任务实现

结合任务分析的思路，下面对会员卡支付分步骤实现，具体如下。

（1）定义会员卡类

在项目 chapter05 中的 src 包下创建名称为 task01 的包，在 task01 下创建表示会员卡的类 MemberCard，该类定义了 id 和 remaining 属性，分别表示卡号和余额，具体代码见文件 5-4。

文件 5-4　MemberCard.java

```
1   public class MemberCard {
2       private int id;
3       private double remaining;
4       public MemberCard(int id, double remaining) {
5           this.id = id;
6           this.remaining = remaining;
7       }
8       public int getId() {
9           return id;
10      }
11      public double getRemaining() {
12          return remaining;
13      }
14      public void setId(int id) {
15          this.id = id;
16      }
17      public void setRemaining(double remaining) {
18              this.remaining = remaining;
19          }
20      }
21  }
```

（2）实现会员卡支付功能

在 task01 包下定义 MemberPay 类，在该类中定义 main() 方法，在 main() 方法中实现会员卡支付功能，具体代码见文件 5-5。

文件 5-5　MemberPay.java

```
1   import java.util.Scanner;
2   public class MemberPay {
3       public static void main(String[] args) {
4           MemberCard card = new MemberCard(1023, 98);
5           try {
6               System.out.print("请输入您使用的会员卡号：");
7               Scanner sc = new Scanner(System.in);
8               int cardnum = sc.nextInt();
9               if (cardnum == card.getId()) {
10                  System.out.print("请输入您的消费金额（元）：");
11                  double payment = sc.nextDouble();
12                  if (payment > 0) {
13                      if (payment <= card.getRemaining()) {
14                          System.out.println("消费成功，您的会员卡余额为" +
15                                  (card.getRemaining() - payment)+"元");
16                      } else {
17                          System.out.println("抱歉，您的会员卡余额不足，请先充值");
18                      }
19                  } else {
20                      System.out.println("消费金额不能是负数");
21                  }
22              } else {
23                  System.out.println("会员卡号输入有误");
24              }
25          } catch (Exception e) {
26              System.out.println("输入信息有误，请重新输入");
27          } finally {
28              System.out.println("感谢您对本店的光顾");
29          }
30      }
31  }
```

上述代码中，第 4 行代码创建了一个会员卡对象 card，第 5 ～ 30 行实现了会员支付功能。由于用户输入的卡号必须是数字，所以为了避免用户输入非数字类型的内容，使用 try-catch 语句捕获会员支付过程中的异常。另外，无论是否有异常出现，均使用 finally 语句输出"感谢您对本店的光顾"。

（3）测试会员卡支付

运行文件 5-5，在控制台中根据提示信息依次输入会员卡号为 1023、消费金额为 90，结果如图 5-10 所示。

从图 5-10 可以得出，当输入的会员卡号正确，并且消费金额小于或等于会员卡余额时，会员卡支付成功。

再次运行文件 5-5，在控制台中根据提示信息依次输入会员卡号为 1023、消费金额为 120，结果如图 5-11 所示。

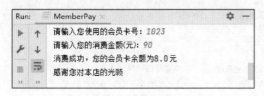

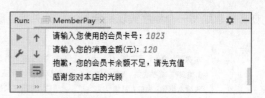

图 5-10　文件 5-5 的运行结果（1）　　　　　　图 5-11　文件 5-5 的运行结果（2）

从图 5-11 可以得出，当输入的会员卡号正确，但消费金额大于会员卡余额时，会员卡会支付失败，并提示对应支付失败信息。

再次运行文件 5-5，在控制台中根据提示信息依次输入会员卡号为 1023、消费金额为 -120，结果如图 5-12 所示。

从图 5-12 可以得出，当输入的会员卡号正确，但消费金额小于 0 时，会员卡会支付失败，并提示对应支付失败信息。

再次运行文件 5-5，在控制台中输入会员卡号为 1024，结果如图 5-13 所示。

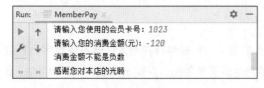

图 5-12　文件 5-5 的运行结果（3）　　　　　　图 5-13　文件 5-5 的运行结果（4）

从图 5-13 可以得出，当输入的会员卡号不存在时，则直接进行错误提示。

再次运行文件 5-5，在控制台中输入会员卡号为 a，结果如图 5-14 所示。

从图 5-14 可以得出，当输入的会员卡号为非数字内容时，程序不会直接中断，而是进行错误提示。

再次运行文件 5-5，在控制台中根据提示信息依次输入会员卡号为 1023、消费金额为 a，结果如图 5-15 所示。

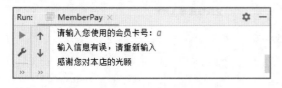

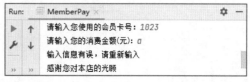

图 5-14　文件 5-5 的运行结果（5）　　　　　　图 5-15　文件 5-5 的运行结果（6）

从图 5-15 可以得出，当输入的消费金额为非数字内容时，程序不会直接中断，而是进行错误提示。

至此，会员卡支付功能完成。

任务5-2　积分兑换

■ 任务描述

会员在传智餐厅的消费金额，最终都会被折算成会员积分。为了鼓励会员多消费，传智餐厅推出了积分兑换服务，该服务会定期提供一些积分可兑换的礼品。假设 6 月份传智餐厅提供了 3 种兑换礼品，分别是加湿器、平底锅和电风扇，它们所需的兑换积分分别是 1000、1500、2000。本任务要求编写一个程序实现某会员的积分兑换，效果如图 5-16 所示。

本次可兑换的礼品如下：
1.加湿器　2.平底锅　3.电风扇
请输入您要兑换的礼品编号：1
请输入您的会员编号：cz202206112
请输入您要兑换的数量：2
兑换成功，您的剩余积分是2000

兑换成功

本次可兑换的礼品如下：
1.加湿器　2.平底锅　3.电风扇
请输入您要兑换的礼品编号：1
请输入您的会员编号：cz202206112
请输入您要兑换的数量：10
积分不足，兑换失败

积分不足，兑换失败

本次可兑换的礼品如下：
1.加湿器　2.平底锅　3.电风扇
请输入您要兑换的礼品编号：12
您输入的礼品编号不存在！

要兑换的礼品编号不存在

本次可兑换的礼品如下：
1.加湿器　2.平底锅　3.电风扇
请输入您要兑换的礼品编号：1
请输入您的会员编号:12
您输入的会员编号不存在！

会员编号不存在

本次可兑换的礼品如下：
1.加湿器　2.平底锅　3.电风扇
请输入您要兑换的礼品编号：1
请输入您的会员编号:cz202206112
请输入您要兑换的数量：-1
兑换的数量必须大于0！

兑换数量是负数

图 5-16　积分兑换结果

考虑到用户输入的礼品编号以及兑换数量必须是数字，可能会存在输入信息不是数字而导致程序报错的情况。本任务要求对用户输入信息可能产生的异常抛出，并输出如图 5-17 所示的提示信息。

本次可兑换的礼品如下：
1.加湿器　2.平底锅　3.电风扇
请输入您要兑换的礼品编号：a
输入的礼品编号必须是数字！

礼品编号输入异常

本次可兑换的礼品如下：
1.加湿器　2.平底锅　3.电风扇
请输入您要兑换的礼品编号：1
请输入您的会员编号:cz202206112
请输入您要兑换的数量：a
输入的数量必须是数字！

兑换数量输入异常

图 5-17　礼品编号或兑换数量输入异常

■ 知识储备

1. throws 语句

在实际开发中，大多数情况下是调用别人编写好的方法，并不知道该方法是否会发生异常。针对这种情况，Java 允许在方法后面使用 throws 关键字声明该方法有可能发生的异常，这样调用者在调用时，可以明确地知道该方法有异常，并且必须在程序中对异常进行处理，否则编译无法通过。

使用 throws 关键字抛出异常的语法格式如下。

```
修饰符 返回值类型 方法名(参数1，参数2...)throws 异常类1, 异常类2...{
    //方法体......
}
```

从上述语法格式可以看出，throws 关键字需要写在方法声明的后面，throws 后面声明方法中发生异常的类型。

下面修改文件 5-1，在 devide() 方法中声明可能出现的异常类型，见文件 5-6。

文件 5-6　Example04.java

```
1    public class Example04 {
2        //下面的方法实现了两个整数相除，并使用throws关键字声明抛出异常
3        public static int divide(int x, int y) throws Exception {
4            int result = x / y;                  //定义一个变量result记录两个数相除的结果
5            return result;                       //将结果返回
6        }
7        public static void main(String[] args) {
8            int result = divide(4, 2);           //调用divide()方法
9            System.out.println(result);
10       }
11   }
```

在文件 5-6 中，第 3 行代码在定义 divide() 方法时，使用 throws 关键字声明了该方法可能会抛出的异常，第 8 行代码在 main() 方法中调用了 divide() 方法。

编译文件 5-6，编译器报错，如图 5-18 所示。

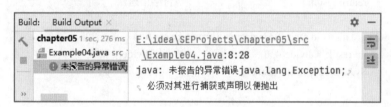

图 5-18　文件 5-6 编译报错

在文件 5-6 中，第 8 行代码调用 divide() 方法时传入的第 2 个参数为 2，程序在运行时不会发生除 0 异常，但是运行程序依然会提示错误，这是因为定义 divide() 方法时使用 throws 关键字声明了该方法可能抛出的异常，调用者必须在调用 divide() 方法时对抛出的异常进行处理，否则就会发生编译错误。

下面对文件 5-6 进行修改，使用 try...catch 语句处理 divide() 方法抛出的异常，见文件 5-7。

文件 5-7　Example05.java

```
1    public class Example05 {
2        //下面的方法实现了两个整数相除，并使用throws关键字声明抛出异常
3        public static int divide(int x, int y) throws Exception {
4            int result = x / y;                  //定义一个变量result记录两个数相除的结果
5            return result;                       //将结果返回
6        }
7        public static void main(String[] args) {
8            //下面的代码定义了一个try...catch语句用于捕获异常
9            try {
10               int result - divide(4, 2);       //调用divide()方法
11               System.out.println(result);
```

```
12          } catch (Exception e) {              //对捕获到的异常进行处理
13              e.printStackTrace();             //打印捕获的异常信息
14          }
15      }
16  }
```

文件 5-7 的运行结果如图 5-19 所示。

在调用 divide() 方法时，如果不知道如何处理声明抛出的异常，也可以使用 throws 关键字继续将异常抛出，这样程序也能编译通过。需要注意的是，使用 throws 关键字重抛异常时，如果程序发生了异常，并且上一层调用者也

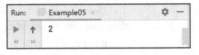

图 5-19　文件 5-7 的运行结果

无法处理异常时，那么异常会继续被向上抛出，直到系统接收到异常，终止程序执行。

下面修改文件 5-6，将 divide() 方法抛出的异常继续抛出，见文件 5-8。

文件 5-8　Example06.java

```
1   public class Example06 {
2       //下面的方法实现了两个整数相除，并使用throws关键字声明抛出异常
3       public static int divide(int x, int y) throws Exception {
4           int result = x / y;                  //定义一个变量result记录两个数相除的结果
5           return result;                       //将结果返回
6       }
7       public static void main(String[] args)throws Exception {
8           int result = divide(4, 0);           //调用divide()方法
9           System.out.println(result);
10      }
11  }
```

文件 5-8 的运行结果如图 5-20 所示。

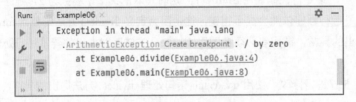

图 5-20　文件 5-8 的运行结果

在文件 5-8 中，main() 方法继续使用 throws 关键字将异常抛出，程序虽然可以通过编译，但从图 5-20 可以看出，在运行期间由于没有对 "/by zero" 的算术异常进行处理，最终导致程序终止运行。

2. throw 语句

在 Java 程序中，除了 throws 关键字，还可以使用 throw 关键字抛出异常。与 throws 关键字不同的是，throw 关键字用于方法体内，抛出的是一个异常实例，且每次只能抛出一个异常实例。

使用 throw 关键字抛出异常的语法格式如下。

```
throw ExceptionInstance;
```

上述语法格式中，ExceptionInstance 为一个可抛出的异常类对象，必须是 Throwable 类或其子类的对象。

在方法中，通过 throw 关键字抛出异常后，还需要使用 throws 关键字或 try...catch 对异常进行处理。如果 throw 抛出的是 Error、RuntimeException 或它们的子类异常对象，则无需使用 throws 关键字或 try...catch 对异常进行处理。

使用 throw 关键字抛出异常，通常有如下两种情况。

① 当 throw 关键字抛出的异常是编译时异常时，第一种处理方式是在 try 代码块中使用 throw 关键字抛出异常，通过 catch 代码块捕获该异常。第二种处理方式是在一个有 throws 声明的方法中使用 throw 关键字抛出异常，把其交给该方法的调用者处理。

② 当 throw 关键字抛出的异常是运行时异常时，程序既可以显式使用 try...catch 捕获并处理该异常，也可以完全不理会该异常，而把它交给方法的调用者处理。

下面通过案例讲解 throw 关键字的使用，具体代码见文件 5-9。

文件 5-9　Example07.java

```
1   public class Example07 {
2       //定义printAge()输出年龄
3       public static void printAge(int age) throws Exception {
4           if(age <= 0){
5               //对业务逻辑进行判断，当输入年龄为负数时抛出异常
6               throw new Exception("输入的年龄有误，必须是正整数！");
7           }else {
8               System.out.println("此人年龄为："+age);
9           }
10      }
11      public static void main(String[] args)  {
12          //下面的代码定义了一个try...catch语句用于捕获异常
13          int age = -1;
14          try {
15              printAge(age);
16          } catch (Exception e) {  //对捕获到的异常进行处理
17              System.out.println("捕获的异常信息为：" + e.getMessage());
18          }
19      }
20  }
```

文件 5-9 中，第 3 ~ 10 行代码定义了 printAge() 方法，对输入的年龄进行逻辑判断，虽然输入负数在语法上能够编译通过，且程序正常运行，但年龄为负数显然与现实情况不符。因此需要在方法中对输入的内容进行判断，当数值小于等于 0 时，使用 throw 关键字抛出异常，并指定异常提示信息，同时在方法后面继续用 throws 关键字处理抛出的异常。第 14 ~ 18 行代码使用 try...catch 语句对 printAge() 方法抛出的异常进行捕获及处理，并打印捕获到的异常信息。

文件 5-9 的运行结果如图 5-21 所示。

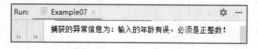

图 5-21　文件 5-9 的运行结果

由图 5-21 可知，对于代码中的业务逻辑异常，使用 throw 关键字抛出异常后，同样可以正确捕获异常，从而保证程序的正常运行。当然，throw 关键字除了可以抛出代码的逻辑性异常外，也可以抛出 Java 能够自动识别的异常。

3. 自定义异常类

Java 中提供了大量的内置异常类型，虽然这些异常类可以描述编程时出现的大部分异常情况，但是在程序开发中可能需要描述特有的异常情况。例如，两数相除，不允许被除数为负数，此时，就无法使用 Java 提供的异常类表示该类异常。为了解决这个问题，Java 允许用户自定义异常类，自定义的异常类必须继承自 Exception 类或其子类。

自定义异常类的示例代码如下。

```
public class DivideByMinusException extends Exception{
    public DivideByMinusException (){
        super();              //调用Exception类无参构造方法
    }
    public DivideByMinusException (String message){
        super(message);       //调用Exception类有参构造方法
    }
}
```

在实际开发中，如果没有特殊要求，自定义的异常类只需继承 Exception 类，在构造方法中使用 super() 语句调用 Exception 类的构造方法即可。

下面重新修改文件 5-8 中的 divide() 方法，判断被除数是否为负数，如果为负数，就使用 throw 关键字在方法中向调用者抛出自定义的 DivideByMinusException 异常对象，见文件 5-10。

文件 5-10　Example08.java

```
1   class DivideByMinusException extends Exception {
2       public DivideByMinusException() {
3           super();                        //调用Exception类无参构造方法
4       }
5       public DivideByMinusException(String message) {
6           super(message);                 //调用Exception类有参构造方法
7       }
8   }
9   public class Example08 {
10      //下面的方法实现了两个整数相除
11      public static int divide(int x, int y) {
12          if (y < 0) {
13              throw new DivideByMinusException("除数是负数");
14          }
15          int result = x / y;             //定义一个变量result记录两个数相除的结果
16          return result;                  //将结果返回
17      }
18      public static void main(String[] args) {
19          int result = divide(4, -2);
20          System.out.println(result);
21      }
22  }
```

编译文件 5-10，编译器报错，如图 5-22 所示。

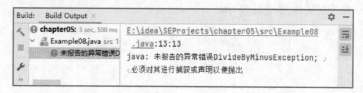

图 5-22　文件 5-10 编译报错

从图 5-22 可以看出，程序在编译时就发生了异常。因为在一个方法内使用 throw 关键字抛出异常对象时，需要使用 try...catch 语句对抛出的异常进行处理，或者在 divide() 方法中使用 throws 关键字声明抛出异常，由该方法的调用者负责处理，但是文件 5-10 并没有这样做。

为了解决图 5-22 中出现的问题，对文件 5-10 进行修改，在 divide() 方法中使用 throws 关键字声明该方法抛出 DivideByMinusException 异常，并在调用 divide() 方法时使用 try...catch 语句对异常进行处理，见文件 5-11。

文件 5-11　Example09.java

```
1   class DivideByMinusException extends Exception {
2       public DivideByMinusException() {
3           super();                    //调用Exception类无参构造方法
4       }
5       public DivideByMinusException(String message) {
6           super(message);             //调用Exception类有参构造方法
7       }
8   }
9   public class Example09 {
10      //下面的方法实现了两个整数相除
11      public static int divide(int x, int y) throws DivideByMinusException {
12          if (y < 0) {
13              throw new DivideByMinusException("除数是负数");
14          }
15          int result = x / y;         //定义一个变量result记录两个数相除的结果
16          return result;              //将结果返回
17      }
18      public static void main(String[] args) {
19          //下面的代码定义了一个try...catch语句用于捕获异常
20          try {
21              int result = divide(4, -2);
22              System.out.println(result);
23          } catch (DivideByMinusException e) {    //对捕获到的异常进行处理
24              System.out.println(e.getMessage()); //打印捕获的异常信息
25          }
26      }
27  }
```

在文件 5-11 中，第 11 行代码在定义 divide() 方法时，使用 throws 关键字抛出了 DivideByMinusException 异常。第 20 ~ 25 行代码使用 try...catch 语句捕获 divide() 方法抛出的异常

并处理，打印出异常信息。

文件 5-11 的运行结果如图 5-23 所示。

图 5-23　文件 5-11 的运行结果

从图 5-23 可以得出，当除数是负数时，程序捕获到异常并封装在自定义异常中，同时输出自定义的异常信息。

■ 任务分析

根据任务描述得知，本任务的目标是会员积分兑换礼品，并根据积分兑换过程中的输入情况给出不同的提示。根据积分兑换的逻辑，可绘制出会员积分兑换的流程图，如图 5-24 所示。

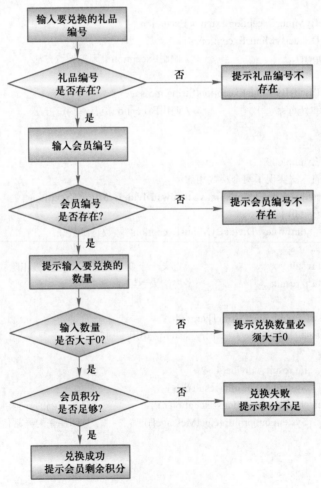

图 5-24　积分兑换流程

由图 5-24 可知，积分兑换功能可以使用下列思路实现。

①定义一个表示会员积分的类，该类有会员编号和积分两个属性。

②定义一个积分兑换的方法，该方法按照积分兑换流程，依次获取用户输入的礼品编号、会员编号以及要兑换的数量。由于积分流程的情况比较多，这里使用条件结构语句处理积分兑换过程的不同逻辑。

③考虑到用户在输入礼品编号或者兑换数量时，可能会出现输入非数字的情况而导致程序报错，可以自定义一个异常类，该类提供了输出异常信息的方法。在积分兑换方法中，将捕获到的异常使用 throw 关键字直接抛出，把抛出的异常交给方法调用者处理。

■ 任务实现

结合任务分析的思路，下面分步骤实现积分兑换，具体如下。

（1）定义会员积分类

在项目 chapter05 中的 src 包下创建名称为 task02 的包，在 task02 下创建一个表示会员积分的类 MembershipPoints，该类有会员编号和积分两个属性，具体代码见文件 5-12。

文件 5-12　MembershipPoints.java

```
1   public class MembershipPoints {
2       private String MemberNum;
3       private int points;
4       public String getMemberNum() {
5           return MemberNum;
6       }
7       public MembershipPoints(String memberNum, int points) {
8           this.MemberNum = memberNum;
9           this.points = points;
10      }
11      public int getPoints() {
12          return points;
13      }
14      public void setMemberNum(String memberNum) {
15          MemberNum = memberNum;
16      }
17      public void setPoints(int points) {
18          this.points = points;
19      }
20  }
```

（2）定义自定义异常类

在 task02 包下创建自定义异常类 MyException 类，该类继承自 Exception，见文件 5-13。

文件 5-13　MyException.java

```
1   public class MyException extends Exception {
2       String message;
3       public MyException(String ExceptionMessage) {
4           message = ExceptionMessage;
```

```
5        }
6        public String getMessage() {
7            return message;
8        }
9   }
```

在文件 5-13 中，getMessage() 方法用于获取异常消息。

（3）定义积分兑换类

在 task02 包下创建一个实现积分兑换的类 PointExchange，该类中定义 main() 方法和 info_validation() 方法，其中处理积分兑换逻辑的代码都定义在 info_validation() 方法中，具体见文件 5-14。

文件 5-14   PointExchange.java

```java
1   import java.util.Scanner;
2   public class PointExchange {
3       public static void main(String[] args) {
4           MembershipPoints points = new MembershipPoints("cz202206112", 4000);
5           System.out.println("本次可兑换的礼品如下：");
6           System.out.println("1.加湿器    2.平底锅        3.电风扇");
7           try {
8               info_validation(points);   // 实现礼品兑换
9           } catch (MyException e) {
10              System.out.println(e.getMessage());
11          }
12      }
13      public static void info_validation(MembershipPoints points)
14                                          throws MyException {
15          Scanner sc = new Scanner(System.in);
16          System.out.print("请输入您要兑换的礼品编号：");
17          int point = 0;
18          try {
19              int giftorder = sc.nextInt();
20              switch (giftorder) {
21                  case 1:
22                      point = 1000;
23                      break;
24                  case 2:
25                      point = 1500;
26                      break;
27                  case 3:
28                      point = 2000;
29                      break;
30                  default:
31                      System.out.println("您输入的礼品编号不存在！");
32                      System.exit(0);
33              }
34          } catch (Exception e) {
```

```
35              throw new MyException("输入的礼品编号必须是数字! ");
36          }
37      System.out.print("请输入您的会员编号:");
38      String memId = sc.next();
39      if (memId.equals(points.getMemberNum())) {
40          System.out.print("请输入您要兑换的数量: ");
41          try {
42              int giftNum = sc.nextInt();
43              if (giftNum > 0) {
44                  if (giftNum * point <= points.getPoints()) {
45                      System.out.println("兑换成功, 您的剩余积分是" +
46                          (points.getPoints() - giftNum * point));
47                  } else {
48                      System.out.println("积分不足, 兑换失败");
49                  }
50              } else {
51                  System.out.println("兑换的数量必须大于0! ");
52              }
53          } catch (Exception e) {
54              throw new MyException("输入的数量必须是数字! ");
55          }
56      } else {
57          System.out.println("您输入的会员编号不存在! ");
58      }
59      }
60 }
```

在文件 5-13 中,第 18 ~ 36 行代码用于判断用户输入的礼品编号,第 41 ~ 55 行代码用于判断用户输入的兑换数量,由于输入的礼品编号和兑换数量必须是数字,所以使用 try...catch 语句捕获并处理,处理方式是使用 throw 关键字抛出自定义异常 MyException。第 8 行代码调用 info_validation() 方法,会将方法内部抛出的异常使用 try...catch 语句捕获并输出异常信息。

（4）测试积分兑换

运行文件 5-14,在控制台中根据提示信息依次输入礼品编号为 1、会员编号为 cz202206112、兑换数量为 2,结果如图 5-25 所示。

从图 5-25 可以得出,当会员编号对应的会员剩余积分大于或等于需要兑换的礼品积分时,可以成功兑换礼品。

再次运行文件 5-14,在控制台中根据提示信息依次输入礼品编号为 1、会员编号为 cz202206112、兑换数量为 10,结果如图 5-26 所示。

图 5-25 文件 5-14 的运行结果（1）

图 5-26 文件 5-14 的运行结果（2）

从图 5-26 可以得出，当会员编号对应的会员剩余积分小于需要兑换的礼品积分时，兑换礼品失败。

再次运行文件 5-14，在控制台中根据提示信息输入礼品编号为 12，结果如图 5-27 所示。

从图 5-27 可以得出，当输入的礼品编号不存在时，直接输出对应的错误提示。

再次运行文件 5-14，在控制台中根据提示信息依次输入礼品编号为 1、会员编号为 12，结果如图 5-28 所示。

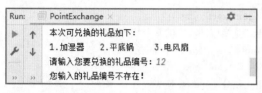

图 5-27　文件 5-14 的运行结果（3）

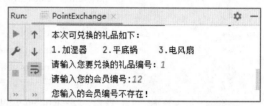

图 5-28　文件 5-14 的运行结果（4）

从图 5-28 可以得出，当输入的会员编号不存在时，直接输出对应的错误提示。

再次运行文件 5-14，在控制台中根据提示信息依次输入礼品编号为 1、会员编号为 cz202206112、兑换数量为 -1，结果如图 5-29 所示。

从图 5-29 可以得出，当输入的兑换数量小于 0 时，直接输出对应的错误提示。

再次运行文件 5-14，在控制台中根据提示信息依次输入礼品编号为 a，结果如图 5-30 所示。

图 5-29　文件 5-14 的运行结果（5）

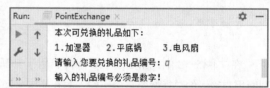

图 5-30　文件 5-14 的运行结果（6）

从图 5-30 可以得出，当输入的礼品编号为非数字时，程序没有直接中断，而是输出对应的错误提示。

再次运行文件 5-14，在控制台中根据提示信息依次输入礼品编号为 1、会员编号为 cz202206112、兑换数量为 a，结果如图 5-31 所示。

图 5-31　文件 5-14 的运行结果（7）

从图 5-31 可以得出，当输入的礼品兑换数量为非数字时，程序没有直接中断，而是输出对应的错误提示。

至此，积分兑换功能完成。

单元小结

本单元主要介绍了异常的相关知识，包含什么是异常、编译时异常与运行时异常、try...catch 和 finally 语句、throws 语句、throw 语句、自定义异常等相关内容，并通过实现 2 个任务巩固了异常的相关知识。希望通过本单元的学习，读者能掌握 Java 中异常的应用，这对以后的实际开发大有裨益。

单元测试

请扫描二维码，查看本单元测试题目。

单元测试　单元 5

单元实训

请扫描二维码，查看本单元实训题目。

单元实训　单元 5

单元6

Java API

PPT: 单元6 Java API

教学设计: 单元6 Java API

学习目标

知识目标	● 掌握 String 类的初始化方法，能够说出 String 类的两种初始化方式 ● 熟悉 StringBuffer 类，能够说出 StringBuffer 类和 String 类的区别 ● 熟悉包装类，能够说出基本数据类型对应的包装类 ● 熟悉 DateTimeFormatter 类，能够说出 DateTimeFormatter 类的作用
技能目标	● 掌握 String 类常用方法的使用，能够使用 String 类的方法操作字符串 ● 掌握 StringBuffer 类常用方法的使用，能够使用 StringBuffer 类的方法操作字符串 ● 熟悉 Random 类的使用，能够使用 Random 类生成随机数字 ● 熟悉 Math 类的使用，能够使用 Math 类解决程序中科学计算的问题 ● 掌握 LocalDate 类的使用，能够使用 LocalDate 类的常用方法获取和处理日期 ● 掌握 LocalTime 类的使用，能够使用 LocalTime 类的常用方法获取和处理时间 ● 掌握 LocalDateTime 类的使用，能够使用 LocalDateTime 类的常用方法获取和处理日期和时间 ● 掌握 DateTimeFormatter 类的使用，能够使用 DateTimeFormatter 类格式化日期、时间，以及解析字符串为日期、时间对象

API（Application Programming Interface）指的是应用程序编程接口。假设编写一个程序控制机器人踢足球，程序需要向机器人发出向前跑、向后跑、射门等各种指令。没有编写过程序的读者很难想象这样的程序如何编写。但是对于有经验的开发人员来说，知道机器人厂商一定会提供一些用于控制机器人的 Java 类，这些类中定义了操作机器人各种动作的方法。这些 Java 类就是机器人厂商提供给应用程序编程的接口，人们把这些类称为 Xxx Robot API（即 Xxx 厂家的机器人 API）。本单元涉及的 Java API 指的就是 JDK 中提供的各种功能的 Java 类，下面针对常见的 Java 类进行讲解。

任务6-1　食材入库记录

■ 任务描述

为了更好地掌握餐厅每天的经营情况，餐厅负责人每天下班前都会盘点当天食材的入库和消耗情况，进而计算当天的营收和次日的采购计划。餐厅负责人要求餐厅食材采购人员采购结束后，在餐厅助手系统中记录采购明细。本任务要求编写一个程序，对食材入库进行记录，效果如图 6-1 所示。

■ 知识储备

1. String 类的初始化

字符串是由一对英文半角双引号括起来的有限字符序列，如 "abc"、"Hello World" 等。Java 提供了专门表示字符串的类 String，String 类提供了一系列操作字符串的方法，它位于 java.lang 包中，不需要导入就可以直接使用。

使用 String 类进行字符串操作前，需要初始化一个 String 对象。在 Java 中可以通过以下两种方式对 String 对象进行初始化。

① 使用字符串常量直接初始化一个 String 对象，语法格式如下。

```
String 变量名 = 字符串;
```

使用上述语法格式初始化 String 对象时，既可以将 String 对象的初始化值设为空字符串，也可以初始化为一个具体的字符串，示例代码如下。

```
String str1 = "";        //将字符串str1设置为空字符串
String str2 = "abc";     //将字符串str2设置为abc
```

每个字符串常量都可以当成一个 String 类的对象使用，因此字符串常量可以直接调用 String 类中提供的方法，示例代码如下。

```
int len = "Hello World".length();
```

如果运行上述代码，len 得出的值为 11，即字符串包含字符的个数，其中包含 10 个英文字母和 1 个空格。

String 字符串一旦被创建，其内容和长度就不能再改变，如下面的代码。

```
String s = "hello";
s = "helloworld";
```

上述代码定义了一个类型为 String 的变量 s，并将字符串 hello 赋值给变量 s，接着将变量 s 重新赋值为 helloworld，这期间改变的是变量 s 的值，字符串 hello 和 helloworld 本身的值并未发生改变。

上述代码中变量 s 的内存变化如图 6-2 所示。

图 6-1　食材入库记录　　　　　　　　　图 6-2　变量 s 的内存变化

在图 6-2 中，s 在初始化时，其内存地址指向的是字符串常量池 "hello" 字符串的地址 0x001。当将 s 重新赋值时为 "helloworld" 时，程序会在常量池分配一块内存空间以存储 "helloworld" 字符串，然后将 s 指向 "helloworld" 字符串。由此可知，s 的值发生了变化，即 s 的指向发生了变化，但字符串 "hello" 被创建后，存储在常量池中，它的值不能被改变。

② 调用 String 类的构造方法初始化字符串对象，其语法格式如下。

```
String 变量名 = new String(字符串);
```

在上述语法中，字符串同样可以为空字符或为一个具体的字符串。当为具体字符串时，String 会根据参数类型调用相应的构造方法来初始化字符串对象。

String 类的常见构造方法见表 6-1。

表 6-1　String 类的常见构造方法

方法声明	功能描述
String()	创建一个内容为空字符的字符串
String(String value)	根据指定的 value 创建对象
String(char[] value)	根据指定的字符数组 value 创建对象
String(byte[] bytes)	根据指定的字节数组 bytes 创建对象

表 6-1 列出了 String 类的 4 个构造方法，通过调用不同参数的构造方法便可完成 String 类的初始化。下面通过案例学习 String 类的使用，在本例中通过调用 String 类的构造方法完成 String 类对象的创建与初始化，具体代码见文件 6-1。

文件 6-1　Example01.java

```
1    public class Example01 {
```

```
2         public static void main(String[] args) throws Exception {
3             // 创建内容为空字符的字符串
4             String str1 = new String();
5             // 创建内容为abcd的字符串
6             String str2 = new String("abcd");
7             // 创建一个字符数组
8             char[] charArray = new char[] { 'D', 'E', 'F' };
9             String str3 = new String(charArray);
10            // 创建一个字节数组
11            byte[] arr = {97,98,99};
12            String str4 = new String(arr);
13            System.out.println("str1= " + str1);
14            System.out.println("str2= " + str2);
15            System.out.println("str3= " + str3);
16            System.out.println("str4= " + str4);
17        }
18 }
```

在文件 6-1 中，第 4 ～ 12 行代码通过调用构造方法的方式创建了 4 个 String 对象。其中，第 4 行
代码调用的是无参构造方法创建了空字符串并赋值给变量 str1，

第 6 行代码通过调用字符串类型参数的构造方法创建了一个字
符串并赋值给变量 str2，第 9 行代码通过调用字符数组类型参数
的构造方法创建了一个字符串并赋值给变量 str3，第 12 行代码
通过调用字节数组类型参数的构造方法创建了一个字符串并赋
值给变量 str4，第 13 ～ 16 行代码分别输出这 4 个字符串对象
的内容。

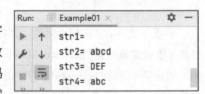

图 6-3   文件 6-1 的运行结果

文件 6-1 的运行结果如图 6-3 所示。

2. String 类的常用方法

在实际开发中，String 类的应用非常广泛，在 Java 程序中可以调用 String 类提供的方法操作
字符串。String 类的常用方法见表 6-2。

表 6-2   String 类的常用方法

方法声明	功能描述
int length()	返回当前字符串的长度，即字符串中字符的个数
int indexOf(int ch)	返回指定字符 ch 在字符串中第一次出现的位置
int lastIndexOf(int ch)	返回指定字符 ch 在字符串中最后一次出现的位置
int indexOf(String str)	返回指定子字符串 str 在字符串中第一次出现的位置
int lastIndexOf(String str)	返回指定子字符串 str 在字符串中最后一次出现的位置
char charAt(int index)	返回字符串中 index 位置上的字符，其中 index 的取值范围为 0 ～（字符串长度 -1）
boolean endsWith(String suffix)	判断该字符串是否以指定的字符串 suffix 结尾
boolean equals(Object obj)	比较 obj 与当前字符串对象的内容是否相同
boolean equalsIgnoreCase(String str)	以忽略大小写的方式比较 str 与当前字符串对象的内容是否相同

续表

方法声明	功能描述
int compareTo(String str)	按对应字符的 Unicode 编码比较 str 与当前字符串的大小。若当前字符串比 str 大，返回正整数；若当前字符串比 str 小，返回负整数；若相等，返回 0
int compareToIgnoreCase(String str)	按对应字符的 Unicode 编码以忽略大小写的方式比较 str 与当前字符串的大小。若当前字符串比 str 大，返回正整数；若当前字符串比 str 小，返回负整数；若相等，返回 0
boolean isEmpty()	判断字符串长度是否为 0，如果为 0，返回 true，反之则返回 false
boolean startsWith(String prefix)	判断该字符串是否以指定的字符串 prefix 开始
boolean contains(CharSequence cs)	判断该字符串中是否包含指定的字符序列 cs
String toLowerCase()	使用默认语言环境的规则将 String 中的所有字符都转换为小写
String toUpperCase()	使用默认语言环境的规则将 String 中的所有字符都转换为大写
static String valueOf(int i)	将 int 类型的 i 转换为字符串
char[] toCharArray()	将该字符串转换为一个字符数组
String replace(CharSequence oldstr, CharSequence newstr)	使用 newstr 替换字符串中的 oldstr，返回一个新的字符串
String concat(String str)	将指定的字符串 str 连接到当前字符串的末尾
String[] split(String regex)	根据参数 regex 将当前字符串分割为若干个子字符串
String substring(int beginIndex)	返回一个新字符串，它包含从指定的 beginIndex 处开始，直到该字符串末尾的所有字符
String substring(int beginIndex, int endIndex)	返回一个新字符串，它包含从指定的 beginIndex 处开始，直到索引 endIndex−1 处的所有字符
String trim()	去除原字符串首尾的空格

表 6-2 列出了 String 类的常用方法，为了让读者掌握这些方法的作用，下面通过一些案例学习如何使用 String 类提供的方法操作字符串，具体介绍如下。

（1）获取字符串长度以及访问字符串中的字符

在 Java 程序中，有时需要获取字符串的一些信息，如字符串长度、指定索引位置的字符等。针对这些需求，String 类都提供了对应的方法。下面通过案例学习如何使用 String 类的方法获取字符串长度、访问字符串中的字符，以及获取字符串中指定字符的位置，见文件 6-2。

文件 6-2　Example02.java

```
1   public class Example02 {
2       public static void main(String[] args) {
3           String s = "ababcdedcba"; // 定义字符串s
4           //获取字符串长度，即字符个数
5           System.out.println("字符串的长度为: " + s.length());
6           System.out.println("字符串中第一个字符:" + s.charAt(0));
```

```
7            System.out.println("字符c第一次出现的位置:" + s.indexOf('c'));
8            System.out.println("字符c最后一次出现的位置:" + s.lastIndexOf('c'));
9            System.out.println("子字符串ab第一次出现的位置: " + s.indexOf("ab"));
10           System.out.println("子字符串ab字符串最后一次出现的位置: " +
11               s.lastIndexOf("ab"));
12       }
13   }
```

在文件 6-2 中，通过调用 String 类的一些常用方法获取了字符串的长度以及位置等信息。其中，第 3 行代码创建了字符串对象"ababcdedcba"，并赋值给变量 s；第 5 行代码调用 length() 方法获取了字符串的长度；第 6 行代码调用 charAt() 方法向方法中传入参数 0，表示获取字符串的第一个字符；第 7 行代码调用 indexOf() 方法向方法中传入字符参数 c，表示获取字符 c 在字符串中第一次出现的位置；第 8 行代码调用 lastIndexOf() 方法向方法中传入字符参数 c，表示获取字符 c 在字符串中最后一次出现的位置；第 9 行代码调用 indexOf() 方法向方法中传入字符串参数 ab，表示获取子字符串 ab 在字符串中第一次出现的位置；第 10、11 行代码调用 lastIndexOf() 方法向方法中传入字符串参数 ab，表示获取字符串 ab 在字符串中最后一次出现的位置。

文件 6-2 的运行结果如图 6-4 所示。

（2）字符串的转换操作

程序开发中，经常需要对字符串进行转换操作，如将字符串转换为数组的形式，将字符串中的字符进行大小写转换等。下面通过案例演示字符串的转换操作，见文件 6-3。

文件 6-3　Example03.java

```
1    public class Example03 {
2        public static void main(String[] args) {
3            String str = "abcd";
4            System.out.print("将字符串转换为字符数组后的结果:");
5            char[] charArray = str.toCharArray(); // 字符串转换为字符数组
6            for (int i = 0; i < charArray.length; i++) {
7                if (i != charArray.length - 1) {
8                    //如果不是数组的最后一个元素,在元素后面加逗号
9                    System.out.print(charArray[i] + ",");
10               } else {
11                   //如果是数组的最后一个元素,则在元素后不加逗号
12                   System.out.println(charArray[i]);
13               }
14           }
15           System.out.println("将int值转换为String类型后的结果:" +
16               String.valueOf(12));
17           System.out.println("将字符串转换为大写后的结果:" +
18               str.toUpperCase());
19           System.out.println("将字符串转换为小写后的结果:" +
20               str.toLowerCase());
21       }
22   }
```

在文件 6-3 中，第 5 行代码调用 String 类的 toCharArray() 方法将字符串转换为一个字符数组 charArray，第 6 ～ 14 行代码使用 for 循环输出字符串数组 charArray，第 15、16 行代码调用静态方法 valueOf() 将一个 int 类型的整数转为字符串，第 17、18 行代码调用 toUpperCase() 方法将字符串中的字符转换为大写，第 19、20 行代码调用 toLowerCase() 方法将字符串中的字符转换为小写。

文件 6-3 的运行结果如图 6-5 所示。

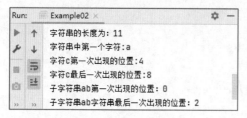

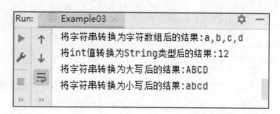

图 6-4　文件 6-2 的运行结果　　　　　　　　　　图 6-5　文件 6-3 的运行结果

注意：

valueOf() 方法有多种重载的形式，float、double、char 等其他基本类型的数据都可以通过 valueOf() 方法转换为 String 字符串类型。

（3）字符串的替换和去除空格操作

程序开发中，用户输入数据时经常会不小心输入错误的数据和空格，这时可以调用 String 类的 replace() 和 trim() 方法，进行字符串的替换和去除空格操作。trim() 方法用于去除字符串两端的空格，不能去除中间的空格。若想去除字符串中间的空格，可以调用 String 类的 replace() 方法，将空格字符串替换为空字符串。下面通过案例学习这两个方法的使用，见文件 6-4。

文件 6-4　Example04.java

```java
1   public class Example04 {
2       public static void main(String[] args) {
3           String s = "itcast";
4           //字符串替换操作
5           System.out.println("将it替换成cn.it的结果:" + s.replace("it",
6               "cn.it"));
7           //字符串去除空格操作
8           String s1 = "    i t c a s t    ";
9           System.out.println("去除字符串两端空格后的结果:" + s1.trim());
10          System.out.println("去除字符串中所有空格后的结果:" + s1.replace(" ",
11              ""));
12      }
13  }
```

在文件 6-4 中，第 5、6 行代码调用 replace() 方法将字符串中的"it"替换为"cn.it"，第 9 行代码调用 trim() 方法去除字符串两端的空格，第 10 行代码调用 replace() 方法将字符串中的空格替换为空字符串，实现了去除字符串中的所有空格。

文件 6-4 的运行结果如图 6-6 所示。

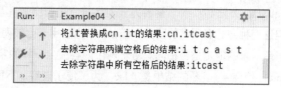

图 6-6　文件 6-4 的运行结果

（4）字符串判断

　　操作字符串时，经常需要对字符串进行判断，如判断字符串是否以指定的字符串开始、结束，判断字符串是否包含指定的字符串，字符串是否为空等。下面通过案例演示如何调用 String 类提供的方法进行字符串判断，见文件 6-5。

文件 6-5　Example05.java

```
1    public class Example05 {
2        public static void main(String[] args) {
3            String s1 = "String"; // 定义一个字符串
4            String s2 = "string";
5            System.out.println("s1字符串对象是否以Str开头:" +
6                    s1.startsWith("Str"));
7            System.out.println("s1是否以字符串ng结尾:" + s1.endsWith("ng"));
8            System.out.println("s1是否包含字符串tri:" + s1.contains("tri"));
9            System.out.println("s1字符串是否为空:" + s1.isEmpty());
10           System.out.println("s1和s2内容是否相同:" + s1.equals(s2));
11           System.out.println("忽略大小写的情况下s1和s2内容是否相同:" +
12                   s1.equalsIgnoreCase(s2));
13           System.out.println("按对应字符的Unicode比较s1和s2的大小:" +
14                   s1.compareTo(s2));
15       }
16   }
```

　　在文件 6-5 中，通过调用 String 类的一些常用方法对定义的字符串信息进行判断。其中，第 3 ～ 4 行代码创建了名称为 s1 和 s2 的字符串对象，并分别赋值为 String 和 string。第 5 ～ 6 行代码调用 startsWith() 方法判断字符串对象 s1 是否以 Str 开头。第 7 行代码使用 s1 对象调用 endsWith() 方法，并向方法中传入字符串参数 ng，表示判断字符串对象 s1 是否以 ng 结尾。

　　第 8 行代码通过 s1 对象调用 contains() 方法，并向方法中传入字符串参数 tri，表示判断字符串对象 s1 是否包含子字符串 tri。第 9 行代码通过 s1 对象调用 isEmpty() 方法，表示判断字符串对象 s1 是否为空字符串。第 10 行代码通过 s1 对象调用 equals() 方法，并向方法中传入对象参数 s2，表示判断 s1 和 s2 内容是否相同。

　　第 11、12 行代码通过 s1 对象调用 equalsIgnoreCase() 方法，并向方法中传入对象参数 s2，表示在忽略大小写的情况下判断 s1 和 s2 内容是否相同。第 13、14 行代码通过 s1 对象调用 compareTo() 方法，并向方法中传入对象参数 s2，表示按对应字符的 Unicode 比较 s1 和 s2 的大小。

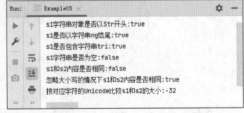

图 6-7　文件 6-5 的运行结果

　　文件 6-5 的运行结果如图 6-7 所示。

　　在判断两个字符串是否相等时，可以通过 equals() 方法和 "==" 两种方式对字符串进行比较，但这两种方式有明显的区别。equals() 方法用于比较两个字符串内容是否相等，== 用于比较两个字符串对象的地址是否相同。对于两个内容完全一样的字符串对象，调用 equals() 方法判断的结果是 true，使用 == 判断的结果是 false。为了便于理解，下面给出示例代码。

String str1 = new String("abc");

```
String str2 = new String("abc");
// 使用==判断的结果为false，因为str1和str2是两个对象，地址不同
System.out.println(str1 == str2);
// 使用equals()判断的结果为true，因为str1和str2的字符内容相同
System.out.println(str1.equals(str2));
```

（5）字符串的截取和分割操作

在操作字符串时，截取和分割也是经常要执行的操作，例如，截取文本中某一段内容，使用特殊符号将字符串分割为若干段。String 类提供了 substring() 和 split() 方法分别实现字符串的截取和分割操作，substring() 方法用于截取字符串的一部分，split() 方法用于将字符串按照某个字符进行分割。下面通过案例学习这两个方法的使用，见文件 6-6。

文件 6-6　Example06.java

```
1   public class Example06 {
2       public static void main(String[] args) {
3           String str = "石家庄-武汉-哈尔滨";
4           //下面是字符串截取操作
5           System.out.println("从第5个字符截取到末尾的结果：" +
6                   str.substring(4));
7           System.out.println("从第5个字符截取到第6个字符的结果：" +
8                   str.substring(4, 6));
9           //下面是字符串分隔操作
10          System.out.print("分隔后的字符串数组中的元素依次为:");
11          String[] strArray = str.split("-"); //将字符串转换为字符串数组
12          for (int i = 0; i < strArray.length; i++) {
13              if (i != strArray.length - 1) {
14                  //如果不是数组的最后一个元素，在元素后面加逗号
15                  System.out.print(strArray[i] + ",");
16              } else {
17                  //数组的最后一个元素后面不加逗号
18                  System.out.println(strArray[i]);
19              }
20          }
21      }
22  }
```

在文件 6-6 中，第 3 行代码定义了名称为 str 的字符串；第 5 ～ 6 行代码调用 substring() 方法截取字符串，在 substring() 方法中传入参数 4，表示从字符串 str 索引为 4 的位置开始截取字符串；第 7 ～ 8 行代码调用 substring() 方法截取字符串，在 substring() 方法中传入参数 4 和 6，表示截取索引 4 到索引 5 的字符串；第 10 ～ 20 行代码先调用 split() 方法，使用 "-" 符号分割字符串，并将分割后的字符串存放在字符串数组 strArray 中，最后在 for 循环中遍历输出 strArray 数组中的元素，遍历输出时，使用 if 条件语句判断元素是否为 strArray 数组的最后一个元素，若不是最后一个元素，则在该元素末尾添加 ","。

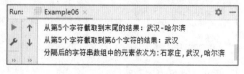

图 6-8　文件 6-6 的运行结果

文件 6-6 的运行结果如图 6-8 所示。

脚下留心：字符串索引越界异常

String 字符串在获取某个字符时，会用到字符的索引，当访问字符串中的字符时，如果字符的索引不存在，则会发生字符串索引越界异常（StringIndexOutOfBoundsException）。

下面通过案例演示字符串索引越界异常，见文件 6-7。

文件 6-7　Example07.java

```
1    public class Example07 {
2        public static void main(String[] args) {
3            String s = "itcast";
4            System.out.println(s.charAt(8));
5        }
6    }
```

文件 6-7 的运行结果如图 6 9 所示。

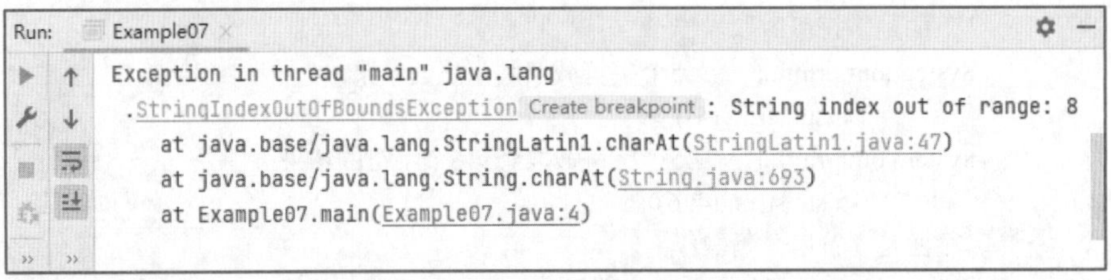

图 6-9　文件 6-7 的运行结果

由图 6-9 可知，访问字符串中的字符时，不能超出字符的索引范围，否则会出现异常，这与数组中的索引越界异常很相似。

3. StringBuffer 类

在 Java 中，String 类是 final 修饰的，使用 String 类创建字符串时，其内容和长度不可变。为了更高效地处理字符串，Java 提供了 StringBuffer 类操作字符串。StringBuffer 类和 String 类最大的区别在于，它的内容和长度都是可以改变的。StringBuffer 类如同一个字符容器，当在其中添加或删除字符时，所操作的都是这个字符容器，并不会产生新的 StringBuffer 对象。

StringBuffer 类可以更高效地处理字符串，其常用方法见表 6-3。

表 6-3　StringBuffer 类的常用方法

方法声明	功能描述
StringBuffer()	创建初始容量为 16、不含任何内容的字符串缓冲区
StringBuffer(int capacity)	创建初始容量为 capacity、不含任何内容的字符串缓冲区
StringBuffer(String s)	创建初始容量为 s.length()+16、内容为 s 的字符串缓冲区
int length()	获取缓冲区中字符串内容的长度
int capacity()	获取字符串缓冲区的当前容量

续表

方法声明	功能描述
StringBuffer append(char c)	添加参数到 StringBuffer 对象中
StringBuffer insert(int offset,String str)	在字符串的 offset 位置插入字符串 str
StringBuffer deleteCharAt(int index)	移除该序列指定位置的字符
StringBuffer delete(int start,int end)	删除 StringBuffer 对象中指定范围的字符或字符串序列
StringBuffer replace(int start,int end,String s)	在 StringBuffer 对象中替换指定的字符或字符串序列
void setCharAt(int index, char ch)	修改指定位置 index 处的字符序列
String toString()	返回 StringBuffer 缓冲区中的字符串
StringBuffer reverse()	反转字符串
String substring(int start)	获取缓冲区中字串从索引 start（含）至末尾的子串
String substring(int start,int end)	获取缓冲区中字符串从索引 start（含）至索引 end（不含）的子串
String toString()	获取缓冲区中的字符串

　　表 6-3 中列出了 StringBuffer 类的一些常用方法，下面通过案例学习表 6-3 中方法的具体使用，见文件 6-8。

文件 6-8　Example08.java

```
1    public class Example08 {
2        public static void main(String[] args) {
3            System.out.println("1.添加------------------------");
4            add();
5            System.out.println("2.删除------------------------");
6            remove();
7            System.out.println("3.修改------------------------");
8            alter();
9            System.out.println("4.截取------------------------");
10           sub();
11       }
12       public static void add() {
13           StringBuffer sb = new StringBuffer();              //定义一个字符串缓冲区
14           sb.append("abcdefg");                              //在末尾添加字符串
15           sb.append("hij").append("klmn");                  //调用append()方法添加字符串
16           System.out.println("append添加结果： " + sb);
17           sb.insert(2, "123");                              //在指定位置插入字符串
18           System.out.println("insert添加结果： " + sb);
19       }
20       public static void remove() {
21           StringBuffer sb = new StringBuffer("abcdefg");
```

```
22          sb.delete(1, 5);                            //指定范围删除
23          System.out.println("删除指定位置结果：" + sb);
24          sb.deleteCharAt(2);                         //指定位置删除
25          System.out.println("删除指定位置结果：" + sb);
26          sb.delete(0, sb.length());                  //清空缓冲区
27          System.out.println("清空缓冲区结果：" + sb);
28      }
29      public static void alter() {
30          StringBuffer sb = new StringBuffer("abcdef");
31          sb.setCharAt(1, 'p');                       //修改指定位置字符
32          System.out.println("修改指定位置字符结果：" + sb);
33          sb.replace(1, 3, "qq");                     //替换指定位置字符串或字符
34          System.out.println("替换指定位置字符（串）结果：" + sb);
35          System.out.println("字符串翻转结果：" + sb.reverse());
36      }
37      public static void sub() {
38          StringBuffer sb = new StringBuffer(); //定义一个字符串缓冲区
39          System.out.println("获取sb的初始容量：" + sb.capacity());
40          sb.append("itcast123");                     //在末尾添加字符串
41          System.out.println("append添加结果：" + sb);
42          System.out.println("截取第7~9个字符：" + sb.substring(6,9));
43      }
44  }
```

在文件 6-8 中，第 12 ~ 19 行代码创建了 add() 方法，用于实现字符串的添加操作；第 13 行代码创建了一个 StringBuffer 类型的字符串对象 sb；第 14、15 行代码调用 append() 方法在字符串 sb 的末尾追加了新字符串；第 17 行代码调用 insert() 方法在字符串 sb 索引为 2 的位置插入字符串 "123"。

第 20 ~ 28 行代码定义了 remove() 方法，用于删除字符串；第 21 行代码创建了一个 StringBuffer 类型的字符串 sb；第 22 行代码调用 delete() 方法删除 sb 字符串索引从 1 到 5 的字符；第 24 行代码调用 deleteCharAt() 方法删除字符串索引 2 之后的所有字符；第 26 行代码调用 delete() 方法清空缓冲区。

第 29 ~ 36 行代码创建了 alter() 方法，用于实现字符串的替换和反转操作；第 30 行代码创建了一个 StringBuffer 类型的字符串 sb；第 31 行代码调用 setCharAt() 方法修改索引为 1 的字符为 "p"；第 33 行代码调用 replace() 方法替换索引从 1 到 3 的字符为 "qq"；第 35 行代码调用 reverse() 方法将字符串反转并输出。

第 37 ~ 43 行代码定义了 sub() 方法，用于实现字符串的截取操作；第 38 行代码创建了一个 StringBuffer 类型的字符串缓冲区 sb；第 39 行代码调用 capacity() 方法获取了字符串缓冲区 sb 的初始容量并输出；第 40 行代码调用 append() 方法在字符串 sb 的末尾追加了新字符串；第 42 行代码调用 substring() 方法截取索引 6 到 8 的字符串并输出。

文件 6-8 的运行结果如图 6-10 所示。

图 6-10　文件 6-8 的运行结果

　　字符串是 Java 程序中经常处理的对象之一，在程序中操作字符串时，需要保持精益求精的态度，最大程度选择迅速、准确的方式实现任务，确保程序高质量、高效率执行。

　　4. 包装类

　　在 Java 中很多类的方法都需要接收引用类型的对象，此时无法传入一个基本数据类型的值。为了解决这样的问题，JDK 提供了一系列包装类，通过这些包装类可以将基本数据类型的值包装成引用数据类型的对象。Java 中每种基本类型都有对应的包装类，具体见表 6-4。

表 6-4　Java 中基本数据类型对应的包装类

基本数据类型	对应的包装类	基本数据类型	对应的包装类
byte	Byte	long	Long
char	Character	float	Float
int	Integer	double	Double
short	Short	boolean	Boolean

　　表 6-4 列举了 8 种基本数据类型及其对应的包装类。除了 Integer 类和 Character 类，其他对应的包装类名称都与其基本数据类型一样，只不过首字母需要大写。

　　除了 Character 和 Boolean 是 Object 类的直接子类外，Integer、Byte、Float、Double、Short、Long 都属于 Number 类的子类。Number 类是一个抽象类，其本身提供了一些返回以上 6 种基本数据类型的方法，Number 类的方法主要是将数字包装类中的内容转换为基本数据类型，具体见表 6-5。

表 6-5　Number 类中定义的方法

方法	方法描述
byte byteValue()	以 byte 形式返回指定的数值
short shortValue()	以 short 形式返回指定的数值
abstract double doubleValue()	以 double 形式返回指定的数值
abstract float floatValue()	以 float 形式返回指定的数值
abstract int intValue()	以 int 形式返回指定的数值
abstract long longValue()	以 long 形式返回指定的数值

　　将一个基本数据类型转变为包装类的过程称为装箱操作，反之，将一个包装类转变为基本数据类型的过程称为拆箱操作。

　　下面以 int 类型的包装类 Integer 为例，通过案例演示装箱与拆箱的过程，见文件 6-9。

文件 6-9　Example09.java

```
1  public class Example09 {
2      public static void main(String args[]) {
3          int a = 20;                      //声明一个基本数据类型
4          Integer in = new Integer(a);     //装箱：将基本数据类型转换为包装类
5          System.out.println("装箱："+in);
6          int temp = in.intValue();        //拆箱：将一个包装类转换为基本数据类型
7          System.out.println("拆箱："+temp);
8      }
9  }
```

　　文件 6-9 演示了包装类 Integer 的装箱过程和 int 的拆箱过程，在创建 Integer 对象时，将 int 类型的变量 a 作为参数传入，从而将 int 类型的 a 转换为 Integer 类型的 in。在创建基本数据类型的 int 变量时，Integer 类型的对象 in 通过调用 intValue() 方法，将数据类型转换为 int 类型。

　　文件 6-9 的运行结果如图 6-11 所示。

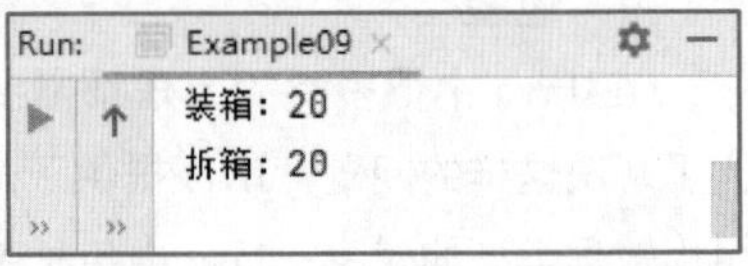

　　通过查看 JDK 的 API 文档可以知道，Integer 类除了具有 Object 类的所有方法外，还有一些特有的方法，见表 6-6。

图 6-11　文件 6-9 的运行结果

表 6-6　Integer 类特有的方法

方法声明	功能描述
Integer valueOf(int i)	返回一个表示指定 int 值的 Integer 实例
Integer valueOf(String s)	返回保存指定 String 值的 Integer 对象
int parseInt(String s)	将字符串参数作为有符号的十进制整数进行解析
int intValue()	将 Integer 类型的值以 int 类型返回

　　表 6-6 列举了 Integer 类特有的方法，其中 intValue() 方法可以将 Integer 类型的值转换为 int 类型，这个方法可以用来进行手动拆箱操作。parseInt(String s) 方法可以将一个字符串形式的数值转换为 int 类型，valueOf(int i) 可以返回指定的 int 值为 Integer 实例。下面通过案例演示这些方法的使用，见文件 6-10。

文件 6-10　Example10.java

```
1  public class Example10 {
2      public static void main(String args[]) {
3          Integer num = new Integer(20);       //手动装箱
4          int sum = num.intValue() + 10;       //手动拆箱
5          System.out.println("将Integer类值转换为int类型后与10求和为："+ sum);
6          System.out.println("返回表示10的Integer实例为：" +
7                  Integer.valueOf(10));
```

```
8              int w = Integer.parseInt("20")+32;
9              System.out.println("将字符串转换为整数位：" + w);
10    }
11 }
```

在文件 6-10 中，第 3 ~ 5 行代码演示了手动装箱和拆箱的过程，在创建 Integer 对象时，将 int 类型的值 20 作为参数传入，将其转换为 Integer 类型并赋值给 Integer 类型的对象 num。num 通过调用 intValue() 方法，转换为 int 类型，从而可以与 int 类型的值 10 进行加法运算，最终将运算结果正确输出。第 6 ~ 7 行代码调用 valueOf() 方法将 int 类型的值转换为 Integer 对象并输出。第 8 行代码中，Integer 对象通过调用包装类 Integer 的 parseInt() 方法将字符串转换为 int 类型，从而可以与 int 类型的常量 10 进行加法运算。

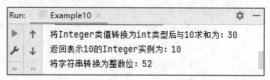

图 6-12　文件 6-10 运行结果

文件 6-10 的运行结果如图 6-12 所示。

脚下留心：使用包装类时的注意事项

使用包装类时，需要注意以下几点。

① 包装类都重写了 Object 类中的 toString() 方法，以字符串形式返回被包装的基本数据类型的值。

② 除了 Character 外，包装类都有 valueOf(String s) 方法，可以根据 String 类型的参数创建包装类对象。参数 s 不能为 null，必须是可以解析为相应基本类型的数据，否则虽然编译通过，但运行时会报错。具体示例如下。

```
Integer i = Integer.valueOf("123");          //合法
Integer i = Integer.valueOf("12a");          //不合法，12a不能被正确解析为基本类型数据
```

③ 除了 Character 外，包装类都有 parseXxx(String s) 的静态方法，该方法的作用是将字符串转换为对应的基本类型数据。参数 s 不能为 null，必须可以解析为相应的基本类型数据，否则虽然编译通过，但运行时会报错。具体示例如下。

```
int i = Integer.parseInt("123");             //合法
Integer in = Integer.parseInt("itcast");     //不合法
```

■ 任务分析

根据任务描述得知，本任务的目标是记录食材入库，通过学习知识储备的内容，可以使用下列思路实现。

① 提示用户输入要入库的食材名称和数量，使用字符串存储。考虑到用户每次入库的食材可能有多种，这里可以使用 StringBuffer 存储入库的食材名称和数量，直到入库完成，输出 StringBuffer 存储的所有数据。

② 统计最终入库食材的总数量。由于食材入库时，食材和入库的数量之间通过符号 "-" 连接，可以根据符号 "-" 切割入库信息，获取食材的入库数量，并对数量进行累加，完成入库总数量的输出。

■ 任务实现

结合任务分析的思路，下面完成食材入库记录功能，具体如下。

（1）实现食材入库记录

在项目的 src 目录下创建类包 task01，在 task01 类包下创建入库记录类 Incoming，在 Incoming 类中实现入库信息的输入，以及食材入库记录。具体代码见文件 6-11。

文件 6-11　Incoming.java

```
1   import java.util.Scanner;
2   public class Incoming {
3       //创建StringBuffer对象用于存放输入的入库信息
4       static StringBuffer sb = new StringBuffer();
5       //用于存放总入库数量
6       static int inNum;
7       public static void main(String[] args) {
8           System.out.println("--------食材入库---------");
9           Scanner sc = new Scanner(System.in);
10          sb.append("本次入库详情： " + "\r\n");
11          boolean flag = true;
12          while (flag) {
13              //调用记录食材入库的方法
14              inGoods();
15              System.out.print("是否继续入库(是输入Y,否输入N)： ");
16              String s = sc.next();
17              //判断是否继续入库
18              if ("N".equals(s.toUpperCase())) {
19                  flag = false;
20              }
21          }
22          System.out.print(sb.toString() + "入库总数量： " + inNum);
23      }
24      public static void inGoods() {
25          Scanner sc = new Scanner(System.in);
26          System.out.println("请输入入库信息（格式：食材名称-入库数量）： ");
27          String str = sc.next();
28          //如果输入的入库信息不包含分隔符"-"，则输入的格式错误
29          if (!str.contains("-")) {
30              System.out.println("格式错误！ ");
31          } else {
32              //将输入的入库信息追加到StringBuffer中
33              sb.append(str + "\r\n");
34              String[] arr = str.split("-");
35              //将入库信息中的食材数量转换为数字，并进行累加
36              inNum += Integer.valueOf(arr[1]);
37          }
38      }
39  }
```

上述代码中，第 3 行代码创建了一个 StringBuffer 对象，用于存放输入的入库信息。第 6 行代码定义了一个变量 inNum，用于存放入库总数量。第 7 ~ 23 行代码定义了 main() 方法，用于根据输入的入库信息，记录本次入库的详情和入库总数量。其中，第 10 行代码在追加入库信息之前，添加了提示内容，\r\n 为换行的作用；第 14 行调用记录食材入库的方法，每日记录完一次食材入库后，可以选择是否继续入库。

第 24 ~ 38 行代码定义了记录食材入库的方法 inGoods()，其中第 29 行判断输入的内容格式是否正确，第 33 行代码将每次输入的入库信息追加到 StringBuffer 中，第 34 行代码将入库信息进行切割，第 36 行代码将切割后的食材数量转换为 int 类型，并累加到入库总数量中。

（2）测试食材入库记录

运行文件 6-11，在控制台中根据提示信息输入"青菜 -20"，结果如图 6-13 所示。

图 6-13　输入入库信息（1）

在图 6-13 中，输入 Y 后，继续输入"草鱼 -15"，结果如图 6-14 所示。

在图 6-15 中，输入 N，结束入库信息的输入，结果如图 6-15 所示。

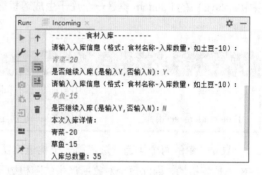

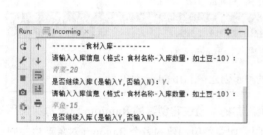

图 6-14　输入入库信息（2）

图 6-15　结束入库

从图 6-15 可以看到，结束入库信息的输入后，控制台输出了刚才两次输入的入库信息，以及入库总数量，完成了食材入库记录。

至此，食材入库记录功能完成。

知识拓展 6.1　StringBuilder 类

任务6-2　代金券支付抵扣

■ 任务描述

传智餐厅会员积分不仅可以兑换礼品，还可以抽取代金券。顾客在支付订单时，可以选择使用 100 积分抽取一次代金券，从而抵扣部分消费金额。已知顾客每次可抽取的代金券金额是 0 ~ 10 元的随机金额，本任务要求编写一个程序实现代金券支付抵扣，结果如图 6-16 所示。

```
-------订单提交页面-------
订单详情：
菜品名称:油焖大虾,单价:56.6元,数量:1,小计:56.6元
菜品名称:米饭,单价:2.0元,数量:2,小计:4.0元
订单总金额： 60.6元
是否花费100积分抽取代金券（Y/N）：y
代金券可抵扣： 9.0元，您需要支付：51.6元
```

```
-------订单提交页面-------
订单详情：
菜品名称:油焖大虾,单价:56.6元,数量:1,小计:56.6元
菜品名称:米饭,单价:2.0元,数量:2,小计:4.0元
订单总金额： 60.6元
是否花费100积分抽取代金券（Y/N）：n
代金券可抵扣： 0.0元，您需要支付：60.6元
```

图 6-16　代金券支付抵扣

■ 知识储备

1. Random 类

在日常生活中存在很多不确定性和未知性，如天气、自然灾害等，人们需要保持乐观和积极的心态，不断适应不同的环境，调整自己的生活方式。程序的设计很大程度都需要依据生活中的场景进行设计和实现，所以有时也需要制造这种不确定性和未知性的场景，如在密码学中生成随机的密钥。Java 中的 Random 类是一个用于生成随机数的类，它提供了两个构造方法，见表 6-7。

表 6-7　Random 类的构造方法

方法声明	功能描述
Random()	使用当前机器时间创建一个 Random 对象
Random(long seed)	使用参数 seed 指定的种子创建一个 Random 对象

表 6-7 中的两个构造方法，第一个构造方法是无参的，通过它创建的 Random 对象每次使用的种子是随机的，因此每个对象所产生的随机数不同。如果希望创建的多个 Random 对象产生相同的随机数，则可以在创建对象时调用第二个构造方法，传入相同的参数 seed 即可。下面先采用第一种构造方法产生随机数，见文件 6-12。

文件 6-12　Example11.java

```
1   import java.util.Random;
2   public class Example11 {
3       public static void main(String args[]) {
4           Random random = new Random(); //不传入种子
5           //随机产生10个[0,100)之间的整数
6           for (int x = 0; x < 10; x++) {
7               System.out.println(random.nextInt(100));
8           }
9       }
10 }
```

在文件 6-12 中，第 4 行代码创建 Random 类的对象，第 7 行代码的 nextInt(100) 表示让 Random 类的对象 random 返回一个 0 ~ 100 之间（包括 0，但不包括 100）的随机整数，即返回的整数在 [0,100) 区间内。

运行文件 6-12 的结果如图 6-17 所示。

再次运行文件 6-12，结果如图 6-18 所示。

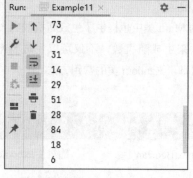

图 6-17 文件 6-12 的运行结果（1）　　图 6-18 文件 6-12 的运行结果（2）

由图 6-17 和图 6-18 可知，文件 6-12 运行两次产生的随机数序列是不一样的。这是因为创建 Random 对象时，没有指定种子，系统会以当前时间戳作为种子，产生随机数。由于每一时刻的时间戳都不一样，所以每一次运行时，产生的随机数也不一样。

下面将文件 6-12 稍做修改，采用第二种构造方法产生随机数，见文件 6-13。

文件 6-13　Example12.java

```
1   import java.util.Random;
2   public class Example12 {
3       public static void main(String args[]) {
4           Random r = new Random(13); //创建对象时传入种子
5           //随机产生10个[0,100)之间的整数
6           for (int x = 0; x < 10; x++) {
7               System.out.println(r.nextInt(100));
8           }
9       }
10  }
```

上述代码中，第 4 行代码创建 Random 对象时，传入 13 作为生成随机数的种子。

运行文件 6-13，结果如图 6-19 所示。

再次运行文件 6-13，结果如图 6-20 所示。

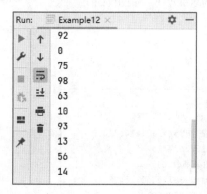
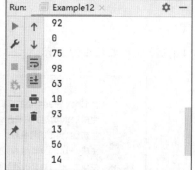

图 6-19 文件 6-13 的运行结果（1）　　图 6-20 文件 6-13 的运行结果（2）

由图 6-19 和图 6-20 可知，当创建 Random 对象时，如果指定了相同的种子，则对象产生的

随机数序列相同。

　　Java 的 Math 类中也提供了生成随机数的 random() 方法，相对于 Math 类，Random 类提供了更多的方法来生成随机数，不仅可以生成整数类型的随机数，还可以生成浮点类型的随机数。表 6-8 中列举了 Random 类的常用方法。

表 6-8　Random 类的常用方法

方法声明	功能描述
boolean nextBoolean()	随机生成boolean类型的随机数
long nextLong()	随机生成long类型的随机数
int nextInt()	随机生成int类型的随机数
int nextInt(int n)	随机生成[0~n)之间int类型的随机数
double nextDouble()	随机生成[0.0,1.0)之间double类型的随机数
float nextFloat()	随机生成[0.0,1.0)之间float类型的随机数

　　在表 6-8 中，nextBoolean() 方法返回的是 true 或 false。下面通过案例学习这些方法的使用，见文件 6-14。

文件 6-14　Example13.java

```
1    import java.util.Random;
2    public class Example13 {
3        public static void main(String[] args) {
4            Random r = new Random();                    //创建Random实例对象
5            System.out.println(" 生成boolean类型的随机数: " + r.nextBoolean());
6            System.out.println(" 生成long类型的随机数:" + r.nextLong());
7            System.out.println(" 生成int类型的随机数:" + r.nextInt());
8            System.out.println(" 生成0～100之间int类型的随机数:" +
9                    r.nextInt(100));
10           System.out.println(" 生成double类型的随机数:" + r.nextDouble());
11           System.out.println(" 生成float类型的随机数: " + r.nextFloat());
12       }
13   }
```

文件 6-14 的运行结果如图 6-21 所示。

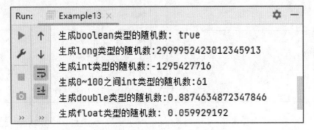

图 6-21　文件 6-14 的运行结果

由图 6-21 可知，文件 6-14 中通过调用 Random 类的不同方法分别产生了不同类型的随机数。

2. Math 类

Math 类是一个工具类，类中包含许多用于进行科学计算的方法，如计算一个数的平方根、绝对值等。因为 Math 类构造方法的访问权限是 private，所以无法创建 Math 类的对象，Math 类中的方法都是静态方法，可以直接通过类名进行调用。除静态方法外，Math 类中还定义了两个静态常量 PI 和 E，分别代表数学中的 π 和 e。

Math 类的常用方法见表 6-9。

表 6-9　Math 类的常用方法

方法声明	功能描述
abs(double a)	用于计算 a 的绝对值
sqrt(double a)	用于计算 a 的平方根
ceil(double a)	用于计算大于或等于 a 的最小整数，并将该整数转换为 double 型数据，如 Math.ceil(15.2) 的值是 16.0
floor(double a)	用于计算小于或等于 a 的最大整数，并将该整数转换为 double 型数据，如 Math.ceil(-15.2) 的值是 -16.0
round(double a)	用于计算小数 a 进行四舍五入后的值
max(double a,double b)	用于返回 a 和 b 的较大值
min(double a,double b)	用于返回 a 和 b 的较小值
random()	用于生成一个大于 0.0 小于 1.0 的随机值（包括 0 不包括 1）
sin(double a)	返回 a 的正弦值
asin(double a)	返回 a 的反正弦值
pow(double a,double b)	用于计算 a 的 b 次幂，即 a^b 的值

下面通过案例演示表 6-9 中 Math 类方法的应用，见文件 6-15。

文件 6-15　Example14.java

```
1    public class Example14 {
2        public static void main(String[] args) {
3            System.out.println("计算-10的绝对值: " + Math.abs(-10));
4            System.out.println("求大于5.6的最小整数: " + Math.ceil(5.6));
5            System.out.println("求小于-4.2的最大整数: " + Math.floor(-4.2));
6            System.out.println("对-4.6进行四舍五入: " + Math.round(-4.6));
7            System.out.println("求2.1和-2.1中的较大值: " + Math.max(2.1, -2.1));
8            System.out.println("求2.1和-2.1中的较小值: " + Math.min(2.1, -2.1));
9            System.out.println("生成一个[0,1.0)之间的随机值: " + Math.random());
10           System.out.println("计算1.57的正弦结果: "+Math.sin(1.57));
11           System.out.println("计算4的开平方的结果: "+Math.sqrt(4));
12           System.out.println("计算2的3次幂的值: "+Math.pow(2, 3));
13       }
14   }
```

在文件 6-15 中，第 3 行代码调用 Math 类的 abs() 方法计算 -10 的绝对值；第 4 行代码调用 Math 的 ceil() 方法计算大于 5.6 的最小整数；第 5 行代码调用 Math 的 floor() 方法计算小于 -4.2 的最大整数；第 6 行代码调用 Math 类的 round() 方法计算 -4.6 的四舍五入结果；第 7 行代码调用 Math 的 max() 方法求 2.1 与 -2.1 两个数的较大值；第 8 行代码调用 Math 类的 min() 方法求 2.1 与 -2.1 两个数的较小值；第 9 行代码调用 random() 方法生成一个 [0,1.0) 之间的随机值；第 10 行代码调用 sin() 方法计算 1.57 的正弦结果；第 11 行代码调用 sqrt() 方法计算 4 的平方根；第 12 行代码调用 pow() 方法计算 2^3 的值。

文件 6-15 的运行结果如图 6-22 所示。

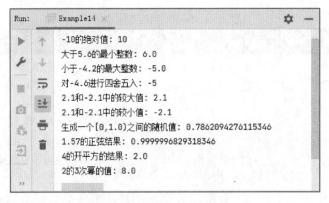

图 6-22　文件 6-15 的运行结果

■ 任务分析

根据任务描述得知，本任务的目标是抽取代金券用于订单支付抵扣，其代金券的金额为 0 ～ 10 之间的随机金额，通过学习知识储备的内容，可以使用下列思路实现。

① 定义一个表示消费菜品的类 ConsumerDish，该类封装了消费的菜品名称、菜品单价以及菜品消费数量。

② 定义一个实现代金券支付抵扣功能的类，该类首先展示了顾客的消费菜品信息，包括菜品名称、菜品单价、菜品消费数量以及每个菜品的消费金额，然后提示用户是否使用积分抽取代金券，如果用户选择抽取，那么会生成一个 0 ～ 10 元的随机金额，并使用 Math 类的 ceil() 方法获取大于或等于随机金额的最小整数作为代金券可抵扣金额，最后输出订单代金券抵扣的金额以及实际支付的金额。

■ 任务实现

结合任务分析的思路，下面分步骤实现代金券支付抵扣功能，具体步骤如下。

（1）定义菜品类

在项目 chapter06 的 src 目录下创建类包 task02，在 task02 下创建表示消费菜品的类 Dish，在 Dish 类中声明菜品名称、单价、消费数量属性，具体代码见文件 6-16。

文件 6-16　Dish.java

```
1   public class Dish {
2       //菜品名称
```

```
3          private String name;
4          //菜品单价
5          private double price;
6          //菜品消费数量
7          private int count;
8          public Dish(String name, double price, int count) {
9              this.name = name;
10             this.price = price;
11             this.count = count;
12         }
13         public String getName() {
14             return name;
15         }
16         public void setName(String name) {
17             this.name = name;
18         }
19         public double getPrice() {
20             return price;
21         }
22         public void setPrice(double price) {
23             this.price = price;
24         }
25         public int getCount() {
26             return count;
27         }
28         public void setCount(int count) {
29             this.count = count;
30         }
31         @Override
32         public String toString() {
33             return "菜品名称：" + name + ", 单价：" + price + "元" +
34                     ", 数量：" + count +", 小计：" + price*count + "元";
35         }
36 }
```

（2）实现代金券支付抵扣功能

在 task02 下创建用于实现代金券抵扣支付功能的类 Payment，在该类中定义 main() 方法，在 main() 方法中计算代金券支付抵扣情况，具体代码见文件 6-17。

文件 6-17　Payment.java

```
1   import java.util.Random;
2   import java.util.Scanner;
3   public class Payment {
4       public static void main(String[] args) {
5           Dish[] dishes = new Dish[]{
6                   new Dish("油焖大虾", 56.6, 1),
7                   new Dish("米饭", 2, 2)};
```

```
8          System.out.println("----------订单提交页面-----------");
9          //支付金额
10         double payNum = 0;
11         //抵扣金额
12         double saleNum = 0;
13         System.out.println("订单详情：");
14         for (int i = 0; i < dishes.length; i++) {
15             //输出订单中的每一个菜品
16             System.out.println(dishes[i]);
17             //获取总支付金额
18             payNum += dishes[i].getCount() * dishes[i].getPrice();
19         }
20         System.out.println("订单总金额：" + payNum+ "元") ;
21         System.out.print("是否花费100积分抽取代金券（Y/N）：");
22         Scanner sc = new Scanner(System.in);
23         String s1 = sc.next();
24         if ("Y".equals(s1.toUpperCase())) {
25             Random rd = new Random();
26             //获得0～10元的随机金额
27             saleNum = Math.ceil(rd.nextInt(10) + rd.nextDouble());
28             //更新支付金额
29             payNum -= saleNum;
30         }
31         System.out.println("代金券可抵扣：" + saleNum + "元" +
32                             "，您需要支付：" + payNum + "元");
33     }
34 }
```

上述代码中，第 5～7 行代码定义了一个菜品数组，用于模拟本次支付订单的菜品消费明细；第 10、11 行代码定义了 2 个变量，分别用于存储实际支付金额和抵扣金额；第 24～30 行代码用于随机生成代金券，并计算实际支付金额。

（3）测试代金券支付抵扣

运行文件 6-17，在控制台中根据提示信息输入 Y，结果如图 6-23 所示。

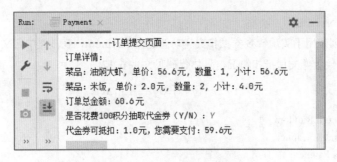

图 6-23　文件 6-17 的运行结果（1）

从图 6-23 可以得出，输入 Y 选择使用积分抽取代金券后，获得随机抵扣金额为 1 元，控制台提示最终支付金额为订单总金额减去代金券抵扣金额。

运行文件 6-17，在控制台中根据提示信息输入 N，结果如图 6-24 所示。

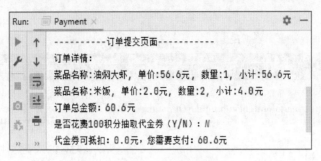

图 6-24　文件 6-17 的运行结果（2）

从图 6-24 可以得出，输入 N 表示不使用积分抽取代金券后，控制台提示最终支付金额为订单总金额。

至此，代金券支付抵扣功能完成。

任务6-3　生成订单

■ 任务描述

顾客将需要购买的菜品添加到购物车中，确认无误后，可以提交订单，进而生成对应的订单，程序默认提示订单预计的配送时间为订单生成的 10 分钟后。本任务要求编写程序，输出顾客提交订单后生成的订单，结果如图 6-25 所示。

图 6-25　生成订单

■ 知识储备

1. LocalDate 类

LocalDate 类是 JDK 8 新增的类，它不存储或表示时间或时区，只是描述日期。LocalDate 所表示的日期包括年、月和日 3 部分，如 2022-07-01 表示 2022 年 7 月 1 日。LocalDate 类提供了获取日期对象、获取日期的年月日、格式化日期、增减年月日等一系列方法，其中，LocalDate 类的常用方法见表 6-10。

表 6-10　LocalDate 类的常用方法

方法声明	功能描述
static LocalDate of(int year,Month month,int dayOfMonth)	根据指定的年、月和日获取 LocalDate 对象，其中 year 表示年份，month 表示月份，dayOfMonth 表示一个月中的哪一天
static LocalDate now()	从默认时区的系统时钟中获取当前日期对应的 LocalDate 对象
int getYear()	获取日期的年份字段
Month getMonth()	使用 Month 枚举获取月份字段
int getMonthValue()	获取当前日期的月份
int getDayOfMonth()	获取当月第几天字段
String format(DateTimeFormatter formatter)	使用指定的格式化程序格式化该日期
boolean isBefore(ChronoLocalDate other)	检查该日期是否在指定日期之前
boolean isAfter(ChronoLocalDate other)	检查该日期是否在指定日期之后
boolean isEqual(ChronoLocalDate other)	检查该日期是否等于指定日期
boolean isLeapYear()	检查这一年是否是闰年
static LocalDate parse(CharSequence text)	从一个文本字符串获取一个 LocalDate 的实例
static LocalDate parse(CharSequence text,Date-TimeFormatter formatter)	使用特定格式格式化 LocalDate 从文本字符串获取的 LocalDate 实例
LocalDate plusYears(long yearsToAdd)	在当前日期的年份中增加指定年份
LocalDate plusMonths(long monthsToAdd)	在当前日期的月份中增加指定月份
LocalDate plusDays(long daysToAdd)	在当前日期的天数中增加指定日数
LocalDate minusYears(long yearsToSubtract)	在当前日期的年份中减少指定年份
LocalDate minusMonths(long monthsToSubtract)	在当前日期的月份中减少指定月份
LocalDate minusDays(long daysToSubtract)	在当前日期的天数中减少指定日数
LocalDate withYear(int year)	根据参数 year 修改日期的年份，并返回修改后的日期
LocalDate withMonth(int month)	根据参数 month 修改日期的月份，并返回修改后的日期
LocalDate withDayOfMonth(int dayOfMonth)	根据参数 day of Month 修改日期的天数，并返回修改后的日期

表 6-10 列出了 LocalDate 类的一些常用方法，下面通过案例学习这些方法的使用，见文件 6-18。

文件 6-18　Example15.java

```java
1   import java.time.LocalDate;
2   public class Example15 {
3       public static void main(String[] args) {
4           System.out.println("1.获取LocalDate实例及日期对应年月日的相关方法" +
5               "--------");
6           //获取日期时分秒
7           LocalDate now = LocalDate.now();
8           LocalDate of = LocalDate.of(2022, 06, 15);
9           System.out.println("通过now()方法获取到的日期: "+now);
10          System.out.println("通过of()方法获取的日期的年月日: "
11              +of.getYear()+"年"+of.getMonthValue()+"月"
12              +of.getDayOfMonth()+"日");
13          System.out.println("2. LocalDate判断的相关方法----------------");
14          System.out.println("判断日期of是否在now之前: "+of.isBefore(now));
15          System.out.println("判断日期of是否在now之后: "+of.isAfter(now));
16          System.out.println("判断日期of和now是否相等: "+now.equals(of));
17          System.out.println("判断日期of是否是闰年: "+ of.isLeapYear());
18          //给出一个符合默认格式要求的日期字符串
19          System.out.println("3. LocalDate加减操作的相关方法---------");
20          System.out.println("将LocalDate实例now的年份加1后的结果是: "
21              +now.plusYears(1));
22          System.out.println("将LocalDate实例now的天数减10后的结果是: "
23              +now.minusDays(10));
24          System.out.println("将LocalDate实例now的年份设置为2021后的结果是: "
25              +now.withYear(2021));
26      }
27  }
```

在文件 6-18 中，第 7 ~ 12 行代码调用获取 LocalDate 实例及日期对应年月日的相关方法。其中，第 7 行代码调用 now() 方法获取系统当前日期对应的 LocalDate 实例 now，第 8 行代码根据参数指定的年月日获取 LocalDate 实例 of，第 9 行代码在控制台输出 now，第 10 ~ 12 行代码依次调用 LocalDate 类的 getYerar()、getMonthValue() 和 getDayOfMonth() 方法，获取 of 对应的年月日，并输出在控制台。

第 14 ~ 17 行代码调用了 LocalDate 判断的相关方法，用于对日期进行判断。其中，第 14 行代码使调用 isBefore() 判断日期 of 是否在当前时间之前，第 15 行代码调用 isAfter() 方法判断日期 of 是否在当前时间之后，第 16 行代码调用 equals() 方法判断日期 of 是否和日期 now 相等，第 17 行代码调用 isLeapYear() 方法判断日期 of 是否为闰年。

第 20 ~ 25 行代码调用了 LocalDate 类加减操作的相关方法。其中，第 20、21 行代码调用 plusYears() 方法将 now 对应的年份加 1，第 22、23 行代码调用 minusDays() 方法将 now 对应的天数减 10，第 24、25 行代码调用 withYear() 方法将 now 对应的年份设置为 2021 年。

文件 6-18 的运行结果如图 6-26 所示。

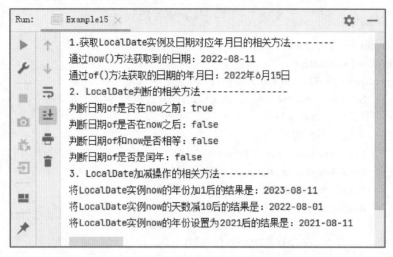

图 6-26　文件 6-18 的运行结果

2. LocalTime 类

LocalTime 类用来表示不带时区的时间，只对时、分、秒、毫秒做出处理，默认格式为时：分：秒 . 毫秒，如 11:23:40.051942200。与 LocalDate 类一样，LocalTime 类不能代表时间线上的即时信息，只是描述时间。

LocalTime 类中提供了获取时间对象的方法，以及增减时分秒等常用方法，这些方法与 LocalDate 类中的方法用法类似，这里不再详细列举。下面通过案例学习 LocalTime 类的方法，见文件 6-19。

文件 6-19　Example16.java

```
1   import java.time.LocalTime;
2   public class Example16 {
3       public static void main(String[] args) {
4           //获取当前时间，包含毫秒数
5           LocalTime now = LocalTime.now();
6           System.out.println("通过now()方法获取到的时间："+now);
7           System.out.println("不包含毫秒数的now："+now.withNano(0));
8           LocalTime of = LocalTime.of(9,23,23);
9           System.out.println("通过of()方法获取的时间的时分秒："
10              +of.getHour()+":"+of.getMinute()+":"+of.getSecond());
11          System.out.println("判断时间of是否在now之前："+of.isBefore(now));
12      }
13  }
```

在文件 6-19 中，第 5 行代码调用了 LocalTime 类的 now() 方法获取当前时间，获取的时间精确到毫秒；第 7 行代码调用 withNano() 方法，将 now 去除毫秒；第 8 ～ 10 行代码，根据指定的时分秒创建时间对象 of，并依次调用 LocalTime 类的 getHour()、getMinute() 和 getSecond() 方法获取当前时间的时分秒；第 11 行代码调用 isBefore() 方法判断获取的当前时间是否在指定时间之前。

文件 6-19 的运行结果如图 6-27 所示。

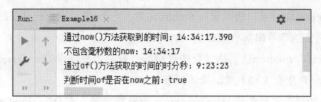

图 6-27　文件 6-19 的运行结果

3. LocalDateTime 类

LocalDateTime 类是 LocalDate 类与 LocalTime 类的综合，表示不带时区的日期和时间，默认日期时间格式是年 - 月 - 日 T 时 : 分 : 秒 . 毫秒，如 2022-04-21T11:23:26.774。

LocalDateTime 类包含了 LocalDate 类与 LocalTime 类的所有方法，还提供日期时间的转换方法。下面通过案例学习 LocalDateTime 类的日期时间转换方法，见文件 6-20。

文件 6-20　Example17.java

```
1   import java.time.LocalDateTime;
2   public class Example17 {
3       public static void main(String[] args) {
4           //获取系统当前日期和时间
5           LocalDateTime now = LocalDateTime.now();
6           System.out.println("获取的当前日期时间为: "+now);
7           System.out.println("获取日期的LocalDate部分:"+now.toLocalDate());
8           System.out.println("获取日期的LocalTime部分:"+now.toLocalTime());
9       }
10  }
```

在文件 6-20 中，第 5 行代码获取系统当前日期时间，第 6 行代码直接输出 now 的值，第 7、8 行代码调用 toLocalDate() 方法和 toLocalTime() 方法，将 now 转换为相应的 LocalDate 实例和 LocalTime 实例。

文件 6-20 的运行结果如图 6-28 所示。

图 6-28　文件 6-20 运行结果

LocalDateTime 类只是用来表示日期或时间，并不包含当前的时间信息。如果想将当前系统时间通过一个值来表示，可以通过 System.currentTimeMillis() 实现。Java 中提供的 System.currentTimeMillis() 方法用于获取当前的计算机时间，时间的表达格式为当前计算机时间和 GMT（格林威治）时间 1970 年 1 月 1 号 0 时 0 分 0 秒相差的毫秒数。

4. DateTimeFormatter 类

使用 LocalDate 类、LocalTime 类、LocalDateTime 类时，获取到的日期或者时间都是默认格式，如果想将日期或者时间设置为其他指定格式，可以使用格式化类。JDK 8 在 java.time.format 包中提供了一个 DateTimeFormatter 类，该类是一个格式化类，它不 仅可以将日期、时间对象格式化为字符串，还能将特定格式的字符串解析成日期、时间对象。

要使用 DateTimeFormatter 进行格式化或者解析，就必须先获得 DateTimeFormatter 对象。获取 DateTimeFormatter 对象有 3 种方式，具体如下。

① 使用预定义的静态常量创建 DateTimeFormatter 格式器。在 DateTimeFormatter 类中包含大量预定义的静态常量，如 BASIC_ISO_DATE、ISO_LOCAL_DATE 等，通过这些静态常量都可以获取 DateTimeFormatter 实例。

② 使用本地化样式创建 DateTimeFormatter 格式器。在 FormatStyle 类中定义了 FULL、LONG、MEDIUM 和 SHORT 这 4 个枚举值，它们表示不同样式的日期和时间，这种方式通过 ofLocalizedDateTime(FormatStyle dateTimeStyle) 实现 DateTimeFormatter 对象的创建。

③ 根据模式字符串创建 DateTimeFormatter 格式器，这种方式通过 ofPattern(String pattern) 方法实现 DateTimeFormatter 对象的创建。

上述实例化 DateTimeFormatter 对象的方式中，第 3 种最为常用，这种方式的 ofPattern() 方法需要接收一个表示日期或时间格式的模板字符串，该模板字符串通过特定的日期标记可以提取对应的日期或时间。常用的格式化模板标记见表 6-11。

表 6-11　常用的格式化模板标记

标记	功能描述
y	年，年份是 4 位数字，使用 yyyy 表示
M	月份，月份是两位数字，使用 MM 表示
d	天，天数是两位数字，使用 dd 表示
H	小时（24 小时），小时是两位数字，使用 HH 表示
m	分钟，分钟是两位数字，使用 mm 表示
s	秒，秒是两位数字，使用 ss 表示
S	毫秒，毫秒是 3 位数字，使用 SSS 表示

了解 DateTimeFormatter 的作用及其对象获取方式后，下面分别讲解如何使用 DateTimeFormatter 来格式化和解析日期、时间。

使用 DateTimeFormatter 将日期、时间格式化为字符串，可以通过以下两种方式。

① 调用 DateTimeFormatter 的 format(TemporalAccessor temporal) 方法执行格式化，其中参数 temporal 是一个 TemporalAccessor 类型接口，其主要实现类有 LocalDate、LocalTime、LocalDateTime。

② 调用 LocalDate、LocalDateTime 等日期、时间对象的 format(DateTimeFormatter formatter) 方法执行格式化。

使用 DateTimeFormatter 将指定格式的字符串解析成日期、时间对象，可以通过日期时间对象所提供的 parse(CharSequence text, DateTimeFormatter formatter) 方法来实现。

下面通过案例来演示如何使用 DateTimeFormatter 来格式化日期、时间，见文件 6-21。

文件 6-21　　Example18.java

```java
1    import java.time.LocalDateTime;
2    import java.time.format.DateTimeFormatter;
3    public class Example18 {
4        public static void main(String[] args) {
5            LocalDateTime now = LocalDateTime.now();
6            //根据模式字符串来创建DateTimeFormatter格式器
7            DateTimeFormatter fm1 = DateTimeFormatter
8                    .ofPattern("yyyy年MM月dd日 HH:mm:ss");
9            //使用LocalDateTime的format()方法格式化
10           System.out.println("使用日期时间类的format()方法格式化: " +
11                   now.format(fm1));
12           System.out.println("使用DateTimeFormatter的format()方法格式化: " +
13                   fm1.format(now));
14           //定义两种日期格式的字符串
15           String str = "2022-07-01 12:38:36";
16           //定义解析所用的格式器
17           DateTimeFormatter fm2 = DateTimeFormatter.ofPattern(
18                   "yyyy-MM-dd HH:mm:ss");
19           //使用LocalDateTime的parse()方法执行解析
20           LocalDateTime ld = LocalDateTime.parse(str, fm2);
21           //输出结果
22           System.out.println("str根据fm2解析出的日期: " + ld);
23       }
24   }
```

上述代码中，第 7、8 行代码根据模式字符串创建了格式器 fm1，第 10 ～ 13 行代码分别根据 fm1 使用日期时间类和 DateTimeFormatter 类的 format() 方法对日期时间进行格式化，第 17 ～ 18 行代码创建了格式器 fm2，第 20 行代码通过 LocalDateTime 的 parse() 方法，根据 fm2 的格式对字符串进行解析。

文件 6-21 的运行结果如图 6-29 所示。

图 6-29　文件 6-21 的运行结果

■ 任务分析

根据任务描述得知，本任务需要完成生成订单的功能，可以通过如下思路实现。

① 定义菜品类，菜品类中包含菜品的名称、单价、数量属性，通过菜品类的对象可以封装菜品的信息。

② 定义订单类，订单类中包含订单编号、提交订单时间、订单项属性，其中订单项为订单中包含的所有菜品，可以定义为菜品数组。

③ 定义生成订单类，其中，订单编号不可以出现重复的编号，可以考虑用当前系统时间的毫秒值。提交订单时间为提交订单时系统的时间，可以通过 LocalDateTime 类的 now() 方法获得。预计配送时间为提交订单时间后 10 分钟，可以通过 plusMinutes() 方法实现。根据程序输出效果，输出时间可以使用 DateTimeFormatter 进行格式化。

■ 任务实现

有了知识储备作为基础，下面根据所学的知识实现生成订单的功能，具体步骤如下。

（1）定义菜品类

在项目 chapter06 的 src 目录下创建类包 task03，在 task03 下创建菜品类 Dish，该类包含菜品名称、单价、数量属性，具体代码见文件 6-22。

文件 6-22　Dish.java

```
1   public class Dish {
2       //菜品名称
3       private String name;
4       //菜品单价
5       private double price;
6       //菜品数量
7       private   int count;
8       public Dish(String name, double price, int count) {
9           this.name = name;
10          this.price = price;
11          this.count = count;
12      }
13  ...getter/setter方法
14  }
```

（2）定义订单类

在 task03 下创建订单类 Order，该类中包含订单编号、提交订单时间和订单项属性，具体代码见文件 6-23。

文件 6-23　Order.java

```
1   public class Order {
2       //订单编号
3       private String id;
4       //提交订单时间
5       private String orderTime;
6       //订单项
7       private Dish[] dishes;
8       ...getter/setter方法
9   }
```

（3）定义生成订单类

在 task03 下创建生成订单类 SubmitOrder，在该类中定义 main() 方法，在 main() 方法中根据购物车中的菜品信息和系统时间生成订单，具体代码见文件 6-24。

文件 6-24　SubmitOrder.java

```
1   import java.time.LocalDateTime;
2   import java.time.format.DateTimeFormatter;
3   import java.util.Scanner;
4   public class SubmitOrder    {
5       public static void main(String[] args) {
6           //用于存储购物车中的菜品
7           Dish[] dishes=new Dish[]{
8                   new Dish("油焖大虾", 56.00, 1),
9                   new Dish("蒜蓉青菜", 23.00, 1)};
10          System.out.println("购物车中菜品：");
11          showDish(dishes);
12          Order order = new Order();
13          LocalDateTime now = LocalDateTime.now();
14          System.out.print("是否提交订单（是输入Y，否输入N）:");
15          Scanner sc = new Scanner(System.in);
16          String s = sc.next();
17          if ("Y".equals(s.toUpperCase())) {
18              System.out.println("订单已生成，详情如下：");
19              DateTimeFormatter fm = DateTimeFormatter.ofPattern(
20                      "yyyy-MM-dd HH:mm:ss");
21              //根据系统当前时间，设置订单提交时间
22              order.setOrderTime(fm.format(now));
23              //根据系统当前时间的毫秒值设置订单编号
24              order.setId(System.currentTimeMillis() + "");
25              order.setDishes(dishes);
26              System.out.println("订单编号：" + order.getId());
27              showDish(dishes);
28              System.out.println("提交订单时间：" + order.getOrderTime());
29              //计算订单预计配送的时间
30              LocalDateTime ld = now.plusMinutes(10);
31              System.out.println("预计配送时间：" + fm.format(ld));
32          }
33      }
34      public static void showDish(Dish[] dishes) {
35          System.out.println("菜品名称    单价(元)      数量(份)      金额(元)");
36          System.out.println("--------------------------------");
37          double sum = 0;
38          for (int i=0;i<dishes.length;i++) {
39              //菜品单价
40              double p = dishes[i].getPrice();
41              //菜品数量
42              int c = dishes[i].getCount();
43              //累加菜品小计
```

```
44                sum += p * c;
45                System.out.println(dishes[i].getName() + "   " + p + "        " +
46                c + "        " + p * c);
47            }
48            System.out.println("订单总金额：" + sum + "元");
49        }
50 }
```

上述代码中，第 7 ～ 9 行代码创建了一个菜品数组，用于模拟购物车，并在该数组中添加了 2 个菜品信息，用于模拟当前购物车中已经添加的菜品信息。第 11 行代码调用 showDish() 方法，将数组中的菜品信息输出在控制台。第 17 行用于判断用户是否选择现在提交订单，如果是，则执行第 18 ～ 31 行代码生成订单，其中第 19 ～ 22 行代码，将系统时间根据指定格式进行格式化，并设置为提交订单时间，第 24 行根据系统当前时间的毫秒值设置订单编号，第 30 行代码在订单提交时间的基础上加 10 分钟作为预计配送的时间。第 34 ～ 49 行代码定义了方法 showDish()，用于将购物车中的菜品信息输出在控制台。

（4）测试生成订单

文件 6-24 的运行结果如图 6-30 所示。

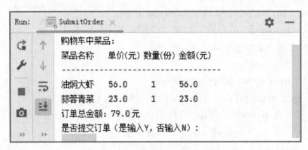

图 6-30　文件 6-24 的运行结果

从图 6-30 可以看出，控制台中输出了菜品数组中的所有菜品信息。

在图 6-30 中输入 Y，提交订单，结果如图 6-31 所示。

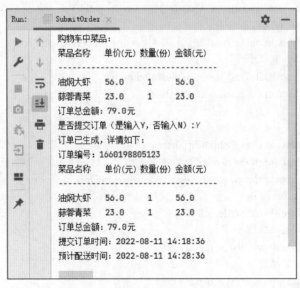

图 6-31　提交订单

　　从图 6-31 可以看出，提交订单后，根据购物车中的菜品信息和系统当前时间生成了订单，并将订单信息在控制台输出。

　　至此，生成订单功能完成。

单元小结

　　本单元详细介绍了 Java API 的基础知识，包含操作字符串相关的 String 类和 StringBuffer 类、操作随机数和科学计算中的 Random 类和 Math 类、操作日期和时间的 Date 类和 SimpleDateFormat 类，以及数字格式化类，并通过实现 3 个任务巩固了读者对 Java API 的理解。通过本单元的学习，希望读者能掌握 Java 中的常用 API，对以后的实际开发将大有裨益。

单元测试

　　请扫描二维码，查看本单元测试题目。

单元测试　单元 6

单元实训

　　请扫描二维码，查看本单元实训题目。

单元实训　单元 6

单元 7

集合与泛型

PPT：单元 7 集
合与泛型

教学设计：单元 7
集合与泛型

PPT

知识目标	● 了解集合的概念，能够说出集合的特点
	● 熟悉 Collection 接口，能够说出 Collection 接口中的常用 方法
	● 了解泛型，能够说出泛型的作用和优点
技能目标	● 掌握 List 接口的使用，能够使用 ArrayList 和 LinkedList 实现数据 的增删改查
	● 掌握集合遍历，能够使用 Iterator 迭代和 foreach 循环遍历集合
	● 熟悉泛型类和泛型接口，能够定义和使用泛型类、泛型接口
	● 掌握 Set 接口的使用，能够使用 SetHashSet 和 TreeSet 实现数据的 增删改查
	● 掌握 Map 接口的使用，使用 HashMap 和 TreeMap 实现数据的增、 删、改、查
	● 熟悉 Lambda 表达式，能够在程序中使用 Lambda 表达式替代匿名 内部类

在 Java 中可以通过数组来保存数据，但有时无法确定需要保存数据的数量，因为数组的长度不可变，此时再使用数组存储数据则不太合适。这种情况可以使用集合，Java 中的集合就像一个可以存储任意类型的对象并且长度可变的容器。Java 中提供了多种具有不同特性的集合类，为了让集合在使用时更加安全，还提供了泛型。本单元将针对 Java 中的集合和泛型进行详细讲解。

任务7-1　点餐购物车

■ 任务描述

餐厅助手作为一款点餐系统，必不可少的功能是点餐。本任务要求实现一个点餐功能，顾客可以查看菜品列表，将要点的菜品添加到购物车，同时，还可以查看购物车以及从购物车移出菜品。查看购物车时，不仅可以看到已经加入购物车的菜品，还可以看到最近从购物车移出的 3 道菜品。点餐购物车效果如图 7-1 所示。

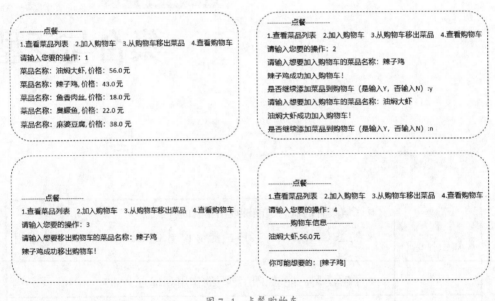

图 7-1　点餐购物车

■ 知识储备

1. 集合概述

在程序中，为了存储不同类型的多个对象，Java 提供了一系列特殊的类，这些类可以存储任意类型的对象，且长度可变，被统称为集合。集合位于 java.util 包中，在使用集合时必须导入 java.util 包。

集合按照其存储结构可以分为两大类，即单列集合（Collection）和双列集合（Map），具体介绍如下。

（1）Collection

单列集合类的根接口，用于存储一系列符合某种规则的元素，它有两个重要的子接口，分别是 List 和 Set。其中，List 的特点是元素有序、元素可重复。Set 的特点是元素无序且不可重复。List 接口的主要实现类有 ArrayList 和 LinkedList，Set 接口的主要实现类有 HashSet 和 TreeSet。

（2）Map

双列集合类的根接口，用于存储具有键（Key）和值（Value）映射关系的元素。每个元素的键和值都存在映射关系，在使用 Map 集合时可以通过指定的 Key 找到对应的 Value，如根据一个学生的学号就可以找到对应的学生。Map 接口的主要实现类有 HashMap 和 TreeMap。

从上面的描述可以看出，JDK 中提供了丰富的集合类库，为了便于读者能够更好地学习集合，下面通过图 7-2 描述集合类的继承体系。

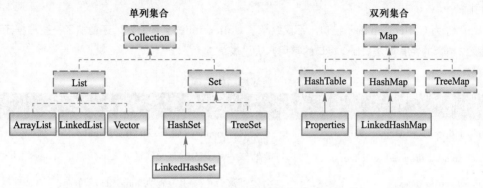

图 7-2　集合类的继承体系

在图 7-2 中，虚线框中描述的是接口类型，实线框中描述的是接口具体的实现类。

集合是一种非常重要的数据结构，它可以帮助人们更加方便地管理和操作数据。类似于在团队和社会中，每个人都有自己的特长和优势一样，Java 提供丰富的集合类库，每个集合都有各自的特点。程序员应该因事制宜，具体情况具体分析，在不同的场景选择适合的集合，更好地完成任务和实现需求。

2. Collection 接口

Collection 接口是所有单列集合的父接口，它定义了单列集合通用的一些方法，这些方法可以被所有的单列集合调用。Collection 接口中的常用方法见表 7-1。

表 7-1　Collection 接口中的常用方法

方法声明	功能描述
boolean add(E e)	向集合中添加一个元素，E 是所添加元素的数据类型
boolean addAll(Collection c)	将指定集合 c 中的所有元素添加到当前集合中
void clear()	删除集合中的所有元素
boolean remove(Object o)	删除集合中的指定元素 o，当集合中包含了多个元素 o 时，只删除第 1 个符合条件的元素
boolean removeAll(Collection c)	删除当前集合中在集合 c 中存在的所有元素
boolean isEmpty()	判断集合是否为空
boolean contains(Object o)	判断集合中是否存在指定元素 o
boolean containsAll(Collection c)	判断集合中是否存在指定集合 c 中的所有元素
Iterator iterator()	返回集合的的迭代器（Iterator），迭代器用于遍历当前集合的所有元素
int size()	获取集合中元素的个数

表 7-1 列举出了 Collection 接口中的常用方法，在实际开发中，很少直接使用 Collcetion 接口，基本上都是使用其子接口。

3. List 接口

List 接口继承自 Collection 接口，是单列集合的一个重要分支，通常会将实现了 List 接口的对象称为 List 集合。在 List 集合中允许出现重复的元素，所有元素以一种线性方式存储，在程序中可以通过索引访问集合中的指定元素。List 集合还有一个特点就是有序，集合中每个元素都有其对应的顺序索引。

List 作为 Collection 的子接口，不仅继承了 Collection 的全部方法，还增加了一些根据元素、索引操作集合的特有方法。List 接口的常用方法见表 7-2。

表 7-2 List 接口的常用方法

方法声明	功能描述
void add(int index,Object element)	将对象 element 插入 List 集合的 index 索引处
boolean addAll(int index,Collection c)	将集合 c 中的所有元素插入 List 集合的 index 索引处
Object get(int index)	返回集合中索引位置为 index 的元素
Object remove(int index)	删除集合中索引位置为 index 的元素
Object set(int index, Object element)	将索引位置为 index 的元素替换成 element 对象，并将替换后的对象返回
int indexOf(Object o)	返回对象 o 在 List 接口中第一次出现的索引位置
int lastIndexOf(Object o)	返回对象 o 在 List 接口中最后一次出现的索引位置
List subList (int fromIndex, int toIndex)	返回从索引 fromIndex（包括）到 toIndex（不包括）的所有元素组成的子集合

表 7-2 列举了 List 接口的常用方法，List 接口的所有实现类都可以通过调用这些方法操作集合元素。

4. ArrayList 集合

ArrayList 是 List 接口的一个实现类，是程序中常见的一种集合。ArrayList 集合内部封装了一个长度可变的数组对象，当存入的元素超过数组长度时，ArrayList 会在内存中分配一个更大的数组来存储，因此可以将 ArrayList 集合看成一个长度可变的数组。ArrayList 集合的元素插入过程如图 7-3 所示。

从图 7-3 中可以看出，在指定索引位置插入元素时，如果该索引位置已经存在元素，则该元素和所有后续元素向右移动一个位置，然后将要添加的元素插入指定的索引位置。

图 7-3 ArrayList 集合的元素插入过程

ArrayList 集合的大部分方法都是从 Collection 接口和 List 接口继承而来的，下面通过案例学习 ArrayList 集合中元素的基本操作，见文件 7-1。

文件 7-1 Example01.java

```
1    import java.util.*;
```

```
2    public class Example01 {
3        public static void main(String[] args) {
4            ArrayList list = new ArrayList();            //创建ArrayList集合
5            list.add("张三");                          //向集合中添加元素
6            list.add("李四");
7            list.add("王五");
8            list.add("赵六");
9            //获取集合中元素的个数
10           System.out.println("集合的长度：" + list.size());
11           //取出并输出指定位置的元素
12           System.out.println("第2个元素是：" + list.get(1));
13           list.add(1,"钱七");
14           //向指定位置插入元素后输出集合
15           System.out.println("向指定位置插入元素后输出集合：" + list);
16           //删除索引为3的元素
17           list.remove(3);
18           System.out.println("删除索引为3的元素:"+list);
19           //替换索引为3的元素为周八
20           list.set(3,"周八");
21           System.out.println("替换索引为3的元素为周八:"+list);
22       }
23   }
```

上述代码中，第 4 行代码创建了一个 Arraylist 对象 list，第 5 ～ 8 行代码通过 list 对象调用 add() 方法添加了 4 个元素，第 10 行代码通过 list 对象调用 size() 方法获取集合中的元素个数并输出，第 12 行代码通过 list 对象调用 get() 方法获取索引为 1 的元素并输出，第 13 ～ 15 行代码调用 add() 方法向索引 1 位置插入元素"钱七"并输出，第 17 ～ 18 行代码删除 list 对象索引为 3 的元素并输出删除元素后的 list 对象，第 20 ～ 21 行代码替换 list 对象中索引为 3 的元素为"周八"并输出替换元素后的 list 对象。

文件 7-1 的运行结果如图 7-4 所示。

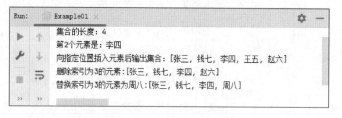

图 7-4　文件 7-1 的运行结果

⚙ 注意：

　　集合索引的取值范围从 0 开始，最后一个元素的索引值是集合元素的个数减 1。访问集合元素时，一定要注意索引不可超出此范围，否则程序会抛出索引越界异常（IndexOutOfBoundsException）。

由于 ArrayList 集合的底层是使用数组存储元素，在增加或删除指定位置的元素时，会创建新数组，效率比较低，因此 Arraylist 集合不适合做大量的增删操作，比较适合进行元素的查找。

5. LinkedList 集合

ArrayList 集合在查询元素时速度很快，但在增删元素时效率较低，如果需要频繁向集合中插入和删除元素，可以使用 List 接口的另一个实现类 LinkedList。LinkedList 集合底层的数据结构是一个双向循环链表，链表中的每一个结点都通过引用的方式记录它的前一个结点和后一个结点，从而将所有结点连接在一起。当插入或删除一个结点时，只需要修改结点之间的引用关系即可。正因为这样的存储结构，LinkedList 集合可以在任何位置进行高效地插入和删除元素。LinkedList 集合插入和删除元素的过程如图 7-5 所示。

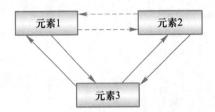
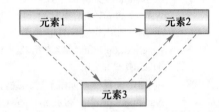

图 7-5　LinkedList 集合插入和删除元素的过程图

　　图 7-5 中描述了 LinkedList 集合新增元素和删除元素的过程。其中，插入元素 3 之前，元素 1 和元素 2 在集合中彼此为前后关系，在它们之间新增一个元素 3 时，只需要让元素 1 记住它后面的元素为元素 3，让元素 2 记住它前面的元素为元素 3 即可。删除元素 3 时，只需要让元素 1 与元素 2 变成前后关系即可。

　　LinkedList 集合中的方法除了从 Collection 接口和 List 接口继承过来的，还定义了一些特有的方法，见表 7-3。

表 7-3　LinkedList 集合特有的方法

方法声明	功能描述
void addFirst(Object o)	将指定元素 o 插入集合的开头
void addLast(Object o)	将指定元素 o 添加到集合的结尾
Object getFirst()	返回集合的第一个元素
Object getLast()	返回集合的最后一个元素
Object removeFirst()	移出并返回集合的第一个元素
Object removeLast()	移出并返回集合的最后一个元素
boolean offer(Object o)	将指定元素 o 添加到集合的结尾
boolean offerFirst(Object o)	将指定元素 o 添加到集合的开头
boolean offerLast(Object o)	将指定元素 o 添加到集合的结尾
Object peekFirst()	获取集合的第一个元素
Object peekLast()	获取集合的最后一个元素
Object pollFirst()	移出并返回集合的第一个元素
Object pollLast()	移出并返回集合的最后一个元素
void push(Object o)	将指定元素 o 添加到集合的开头

表 7-3 列出的方法主要是针对集合中的元素进行增加、删除和获取操作，下面通过案例学习这些方法的使用，见文件 7-2。

文件 7-2　Example02.java

```
1    import java.util.*;
2    public class Example02 {
3        public static void main(String[] args) {
4            //创建LinkedList集合
5            LinkedList link = new LinkedList();
6            link.add("张三");
7            link.add("李四");
8            link.add("王五");
9            link.add("赵六");
10           //获取并输出该集合中的元素
11           System.out.println("集合的初始元素: "+link.toString());
12           //向link集合第一个位置插入元素钱七
13           link.addFirst("钱七");
14           System.out.println("在集合开头添加钱七之后: "+link);
15           //取出link集合中第一个元素
16           System.out.println("集合开头的元素: "+link.getFirst());
17           //移出link集合中最后一个元素
18           link.removeLast();
19           System.out.println("删除集合结尾的元素之后: "+link);
20       }
21   }
```

在文件 7-2 中，第 5 行代码创建了一个 LinkedList 集合，第 6 ~ 9 行代码在 LinkedList 集合中存入 4 个元素，第 13 行代码通过 addFirst() 方法在集合中第一个位置插入元素，第 18 行代码调用 removeLast() 方法将集合中最后一个元素移出。

文件 7-2 的运行结果如图 7-6 所示。

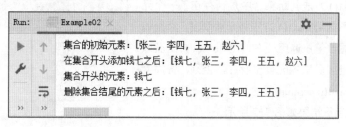

图 7-6　文件 7-2 的运行结果

6. 集合的遍历

在程序开发中，经常需要遍历集合中的所有元素。针对这种需求，既可以使用 Iterator 接口实现，也可以使用 foreach 循环实现，具体介绍如下。

（1）使用 Iterator 迭代器遍历集合

Iterator 接口也是 Java 集合中的一员，但是它与 Collection、Map 接口有所不同，Collection、Map 接口主要用于存储元素，而 Iterator 接口主要用于迭代访问 Collection 中的元素，因此也被称为迭代器。

使用 Iterator 接口迭代访问集合中的元素时，有两个比较常用的方法，见表 7-4。

表 7-4　Iterator 接口的常用方法

方法声明	功能描述
E next()	返回迭代的下一个元素
boolean hasNext()	如果仍有元素可以迭代，返回 true，反之返回 false

下面通过案例学习如何使用 Iterator 迭代器访问集合中的元素，见文件 7-3。

文件 7-3　Example03.java

```java
1    import java.util.*;
2    public class Example03 {
3        public static void main(String[] args) {
4            ArrayList list = new ArrayList();        //创建ArrayList集合
5            list.add("张三");
6            list.add("李四");
7            list.add("王五");
8            list.add("赵六");
9            Iterator it = list.iterator();           //获取Iterator对象
10           while (it.hasNext()) {                    //判断ArrayList集合中是否存在下一个元素
11               Object obj = it.next();               //取出ArrayList集合中的元素
12               System.out.println(obj);
13           }
14       }
15   }
```

文件 7-3 演示的是使用 Iterator 遍历 Arraylist 集合的整个过程。第 4 ～ 8 行代码创建了一个 Arraylist 集合 list，并调用 add() 方法添加了 4 个元素。第 9 行代码通过调用 ArrayList 集合的 iterator() 方法获得了一个迭代器对象。第 10 ～ 13 行代码使用迭代器对象 it 遍历 ArrayList 集合，首先使用 hasNext() 方法判断集合中是否存在下一个元素，如果存在，则调用 next() 方法将元素取出，否则说明已到达集合末尾，停止遍历。在调用 next() 方法获取元素时，必须保证要获取的元素已存在，否则，程序会抛出 NoSuchElementException 异常。

文件 7-3 的运行结果如图 7-7 所示。

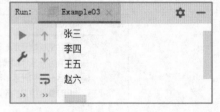

图 7-7　文件 7-3 的运行结果

注意：

通过迭代器获取 ArrayList 集合中的元素时，这些元素的类型都是 Object 类型，如果想获取特定类型的元素，需要对数据类型进行强制转换。

脚下留心：并发修改异常

使用 Iterator 迭代器对集合的元素进行迭代时，如果调用了集合对象的 remove() 方法删除元素，会出现异常，下面通过案例来演示这种异常。假设在一个集合中存储学校所有学生的姓名，由于一个名为张三的学生中途转学，这时需要迭代集合找到这个元素并将其删除，具体代码见文件 7-4。

文件 7-4　Example04.java

```
1    import java.util.*;
2    public class Example04 {
3        public static void main(String[] args) {
4            ArrayList list = new ArrayList();            //创建ArrayList集合
5            list.add("张三");                            //向ArrayList集合中添加字符串元素
6            list.add("李四");
7            list.add("王五");
8            Iterator it = list.iterator();
9            while (it.hasNext()) {
10               Object obj = it.next();
11               if ("张三".equals(obj)) {
12                   list.remove(obj);
13               }
14           }
15           System.out.println(list);
16       }
17   }
```

文件 7-4 的运行结果如图 7-8 所示。

```
Run:       Example04 ×                                                    ⚙  —
►  ↑    Exception in thread "main" java.util.ConcurrentModificationException Create breakpoint
🔧  ↓        at java.base/java.util.ArrayList$Itr.checkForComodification(ArrayList.java:1043)
■  ⇥        at java.base/java.util.ArrayList$Itr.next(ArrayList.java:997)
»  »        at Example04.main(Example04.java:10)
```

图 7-8　文件 7-4 的运行结果（1）

在图 7-8 中，程序运行时出现了并发修改异常（ConcurrentModificationException），这个异常是迭代器抛出的，出现异常的原因是集合中删除了元素会导致迭代器预期的迭代次数发生改变，导致迭代器的结果不准确。

为了解决上述问题，可以使用迭代器本身的删除方法，将文件 7-4 中的第 12 行代码替换为 it.remove() 方法即可，代码如下。

```
it.remove();
```

替换代码后，再次运行文件 7-8，结果如图 7-9 所示。

从图 7-9 可以看出，张三确实被删除了，且程序没有出现异常。因此可以得出结论，调用迭代器对象的 remove() 方法删除元素导致的迭代次数变化，对于迭代器对象本身来说是可预知的。

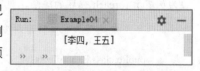

图 7-9　文件 7-4 的运行结果（2）

（2）使用 foreach 循环遍历集合

虽然 Iterator 接口可以遍历集合中的元素，但写法上比较繁琐，为了简化书写，从 JDK 5 开始，JDK 提供了 foreach 循环。foreach 循环是一种更加简洁的 for 循环，用于遍历数组或集合中的元素，语法格式如下。

```
for(容器中元素类型 临时变量:容器变量) {
执行语句
}
```

由上述 foreach 循环语法格式可知，与 for 循环相比，foreach 循环不需要获得容器的长度，也不需要根据索引访问容器中的元素，但它会自动遍历容器中的元素。下面通过案例演示 foreach 循环的用法，见文件 7-5。

文件 7-5 Example05.java

```
1    import java.util.*;
2    public class Example05{
3        public static void main(String[] args) {
4            ArrayList list = new ArrayList();        //创建ArrayList集合
5            list.add("张三");                          //向ArrayList集合中添加字符串元素
6            list.add("李四");
7            list.add("王五");
8            for (Object obj : list) {                 //使用foreach循环遍历ArrayList对象
9                System.out.println(obj);             //取出并输出ArrayList集合中的元素
10           }
11       }
12   }
```

上述代码中，第 4 ～ 7 行代码声明了一个 ArrayList 集合并向集合中添加 3 个元素，第 8 ～ 10 行代码使用 foreach 循环遍历 ArrayList 集合并输出。

文件 7-5 的运行结果如图 7-10 所示。

foreach 循环在遍历集合时语法非常简洁，没有循环条件，也没有迭代语句，所有这些工作都交给虚拟机去执行。foreach 循环的次数是由容器中元素的个数所决定，每次循环时，foreach 都通过临时变量将当前循环的元素记住，从而分别输出集合中的元素。

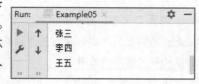

图 7-10 文件 7-5 的运行结果

脚下留心：foreach 循环缺陷

foreach 循环虽然书写起来很简洁，但在使用时也存在一定的局限性。当使用 foreach 循环遍历集合和数组时，只能访问集合中的元素，不能对其中的元素进行修改。下面以一个 String 类型的数组为例演示 foreach 循环的缺陷，见文件 7-6。

文件 7-6 Example06java

```
1    public class Example06 {
2        static String[] strs = { "aaa", "bbb", "ccc" };
3        public static void main(String[] args) {
4            //foreach循环遍历数组
5            for (String str : strs) {
6                str = "ddd";
7            }
```

```
8          System.out.println("foreach循环修改后的数组:" + strs[0] + "," +
9                  strs[1] + ","+ strs[2]);
10         //for循环遍历数组
11         for (int i = 0; i < strs.length; i++) {
12             strs[i] = "ddd";
13         }
14         System.out.println("普通for循环修改后的数组:" + strs[0] + "," +
15                 strs[1] + ","+ strs[2]);
16     }
17 }
```

文件 7-6 分别使用 foreach 循环和普通 for 循环修改数组中的元素,运行结果如图 7-11 所示。

从图 7-11 可以看出,foreach 循环并不能修改数组中元素的值。原因是第 6 行代码中的 str = "ddd" 只是将临时变量 str 赋值为一个新字符串,这和数组中的元素

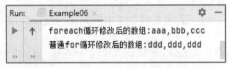

图 7-11 文件 7-6 的运行结果

并没有关系。而在普通 for 循环中,可以通过索引方式引用数组中的元素并修改其值。

7. 泛型

集合可以存储任何类型的对象,但是当把一个对象存入集合后,默认集合会"忘记"这个对象的类型,将该对象从集合中取出时,这个对象的编译类型就变成了 Object 类型。如果在程序中无法确定一个集合中的元素到底是什么类型,那么在取出元素时进行强制类型转换就容易出错。下面通过案例来演示这种情况,具体见文件 7-7。

文件 7-7 Example07.java

```
1  import java.util.*;
2  public class Example07 {
3      public static void main(String[] args) {
4          ArrayList list = new ArrayList();        //创建ArrayList集合
5          list.add("String");                      //添加字符串对象
6          list.add("Collection");
7          list.add(1);                             //添加Integer对象
8          for (Object obj : list) {                //遍历集合
9              String str = (String) obj;           //强制转换为String类型
10         }
11     }
12 }
```

上述代码中,第 5 ~ 7 行代码依次向 List 集合存入了两个字符串和一个整数,第 8 ~ 10 行代码遍历该集合,并将集合中的每个元素取出之后强制转换为 String 类型在控制台输出。

文件 7-7 的运行结果如图 7-12 所示。

从图 7-12 可以看出,程序运行后抛出了 ClassCastException 异常,该异常为类型转换异常,原因是 Integer 对象无法转换为 String 类型。

为了解决这个问题,在 Java 中引入了"参数化类型(parameterized type)"这个概念,即泛型。它可以限定方法操作的数据类型,在定义集合类时,可以使用"< 参数化类型 >"的方式指定该类

中方法操作的数据类型，具体格式如下。

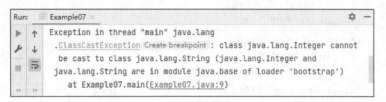

图 7-12　文件 7-7 的运行结果（1）

> ArrayList<参数化类型> list = new ArrayList<参数化类型>();

下面将文件 7-7 中的第 4 行代码修改如下。

> ArrayList<String> list = new ArrayList<String>();

上述代码中指定创建集合对象时的泛型为 String 类型，这种写法限定了 ArrayList 集合只能存储 String 类型元素。这时，修改后的代码出现了编译异常，如果运行文件 7-7，控制台会输出具体的编译异常信息，如图 7-13 所示。

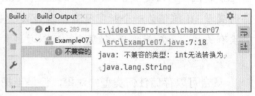

图 7-13　文件 7-7 的运行结果（2）

从图 7-13 可以看出，使用集合中泛型后，程序在编译时，编译器检查出 int 类型的元素与集合规定的类型不匹配，提示编译不通过。这样就可以在让程序在编译时解决错误，避免程序在运行时出错。

下面使用泛型再次对文件 7-7 进行修改，修改后的代码见文件 7-8。

文件 7-8　Example08.java

```java
1   import java.util.ArrayList;
2   public class Example08 {
3       public static void main(String[] args) {
4           //创建ArrayList集合，使用泛型
5           ArrayList<String> list = new ArrayList<String>();
6           //添加字符串对象
7           list.add("String");
8           list.add("Collection");
9           //遍历集合并输出集合中的元素
10          for (String str : list) {
11              System.out.println(str);
12          }
13      }
14  }
```

上述代码中，第 5 行代码使用泛型规定了 ArrayList 集合只能存入 String 类型元素；第 7 ～ 8 行代码向集合中存入了两个 String 类型元素；第 10 ～ 11 行代码对集合进行遍历，在使用泛型指定集合中的类型后，遍历集合元素时，可以指定元素类型为 String，而非 Object，这样就避免在程序

中进行强制类型转换。

文件 7-8 的运行结果如图 7-14 所示。

从图 7-14 可以看出，程序成功将集合中的所有元素输出在控制台。

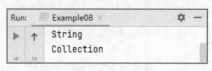

图 7-14　文件 7-8 的运行结果

■ 任务分析

根据任务描述得知，本任务的目标是实现点菜时，将菜品加入购物车的功能，根据所学的知识，可以使用下列思路实现。

① 定义一个表示菜品的类 Dish，该类封装了菜品名称和菜品价格两个属性。

② 定义一个实现点餐购物车的类 OrderMeal，该类首先通过一个静态代码块创建了 5 个菜品，这些菜品都存放在表示菜品列表的 ArrayList 集合中，然后输出了一个功能菜单，用于提示用户输入，根据用户的不同输入，使用 switch 语句执行对应方法。

③ 在 OrderMeal 类中定义查看菜品列表的方法，使用 foreach 遍历菜品列表集合，输出菜品的名称和价格。

④ 在 OrderMeal 类中定义加入购物车的方法，在该方法中创建一个 ArrayList，用于存放加入购物车的菜品。不过，将菜品加入购物车之前，先判断要加入的菜品是否在菜单中存在，如果存在，则添加菜品，否则提示顾客要添加的菜品不存在。由于顾客将菜品加入购物车的操作可能不止一次，所以顾客每次成功添加一个菜品后，需要提示顾客是否继续添加菜品。

⑤ 在 OrderMeal 类中定义将菜品从购物车移出的方法，由于购物车中的菜品都存在于 ArrayList 集合中，所以将菜品移出购物车时，需要对集合进行遍历，判断顾客要删除的菜品是否存在，如果存在，则将菜品移出，否则提示顾客要移出的菜品不存在。

由于购物车还要展示顾客想要点的菜品，也就是顾客最近移出的 3 个菜品，所以可以定义一个 LinkedList 集合存储顾客移出的菜品。如果 LinkedList 集合的元素个数少于 3 个，那么直接将新移出的菜品加到 LinkedList 集合开头即可，如果 LinkedList 集合的元素个数等于 3 个，那么先移出 LinkedList 集合的最后一个元素，再将新移出的菜品加到 LinkedList 集合开头。

⑥ 在 OrderMeal 类中定义查看购物车的方法，通过遍历存放菜品的 ArrayList 和存放顾客想要点的菜品的 LinkedList，依次输出菜品信息。

■ 任务实现

结合任务分析的思路，下面分步骤实现点菜购物车功能，具体如下。

（1）定义菜品类

在项目 chapter07 的 src 目录下创建类别 task01，并在该类包下创建菜品类 Dish，该类中包含菜品名称、价格属性，具体代码见文件 7-9。

文件 7-9　Dish.java

```
1    public class Dish {
2        private String name;          //菜品名称
3        private double price;         //菜品价格
4        public Dish(String name, double price) {
```

```
5              this.name = name;
6              this.price = price;
7          }
8          public String getName() {
9              return name;
10         }
11         public double getPrice() {
12             return price;
13         }
14         public void setName(String name) {
15             this.name = name;
16         }
17         public void setPrice(double price) {
18             this.price = price;
19         }
20    }
```

（2）初始化菜单列表

在类包 task01 中创建实现点菜购物车功能的 OrderMeal 类，在类中定义一个静态代码块用于存放初始化的 5 道菜品，并将这些菜品保存在 ArrayList 集合，具体代码如下。

```
1    import java.util.ArrayList;
2    import java.util.LinkedList;
3    import java.util.Scanner;
4    public class OrderMeal {
5        static ArrayList<Dish> dishes = new ArrayList<>();
6        //初始化菜品列表
7        static {
8            dishes.add(new Dish("油焖大虾", 56));
9            dishes.add(new Dish("辣子鸡", 43));
10           dishes.add(new Dish("鱼香肉丝", 18));
11           dishes.add(new Dish("臭鳜鱼", 22));
12           dishes.add(new Dish("麻婆豆腐", 38));
13       }
14   }
```

（3）定义查看菜品列表的方法

在 OrderMeal 类中定义 showDishes() 方法，用于查询出所有的菜品信息，具体代码如下。

```
1    public static void showDishes() {
2        for (Dish dish : dishes) {
3            System.out.println("菜品名称：" + dish.getName() + ", 价格：" +
4            dish.getPrice()+"元");
5        }
6    }
```

上述代码中，第 2 ～ 5 行代码遍历菜品列表中的菜品，并将遍历到的菜品名称以及价格输出在控制台。

（4）定义根据菜品名称查询菜品的方法

由于加入购物车和从购物车移出菜品，都需要根据菜品名称判断菜品是否存在，所以在 OrderMeal 类中定义一个根据菜品名称查询菜品的 getDishByName() 方法，具体代码如下。

```
1    public static Dish getDishByName(ArrayList<Dish> list, String name) {
2        for (Dish dish : list) {
3            if (name.equals(dish.getName())) {
4                return dish;
5            }
6        }
7        return null;
8    }
```

（5）定义加入购物车的方法

在 OrderMeal 类中定义一个用于将菜品加入购物车的方法 addDish2Cart()，具体代码如下。

```
1    static ArrayList<Dish> cartList = new ArrayList<>();
2    public static void addDish2Cart(String name) {
3        //在集合中根据菜品名称查询对应的菜品
4        Dish d = getDishByName(dishes, name);
5        //如果菜品不为空，说明菜品在集合中存在
6        if (d != null) {
7        //将输入名称对应的菜品添加在购物车中
8            cartList.add(d);
9            System.out.println(d.getName() + "成功加入购物车！ ");
10        } else {
11            System.out.println("您输入的：" + name + "不存在！ ");
12        }
13    }
```

上述代码中，第 1 行代码定义了一个 cartList 对象用于存放购物车中的菜品，第 4 行代码调用 getDishByName() 方法获取菜品列表中的菜品，如果获取到菜品，则调用 add() 方法将菜品加入 cartList 对象，否则提示顾客输入的菜品不存在。

（6）定义将菜品移出购物车的方法

在 OrderMeal 类中定义一个用于将菜品从购物车移出的方法 delDish4Cart()，由于从购物车移出的菜品可能是顾客想要点的菜品，而且顾客想要点的菜品最多展示 3 个，所以这里再定义一个 browserHistory() 方法用于处理顾客想要点的菜品清单，具体代码如下。

```
1    //用于存储顾客想要点的菜品
2    static LinkedList<String> historyList = new LinkedList<>();
3      public static void delDish4Cart(String name) {
4        //获取菜品名称对应的菜品
5        Dish d = getDishByName(cartList, name);
6        //如果菜品在购物车中存在，则将该菜品从购物车中移出
7        if (d != null) {
8            cartList.remove(d);
9            System.out.println(d.getName() + "成功移出购物车！ ");
```

```
10                browserHistory(name);
11            } else {
12                System.out.println("购物车中不存在：" + name);
13            }
14        }
15    public static void browserHistory(String name) {
16        //如果菜品名称不在顾客想要点的菜品列表
17        if (!historyList.contains(name)) {
18            /* 顾客想要点的菜品最多为3个,
19                如果想要点的菜品已经有3个，则删除最早添加到潜在成交菜品列中的菜品*/
20            if (historyList.size() == 3) {
21                //删除最早加入的菜品
22                historyList.removeLast();
23                //将最新加入的菜品添加到菜品列表的开头
24                historyList.addFirst(name);
25            }
26            //如果列表中菜品数量小于3，则将最新的潜在成交菜品添加到开头
27            if (historyList.size() < 3) {
28                historyList.addFirst(name);
29            }
30        }
31    }
```

上述代码中，第 1 ～ 14 行代码定义了将菜品移出购物车的方法，其中，第 5 行代码根据菜品名称获取购物车中对应的菜品，第 7 ～ 13 行代码，判断是否在购物车中获取到对应的菜品，如果获取到菜品，则将菜品从购物车中移出，并向顾客可能点的菜品列表中添加移出菜品的名称。

（7）定义查看购物车的方法

在 OrderMeal 类中定义查看购物车的方法 showCartList()，在该方法中将购物车中的所有菜品信息，以及顾客想要点的菜品名称输出，具体代码如下。

```
1    public static void showCartList() {
2        if (cartList == null || cartList.size() == 0) {
3            System.out.println("购物车中空空如也！");
4        } else {
5            System.out.println("----------购物车信息------------");
6            for (Dish dish : cartList) {
7                System.out.println(dish.getName() + "," + dish.getPrice()) + "元")
8            }
9            if (historyList.size() != 0) {
10               System.out.println("----------------------------");
11               System.out.println("你可能想要的：" + historyList);
12           }
13       }
14    }
```

上述代码中，第 2 ～ 13 行代码判断购物车中是否为空或者是否存放有菜品，如果为空或者没有存放菜品，则提示"购物车中空空如也！"，否则将购物车中的菜品输出在控制台，购物车中的信息输出完毕后，第 11 行代码将顾客想要点的菜品名称也输出在控制台。

（8）定义 main() 方法

在 OrderMeal 类中定义 main() 方法，在 main() 方法中完成点菜购物车的功能，具体代码见文件 7-10。

文件 7-10　OrderMeal.java

```
1        public static void main(String[] args) {
2             Scanner sc = new Scanner(System.in);
3             while (true) {
4                  System.out.println("-----------点餐-----------");
5                  System.out.println("1.查看菜品列表          2.加入购物车      " +
6                                     "3.从购物车移出菜品        4.查看购物车");
7                  System.out.print("请输入您要的操作：");
8                  try {
9                       int i = sc.nextInt();
10                      switch (i) {
11                           case 1:
12                                showDishes();
13                                break;
14                           case 2:
15                                boolean flag = true;
16                                while (flag) {
17                                     System.out.print("请输入想要加入购物车的菜品名称：");
18                                     String inName = sc.next();
19                                     boolean b = addDish2Cart(inName);
20                                     System.out.print("是否继续添加菜品到购物车" +
21                                                      "（是输入Y，否输入N）:");
22                                     String str = sc.next();
23                                     if (!"Y".equals(str.toUpperCase())) {
24                                          flag = false;
25                                     }
26                                }
27                                break;
28                           case 3:
29                                System.out.print("请输入想要移出购物车的菜品名称：");
30                                String outName = sc.next();
31                                delDish4Cart(outName);
32                                break;
33                           case 4:
34                                showCartList();
35                                break;
36                           default:
37                                System.out.println("输入错误，请重新输入！");
38                      }
39                  } catch (Exception e) {
40                      System.out.println("您的输入有误！");
41                      break;
42                  }
43             }
44        }
```

上述代码中，第8～39行代码用于实现点菜购物车功能，其中，第11～13行代码用于实现查看菜品列表功能，第14～27行代码用于实现加入购物车功能，第28～32行代码用于实现将菜品移出购物车功能，第33～35行代码用于实现查看购物车功能。

（9）测试点餐购物车

运行文件7-10，在控制台中根据提示信息输入1选择查看菜品列表，结果如图7-15所示。

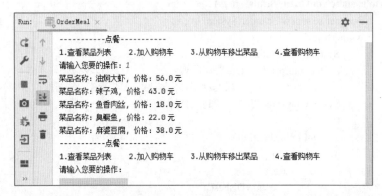

图7-15　查看菜品列表

在图7-15中，输入2选择向购物车中添加菜品，这里以添加辣子鸡和油焖大虾为例，结果如图7-16所示。

图7-16　添加辣子鸡和油焖大虾

在图7-16中，输入3选择从购物车移出菜品，在此以移出辣子鸡为例，结果如图7-17所示。

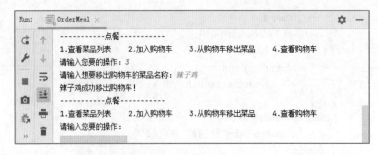

图7-17　从购物车移出辣子鸡

在图7-17中，输入4选择查看购物车，结果如图7-18所示。

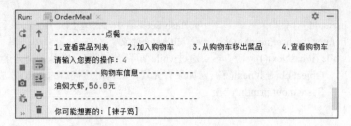

图 7-18　查看购物车

从图 7-18 可以看出，购物车中只保留了油焖大虾，潜在成交的菜品是辣子鸡。
至此，点餐购物车功能完成。

知识拓展 7.1　自定义泛型类

知识拓展 7.2　自定义泛型接口

任务7-2　中奖会员排名

■ 任务描述

　　传智餐厅每月会员日都会推出会员抽奖活动，凡是满足抽奖条件的会员均有资格参加。假设本月有 5 名会员满足资格，本任务要求从这 5 名会员中随机抽取 3 名中奖会员，并按照姓名排序，效果如图 7-19 所示。

-----本月中奖会员名单-----
姓名：qianqi，手机尾号：1111
姓名：wangwu，手机尾号：4321
姓名：zhangsan，手机尾号：5678

图 7-19　中奖会员排名

■ 知识储备

　　Set 接口也继承自 Collection 接口，与 List 接口不同的是，Set 接口中元素是无序的，并且都会以某种规则保证存入的元素不出现重复。Set 接口主要有两个实现类，也称为集合，分别是 HashSet 集合和 TreeSet 集合。

　　1. HashSet 集合

　　HashSet 是 Set 接口的一个实现类，它根据对象的哈希值确定元素在集合中的存储位置，因此具有良好的存取和查找性能。Set 接口与 List 接口存取元素的方式基本相同，这里不再赘述。下面通过案例演示 HashSet 集合的用法，见文件 7-11。

文件 7-11　Example09.java

```
1    import java.util.*;
2    public class Example09 {
3        public static void main(String[] args) {
4            HashSet hset = new HashSet();            //创建HashSet集合
5            hset.add("张三");                //向Hash Set集合中添加字符串
6            hset.add("李四");
7            hset.add("王五");
```

```
8            hset.add("李四");           //向Hash Set集合中添加重复元素
9            Iterator it = hset.iterator();   //获取Iterator对象
10           while (it.hasNext()) {        //通过while循环，判断集合中是否有元素
11                Object obj = it.next();    // 如果有元素，就调用迭代器的next()方法获取元素
12                System.out.println(obj);
13           }
14       }
15   }
```

上述代码中，第 4 ～ 8 行代码创建了一个 HashSet 集合 hset，并调用 add() 方法向 HashSet 集合依次添加了 4 个字符串；第 9 行代码获取了一个迭代器对象 it；第 10 ～ 13 行代码通过 Iterator 迭代器遍历 HashSet 集合中的所有元素并输出。

文件 7-11 的运行结果如图 7-20 所示。

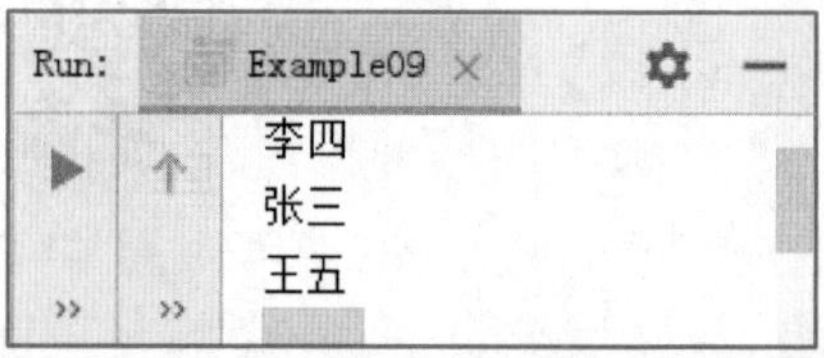

从图 7-20 可以看出，HashSet 集合中元素的添加顺序和取出顺序是不一致的，且重复添加的元素"李四"只输 出了一次。

图 7-20　文件 7-11 的运行结果

HashSet 集合之所以能确保不出现重复的元素，是因为它在添加元素时做了很多工作。当调用 HashSet 集合的 add() 方法添加元素时，首先会调用当前存入对象的 hashCode() 方法查找哈希值，然后根据哈希值计算该元素在集合中的位置，如果该位置上没有元素，则直接添加。如果该位置上有元素存在，则会调用 equals() 方法让当前存入的元素和该位置上的元素进行比较，如果返回结果为 false，就将该元素添加到集合中，如果返回结果为 true，说明有重复元素，将该元素舍弃。整个 HashSet 集合添加元素的流程如图 7-21 所示。

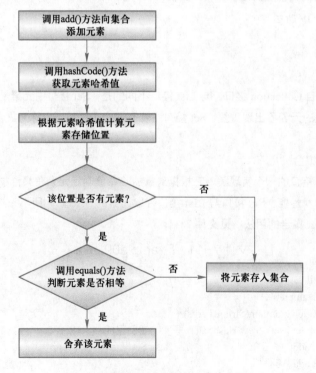

图 7-21　HashSet 集合添加元素的流程图

根据前面的分析不难看出，当向 HashSet 集合中添加元素时，如果添加的元素和集合中已经存在的元素的 hashCode 值相等，并且通过 equals() 方法比较返回结果为 true，则 HashSet 集合认为这两个元素相等。读者可以在重写 hashCode() 和 equal() 方法中自定义比较元素的规则。

下面通过案例演示向 HashSet 存储自定义类对象，见文件 7-12。

文件 7-12 Example10.java

```
1   import java.util.*;
2   class Student {
3       String id;
4       String name;
5       public Student(String id,String name) {          //创建构造方法
6           this.id=id;
7           this.name = name;
8       }
9       public String toString() {                        //重写toString()方法
10          return id+":"+name;
11      }
12  }
13  public class Example10{
14      public static void main(String[] args) {
15          HashSet hs = new HashSet();                   //创建HashSet集合
16          Student stu1 = new Student("1", "张三");       //创建Student对象
17          Student stu2 = new Student("2", "李四");
18          Student stu3 = new Student("2", "李四");
19          hs.add(stu1);
20          hs.add(stu2);
21          hs.add(stu3);
22          System.out.println(hs);
23      }
24  }
```

上述代码中，第 15 行代码创建了一个 HashSet 集合；第 16 ~ 18 行代码分别创建了 3 个 Student 对象；第 19 ~ 22 行代码分别将 3 个 Student 对象存入 HashSet 集合中并输出。

文件 7-12 的运行结果如图 7-25 所示。

由图 7-22 可知，运行结果中出现了两个相同的学生信息 "2: 李四"，这样的学生信息应该被视为重复

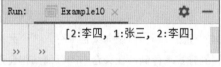

图 7-22 文件 7-12 的运行结果（1）

元素，不允许同时出现在 HashSet 集合中。这里之所以没有去掉这样的重复元素，是因为在定义 Student 类时没有重写 hashCode() 和 equals() 方法。

下面改写文件 7-12 中的 Student 类，假设 id 相同的学生就是同一个学生，在 Student 类中重写 hashCode() 方法和 equals() 方法，具体代码如下。

```
1   //重写hashCode方法
2   public int hashCode() {
3       return id.hashCode();                             //返回id属性的哈希值
4   }
```

```
5       //重写equals方法
6       public boolean equals(Object obj) {
7           if (this == obj) {                    //判断是否是同一个对象
8               return true;                      //如果是，直接返回true
9           }
10          if (!(obj instanceof Student)) {      //判断对象是否为Student类型
11              return false;
12          }
13          Student stu = (Student) obj;          //将对象强转换为Student类型
14          boolean b = this.id.equals(stu.id);   //判断id值是否相同
15          return b;                             //返回判断结果
16      }
```

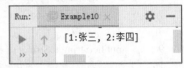

图 7-23　文件 7-12 的运行结果（2）

上述代码中，第 2 ～ 4 行代码重写 hashCode() 方法，返回属性 id 的哈希值；第 6 ～ 16 行代码重写 equals() 方法，在 equals() 方法中比较两个对象的 id 属性是否相等，并返回结果。

再次运行文件 7-12，结果如图 7-23 所示。

由图 7-23 可以看出，HashSet 集合中没有重复元素，说明在添加时重复元素被去除了。

2. TreeSet 集合

TreeSet 是 Set 接口的另一个实现类，它内部采用平衡二叉树来存储元素，这样的结构可以保证 TreeSet 集合中没有重复的元素，并且可以对元素进行排序。所谓二叉树，就是每个结点最多有两个子结点的有序树，每个结点及其子结点组成的树称为子树，通常左侧结点称为左子树，右侧结点称为右子树，其中左子树上的元素小于它的根结点，而右子树上的元素大于它的根结点。二叉树中元素的存储结构如图 7-24 所示。

图 7-24 所示为一个二叉树模型。在二叉树中，同一层的元素，左侧元素总是小于右侧元素。为了使读者更好地理解 TreeSet 集合中二叉树存放元素的原理，下面分析一下二叉树中元素的存储过程。

当二叉树中存入新元素时，新元素首先会与第一个元素（根结点）进行比较，如果小于第一个元素就执行左侧分支，继续和该分支的子元素进行比较；如果大于第一个元素就执行右侧分支，继续和该分支的子元素进行比较。如此往复，直到与最后一个元素进行比较时，如果新元素小于最后一个元素就将其放在最后一个元素的左子树上，如果大于最后一个元素就将其放在最后一个元素的右子树上。

前面通过文字描述的方式对二叉树的存储原理进行了讲解，下面通过具体的图例来演示二叉树的存储过程。假设向集合中存入 8 个元素，依次为 13、8、17、17、1、11、15、25，如果以二叉树的方式来存储，在集合中的存储结构会形成一个树结构。二叉树的存储方式如图 7-25 所示。

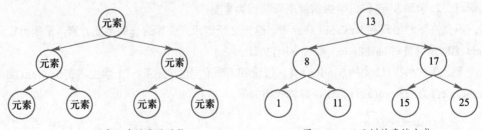

图 7-24　二叉树中元素的存储结构　　　　图 7-25　二叉树的存储方式

从图 7-25 可以看出，在向 TreeSet 集合中依次存入元素时，首先将第一个存入的元素放在二叉树的根结点，之后存入的元素与第一个元素比较，如果小于第一个元素就将该元素放在左子树上，如果大于第一个元素，就将该元素放在右子树上，依此类推，按照左子树元素小于右子树元素的顺序进行排序。当二叉树中已经存入一个 17 的元素时，再向集合中存入一个为 17 的元素，TreeSet 会将重复的元素去掉。

针对 TreeSet 集合存储元素的特殊性，TreeSet 在继承 Set 接口的基础上实现了一些特有的方法，具体见表 7-5。

表 7-5　TreeSet 集合的特有方法

方法声明	功能描述
Object first()	返回 TreeSet 集合的第一个元素
Object last()	返回 TreeSet 集合的最后一个元素
Object lower(Object o)	返回 TreeSet 集合中小于给定元素的最大元素，如果没有，返回 null
Object floor(Object o)	返回 TreeSet 集合中小于或等于给定元素的最大元素，如果没有，返回 null
Object higher(Object o)	返回 TreeSet 集合中大于给定元素的最小元素，如果没有，返回 null
Object ceiling(Object o)	返回 TreeSet 集合中大于或等于给定元素的最小元素，如果没有，返回 null
Object pollFirst()	移出并返回集合的第一个元素
Object pollLast()	移出并返回集合的最后一个元素

了解了 TreeSet 集合存储元素的原理和一些常用元素操作方法后，下面通过案例来演示TreeSet 集合中常用方法的使用，见文件 7-13。

文件 7-13　Example11.java

```
1   import java.util.TreeSet;
2   public class Example11 {
3       public static void main(String[] args) {
4           //创建TreeSet集合
5           TreeSet ts = new TreeSet();
6           //1.向TreeSet集合中添加元素
7           ts.add(3);
8           ts.add(29);
9           ts.add(101);
10          ts.add(21);
11          System.out.println("创建的TreeSet集合为: "+ts);
12          //2.获取首尾元素
13          System.out.println("TreeSet集合首元素为: "+ts.first());
14          System.out.println("TreeSet集合尾部元素为: "+ts.last());
15          //3.比较并获取元素
16          System.out.println("集合中小于或等于9的最大的一个元素为: "
17                  +ts.floor(9));
18          System.out.println("集合中大于10的最小的一个元素为: "+ts.higher(10));
```

```
19              System.out.println("集合中大于100的最小的一个元素为: "
20                          +ts.higher(100));
21              //4.删除元素
22              Object first = ts.pollFirst();
23              System.out.println("删除的第一个元素是: "+first);
24              System.out.println("删除第一个元素后TreeSet集合变为: "+ts);
25          }
26      }
```

上述代码中，第 5 行代码创建了一个 TreeSet 集合对象 ts；第 7 ～ 10 行代码向 TreeSet 集合中添加了 4 个元素；第 13、14 行代码分别获取了 TreeSet 集合中的首尾元素；第 16 ～ 20 行代码分别获取了 TreeSet 集合中小于或等于 9 的最大的一个元素、大于 10 的最小的一个元素和大于 100 的最小的一个元素；第 22 ～ 24 行代码删除了第一个元素并输出删除后的 TreeSet 集合。

文件 7-13 的运行结果如图 7-26 所示。

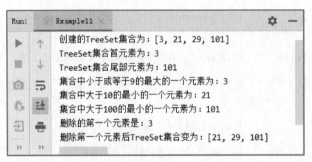

图 7-26　文件 7-13 的运行结果

从图 7-26 可以看出，向 TreeSet 集合中添加元素时，不论元素的添加顺序如何，这些元素都能够按照一定的顺序进行排列，其原因是每次向 TreeSet 集合中存入一个元素时，就会将该元素与其他元素进行比较，然后将它插入到有序的对象序列中。集合中的元素在进行比较时，都会调用 compareTo() 方法。该方法是 Comparable 接口中定义的，因此要想对集合中的元素进行排序，就必须实现 Comparable 接口。Java 中大部分类都实现了 Comparable 接口，并默认实现了接口中的 CompareTo() 方法，如 Integer、Double 和 String 等。

在实际开发中，除了会向 TreeSet 集合中存储一些 Java 中默认的类型数据外，还会存储一些用户自定义的类型数据。由于这些自定义类型的数据没有实现 Comparable 接口，因此也就无法直接在 TreeSet 集合中进行排序操作。为了解决这个问题，Java 提供了两种 TreeSet 的排序规则，分别为自然排序和自定义排序。在默认情况下，TreeSet 集合都是采用自然排序。

（1）自然排序

自然排序要求向 TreeSet 集合中存储的元素所在类必须实现 Comparable 接口，并重写 compareTo() 方法，然后 TreeSet 集合就会对该类型元素使用 compareTo() 方法进行比较，集合会根据比较结果将元素按升序排列。例如 a.compareTo(b)，如果该方法返回 0，则表示 a 和 b 相等；如果该方法返回大于 0 的值，则表示 a 大于 b；如果该方法返回小于 0 的值，则表示 a 小于 b。

下面通过案例学习将自定义的 Person 对象使用 compareTo() 方法实现对象元素的顺序存取，见文件 7-14。

文件 7-14　Example12.java

```
1   import java.util.TreeSet;
2   class Person implements Comparable{
3       private String name;
4       private int age;
5       public Person(String name,int age) {
6           this.name = name;
7           this.age = age;
8       }
9       //重写 toString()方法
10      public String toString() {
11          return name + ":" + age;
12      }
13      //重写Comparable接口的compareTo()方法
14      public int compareTo(Object obj) {
15          Person person = (Person)obj;
16          //定义比较方式，先比较age，再比较name
17          if(this.age - person.age > 0){
18              return 1;
19          }
20          if(this.age - person.age == 0){
21              return this.name.compareTo(person.name);
22          }
23          return -1;
24      }
25  }
26  public class Example12 {
27      public static void main(String[] args) {
28          TreeSet ts = new TreeSet();
29          ts.add(new Person("zhangsan",18));
30          ts.add(new Person("lisi",20));
31          ts.add(new Person("wangwu",18));
32          ts.add(new Person("lisi",20));
33          System.out.println(ts);
34      }
35  }
```

上述代码中，第 2 ～ 25 行代码定义了一个 Person 类。Person 类是 Comparable 接口的实现类。其中，第 14 ～ 24 行代码重写了 Comparable 接口的 compareTo() 方法，用于将当前对象的 age 与传入对象的 age 进行比较，如果比较结果大于 0，则返回 1；如果 age 相等，则返回当前对象的 name 和传入对象的 name 的比较结果；否则返回 –1。

文件 7-14 的运行结果如图 7-27 所示。

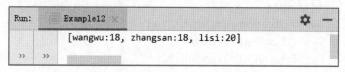

图 7-27　文件 7-14 的运行结果

　　由图 7-27 可知，Person 对象首先按照年龄顺序排序，年龄相同时会按照姓名进行升序排序，且 TreeSet 集合会将重复元素去掉。

　　TreeSet 按照元素存入顺序的倒序进行元素存储，文件 7-14 只演示了 compareTo() 方法返回负数的情况，其他两种情况读者可自行调试观察效果。

　（2）自定义排序

　　如果不想实现 Comparable 接口或者不想按照实现了 Comparable 接口的类中 compareTo() 方法的规则进行排序，可以通过自定义比较器的方式对 TreeSet 集合中的元素自定义排序规则。实现 Comparator 接口的类都是一个自定义比较器，可以在其 compare() 方法中自定义排序规则。

　　下面通过案例学习将自定义的 Person 对象通过自定义排序的方式存入 TreeSet 集合，见文件 7-15。

文件 7-15　Example13.java

```
1   import java.util.*;
2   class Person01 {
3       private String id;
4       private String name;
5       public Person01(String id, String name) {
6           this.id = id;
7           this.name = name;
8       }
9       public String getId() {
10          return id;
11      }
12      public void setId(String id) {
13          this.id = id;
14      }
15      public String getName() {
16          return name;
17      }
18      public void setName(String name) {
19          this.name = name;
20      }
21      // 重写toString()方法
22      public String toString() {
23          return id + ":" + name;
24      }
25  }
26  public class Example13 {
27      public static void main(String[] args) {
28          TreeSet ts = new TreeSet(new Comparator() {
29              @Override
30              public int compare(Object o1, Object o2) {    //重写
31                  Person01 p1 = (Person01) o1;
32                  Person01 p2 = (Person01) o2;
33                  if (p1.getId()!=p2.getId()) {
```

```
34                      return p1.getId().compareTo(p2.getId());
35                  } else {
36                      return p1.getName().compareTo(p2.getName());
37                  }
38              }
39          });
40          ts.add(new Person01("2", "zhaoliu"));    //向ts集合中添加元素
41          ts.add(new Person01("2", "zhangsan"));
42          ts.add(new Person01("1", "lisi"));
43          System.out.println(ts);
44      }
45  }
```

上述代码中，第 28～39 行代码创建了一个 TreeSet 集合并通过匿名内部类的方式实现了 Comparator 接口，在内部类中重写了 Comparator 接口的 compare() 方法，方法中指定排序规则为：根据 id 升序排序，如果 id 相同，则根据 name 升序排序。

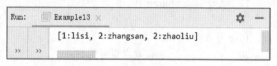

图 7-28　文件 7-15 的运行结果

文件 7-15 的运行结果如图 7-28 所示。

■ 任务分析

根据任务描述得知，本任务的目标是随机抽取中奖会员，并对中奖会员按姓名和手机尾号排序。根据所学的知识，可以使用下列思路实现。

① 定义会员类，用于保存会员的姓名、手机号信息。为了让中奖会员按一定规则排序，可以让会员类实现 Comparable 接口，并在重写的 compareTo() 方法中定义排序规则。

② 由于参与抽奖的会员不能重复，所以可以使用 HashSet 集合存储参与抽奖的会员。

③ 由于中奖会员是从参与抽奖会员集合中随机获取元素的形式，所以先将存储参与抽奖会员的 HashSet 集合转为 ArrayList 集合，然后使用 Random 随机生成的整数作为集合索引获取中奖会员。

④ 为了保证中奖会员的唯一性，所有中奖会员均存放在 TreeSet 集合中。

■ 任务实现

结合任务分析的思路，下面利用所学知识实现每月抽奖活动的功能，具体步骤如下。

（1）定义会员类

在 chapter07 项目的 src 目录下创建类包 task02，并在该类包下创建会员类 Member，该类中包含会员姓名和手机号属性，具体代码见文件 7-16。

文件 7-16　Member.java

```
1   import java.util.Objects;
2   public class Member implements Comparable {
```

```
3          //会员姓名
4          private String name;
5          //会员手机号
6          private String tel;
7          public Member(String name, String tel) {
8              this.name = name;
9              this.tel = tel;
10         }
11         @Override
12         public int compareTo(Object o) {
13             Member c = (Member) o;
14             //比较会员姓名
15             int i = this.name.compareTo(c.name);
16             if (i > 0) {
17                 return 1;
18             }
19             if (i == 0) {
20                 //获取手机号后4位
21                 String subTel1 = this.tel.substring(this.tel.length() - 4);
22                 String subTel2 = c.getTel().substring(this.tel.length() - 4);
23                 return subTel1.compareTo(subTel2);
24             }
25             return -1;
26         }
27         public String getName() {
28             return name;
29         }
30         public String getTel() {
31             return tel;
32         }
33         public void setName(String name) {
34             this.name = name;
35         }
36         public void setTel(String tel) {
37             this.tel = tel;
38         }
39     }
```

上述代码中，第 12 ～ 26 行代重写 Comparable 接口的 compareTo()，在 compareTo() 方法中先根据会员的姓名进行升序排序，如果会员姓名一样，则根据手机尾号升序排序。

（2）定义抽奖活动类

在类包 task02 下创建抽奖活动类 Celebrate，在该类中定义 main() 方法，在 main() 方法中对符合条件的会员进行随机抽奖，具体代码见文件 7-17。

文件 7-17　Celebrate.java

```
1    import java.util.*;
```

```
2   public class Celebrate {
3       public static void main(String[] args) {
4           Random random = new Random();
5           //创建HashSet集合，用于存放可参与抽奖的会员
6           HashSet<Member> hs = new HashSet<>();
7           hs.add(new Member("zhangsan", "13812345678"));
8           hs.add(new Member("wangwu", "13712345678"));
9           hs.add(new Member("wangwu", "13887654321"));
10          hs.add(new Member("zhaoliu", "13787654321"));
11          hs.add(new Member("qianqi", "13811111111"));
12          //将HashSet集合转换为ArrayList集合
13          ArrayList<Member> al = new ArrayList<>(hs);
14          //创建TreeSet用于存放中奖的会员
15          TreeSet<Member> ts = new TreeSet<>();
16          while (ts.size() < 3) {
17              int i = random.nextInt(al.size());
18              //随机从ArrayList集合中获取一个会员
19              Member customer = al.get(i);
20              //将随机获取到的会员存入TreeSet集合
21              ts.add(customer);
22          }
23          Iterator<Member> iterator = ts.iterator();
24          System.out.println("------本月中奖会员名单------");
25          //将随机获取到的3个会员信息输出在控制台
26          while (iterator.hasNext()) {
27              Member c = iterator.next();
28              //获取手机号后4位
29              String subTel = c.getTel().substring(c.getTel().length() - 4);
30              System.out.println("姓名：" + c.getName() + "，手机尾号：" + subTel);
31          }
32      }
33  }
```

上述代码中，第 6 行代码创建一个 HashSet 集合，用于存放可参与抽奖的会员；第 7 ～ 11 行代码创建了 5 个会员对象作为可参与抽奖的会员插入到 HashSet 集合中；第 12 行代码将参与抽奖的会员集合转换为 ArrayList 集合，便于进行随机抽奖；第 14 行代码创建 TreeSet 集合，用于存放中奖的会员；第 15 ～ 21 行代码在抽奖清单中随机抽取会员存入 TreeSet 集合中；第 25 ～ 30 行代码将中奖清单中的会员信息输出在控制台。

（3）测试中奖会员排名

运行文件 7-17，结果如图 7-29 所示。

从图 7-29 可以看出，控制台中展示的中奖清单根据会员姓名进行升序排序，当会员姓名相同时，则根据手机尾号进行升序排序。

至此，中奖会员排名功能完成。

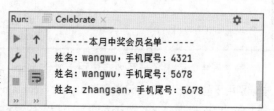

图 7-29　文件 7-17 的运行结果

任务7-3   **菜品分类展示**

■ 任务描述

一般情况下，餐厅会将菜品根据菜系或者运营方案指定对应的类别，以便更快捷地管理菜品。餐厅助手的运营人员希望展示菜品信息时，按照类别进行分类。本任务要求编写一个程序对菜品进行分类展示，效果如图 7-30 所示。

```
————特价菜————
鱼香肉丝
辣子鸡
————热门菜————
麻婆豆腐
臭鳜鱼
油焖大虾
```

图 7-30 菜品分类展示

■ 知识储备

1. Map 接口简介

现实生活中，每个人都有唯一的身份证号，通过这个身份证号可以查询到这个人的信息，这两者是一对一关系。在程序中，如果想存储这种具有对应关系的数据，可以使用 JDK 提供的 Map 接口。Map 集合中的每一个元素都包含一个键（Key）对象和一个值（Value）对象，键和值对象之间存在映射关系。Map 中的键不允许重复，值可以重复。

为了便于 Map 接口的学习，下面罗列 Map 接口中定义的常用方法，具体见表 7-6。

表 7-6 Map 接口的常用方法

方法声明	功能描述
V put(K key, V value)	向 Map 集合中添加键值对，如果当前 Map 中已有一个与 key 相等键值对，则新的键值对会覆盖原来的键值对
V get(Object key)	返回 Map 集合中指定键所映射的值，V 表示值的数据类型。如果此映射不包含该键的映射关系，则返回 null
boolean containsKey(Object key)	查询 Map 中是否包含指定的 key，如果包含，则返回 true
boolean containsValue(Object value)	查询 Map 中是否包含一个或多个 value，如果包含，则返回 true
Set<K> keySet()	返回 Map 集合中所有键对象的 Set 集合
Collection<V> values()	返回 Map 集合中所有 value 组成的 Collection
Set<Map.Entry<K, V>> entrySet()	返回 Map 集合中所有键值对的 Set 集合
V remove(Object key)	从 Map 集合中删除 key 对应的键值对，并返回 key 对应的 value；如果该 key 不存在，则返回 null

表 7-6 中，列出了一系列方法用于操作 Map。其中，put(Key k, Value v) 和 get(Object key) 方法分别用于向 Map 中存入元素和取出元素，containsKey(Object key) 和 containsValue(Object value) 方法分别用于判断 Map 中是否包含某个指定的键和指定的值，keySet() 和 values() 方法分别用于获取 Map 中所有的键和值。

2. HashMap 集合

HashMap 集合是 Map 接口的一个实现类，它根据哈希算法来存取键对象。HashMap 集合中的大部分方法都是 Map 接口方法的实现。下面通过案例学习 HashMap 的用法，见文件 7-18。

文件 7-18　Example14.java

```
1   import java.util.*;
2   public class Example14 {
3       public static void main(String[] args) {
4           Map map = new HashMap();                        //创建HashMap对象
5           map.put("1", "张三");                           //存储键和值
6           map.put("2", "李四");
7           map.put("3", "王五");
8           map.put("3", "赵六");
9           System.out.println("1： " + map.get("1"));      //根据键获取值
10          System.out.println("2： " + map.get("2"));
11          System.out.println("3： " + map.get("3"));
12      }
13  }
```

上述代码中，第 4 ～ 8 行代码创建了一个 HashMap 集合，并通过 put() 方法向集合中加入 4 个元素，其中第 7 行和第 8 行代码加入元素的键相同；第 9 ～ 11 行代码调用 get() 方法，并向 get() 方法中传入字符串参数作为键，通过键获取与键对应的值。

文件 7-18 的运行结果如图 7-31 所示。

由图 7-31 可知，Map 中仍然只有 3 个元素，在添加的元素中，键为 3、值为赵六的元素，覆盖了先添加的键为 3、值为王五的元素，这也证实了 Map 中的键必须是

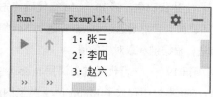

图 7-31　文件 7-18 的运行结果

唯一的，不能重复，如果存储了相同的键，后存储的值会覆盖原有值，即键相同，值覆盖。

在程序开发中，对于取出 Map 中所有的键和值有两种方式可以实现，第一种方式就是先遍历 Map 集合中所有的键，再根据键获取相应的值；另一种方式是先获取集合中所有的映射关系，然后从映射关系中取出键和值。

下面通过案例分别演示这两种获取键和值的方式，见文件 7-19。

文件 7-19　Example15.java

```
1   import java.util.*;
2   public class Example15 {
3       public static void main(String[] args) {
4           Map map = new HashMap();                        //创建HashMap集合
5           map.put("1", "张三");                           //存储键和值
6           map.put("2", "李四");
7           map.put("3", "王五");
8           //1.先遍历Map集合中所有的键，再根据键获取相应的值
9           System.out.println("获取Map中所有键和值的第1种方式： ");
```

```
10          Set keySet = map.keySet();                    //获取键的集合
11          Iterator it1 = keySet.iterator();             //定义迭代器
12          while (it1.hasNext()) {
13              Object key = it1.next();
14              Object value = map.get(key);              //获取每个键所对应的值
15              System.out.println(key + ":" + value);
16          }
17          //2.先获取集合中所有的映射关系，然后从映射关系中取出键和值
18          System.out.println("获取Map中所有键和值的第2种方式：");
19          Set entrySet = map.entrySet();
20          Iterator it2 = entrySet.iterator();           //获取Iterator对象
21          while (it2.hasNext()) {
22              //获取集合中键和值的映射关系
23              Map.Entry entry = (Map.Entry) (it2.next());
24              Object key = entry.getKey();              //获取Entry中的键
25              Object value = entry.getValue();          //获取Entry中的值
26              System.out.println(key + ":" + value);
27          }
28      }
29 }
```

上述代码中，第 10 ~ 16 行代码首先调用 map 对象的 keySet() 方法，获得 Map 集合中所有键的 Set 集合，然后通过 Iterator 遍历 Set 集合中的每个元素，即每个键，最后调用 map 对象的 get() 方法，根据键获取对应的值。

第 19 ~ 27 行代码首先调用 map 对象的 entrySet() 方法获得 Map 集合中所有映射的 Set 集合，Set 集合中存放了 Map.Entry 类型的元素，每个 Map.Entry 对象代表 Map 集合中的一个键值对，然后遍历 Set 集合，获得每个映射对象，分别调用映射对象的 getKey() 和 getValue() 方法获取键和值。

文件 7-19 的运行结果如图 7-32 所示。

Map 还提供了一些操作集合的常用方法，例如，values() 方法用于获取 map 实例中所有的 value，返回值类型为 Collection；size() 方法获取 map 集合的大小；containsKey() 方法用于判断是否包含传入的键；containsValue() 方法用于判断是否包含传入的值；remove() 方法用于根据 key 移出 map 中的与该 key 对应的 value 等。

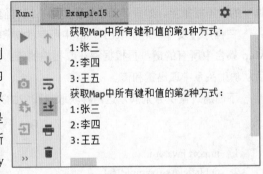

图 7-32　文件 7-19 的运行结果

下面通过案例演示这些方法的使用，见文件 7-20。

文件 7-20　Example16.java

```
1  import java.util.*;
2  public class Example16 {
3      public static void main(String[] args) {
```

```
4              Map map = new HashMap();              //创建HashMap集合
5              map.put("1", "张三");                //存储键和值
6              map.put("3", "李四");
7              map.put("2", "王五");
8              map.put("4", "赵六");
9              System.out.println("集合大小为："+map.size());
10             System.out.println("集合是否包含传入的键（2）："+map.containsKey("2"));
11             System.out.println("集合是否包含传入的值（王五）："+
12                     map.containsValue("王五"));
13             System.out.println("移出键为1的值是："+map.remove("1"));
14             Collection values = map.values();
15             Iterator it = values.iterator();
16             System.out.println("集合中所有的值：");
17             while (it.hasNext()) {
18                 Object value = it.next();
19                 System.out.print(value+" ");
20             }
21         }
22  }
```

上述代码中，第 4 ～ 8 行代码创建了一个 HashMap 集合并通过 Map 的 put() 方法向集合中加入 4 个元素；第 9 行代码是通过 Map 的 size() 方法获取了集合的大小；第 10 ～ 12 行代码中

containsKey(Object key) 和 containsValue(Object value) 方法分别判断集合中是否包含所传入的键为 2 和值为王五的元素；第 13 行代码中 remove(Object key) 方法删除键为 1 的元素对应的值；第 14 ～ 20 行代码通过 values() 方法获取包含 Map 中所有值的 Collection 集合，然后通过迭代器输出集合中的每一个值。

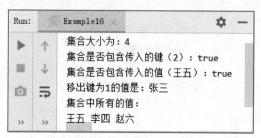

图 7-33　文件 7-20 的运行结果

文件 7-20 的运行结果如图 7-33 所示。

■ 任务分析

根据任务描述得知，本任务的目标是对菜品分类并展示。根据所学的知识，可以使用下列思路实现。

① 定义菜品类 Dish，类中包含菜品名称和类别的属性。

② 定义实现菜品分类展示的类 Category，在类中定义一个 ArrayList 集合用于存储所有菜品。可以根据菜品类别，将相同类别的菜品存放在一起，这里可以定义一个 HashMap 集合，将菜品类别作为 HashMap 的键，将同类别的菜品存放在 ArrayList 集合中作为 HashMap 的值。

③ 使用 for 循环遍历所有菜品，获取当前遍历到的菜品对应的菜品类别，根据获取到的菜品类别获取 HashMap 中对应的菜品集合。如果获取到的菜品集合为空，则创建一个 ArrayList 集合，将遍历到的菜品添加到该 ArrayList 集合中，并将当前菜品类别作为键、添加完菜品的 ArrayList 集

合作为值添加到 HashMap 中；如果获取到的菜品集合不为空，则将当前菜品添加到获取到的菜品集合中。

④ 循环结束后，HashMap 中存放了分类后的菜品信息。可以先获取 HashMap 中所有的键，然后循环所有的键，根据键获取对应的菜品信息，在控制台中输出。

任务实现

结合任务分析的思路，下面利用所学知识实现菜品分类展示的功能，具体步骤如下。

（1）定义菜品类

在项目的 src 目录下创建类包 task03，在类包下创建菜品类 Dish，该类中包含菜品名称和菜品类别属性，具体代码见文件 7-21。

文件 7-21　Dish.java

```
1    public class Dish {
2        //菜品名称
3        private String name;
4        //菜品类别
5        private String category;
6        public Dish(String name, String category) {
7            this.name = name;
8            this.category = category;
9        }
10       public String getName() {
11           return name;
12       }
13       public String getCategory() {
14           return category;
15       }
16       public void setName(String name) {
17           this.name = name;
18       }
19       public void setCategory(String category) {
20           this.category = category;
21       }
22   }
```

（2）实现菜品分类展示功能

在 task03 类包下创建用于菜品分类的类 Category，在该类中定义 main() 方法，在 main() 方法中创建集合存储所有菜品，然后将所有菜品进行分类后在控制台分类展示。具体代码见文件 7-22。

文件 7-22　Category.java

```
1    import java.util.ArrayList;
2    import java.util.HashMap;
```

```
3        import java.util.Set;
4        public class Category {
5            public static void main(String[] args) {
6                //创建ArrayList用于存放所有菜品
7                ArrayList<Dish> d=new ArrayList<>();
8                d.add(new Dish("麻婆豆腐","热门菜"));
9                d.add(new Dish("鱼香肉丝","特价菜"));
10               d.add(new Dish("臭鳜鱼","热门菜"));
11               d.add(new Dish("油焖大虾","热门菜"));
12               d.add(new Dish("辣子鸡","特价菜"));
13               //创建HashMap用于根据类别存放菜品
14               HashMap<String, ArrayList<Dish>> cg = new HashMap<>();
15               //循环获取菜品
16               for (Dish dish: d){
17                   //获取菜品的类别
18                   String category=dish.getCategory();
19                   //根据类别获取相同类别的菜品
20                   ArrayList<Dish> dishes = cg.get(category);
21                   //如果当前类别中还没存放菜品
22                   if(dishes==null){
23                       //创建集合存放该类别的菜品
24                       ArrayList<Dish> arr = new ArrayList<>();
25                       arr.add(dish);
26                       cg.put(category,arr);
27                   }else{
28                       dishes.add(dish);
29                   }
30               }
31               //获取所有的类别
32               Set<String> keys = cg.keySet();
33               //循环获取菜品类别
34               for (String key:keys){
35                   System.out.println("---------"+key+"---------");
36                   //获取当前类别的所有菜品
37                   ArrayList<Dish> dishes = cg.get(key);
38                   for (Dish dish:dishes){
39                       System.out.println(dish.getName());
40                   }
41               }
42           }
43       }
```

上述代码中，第 6 ～ 12 行代码创建了 ArrayList 集合用于存放所有菜品，并将所有菜品添加在该集合中；第 14 行代码创建了 HashMap 集合，用于存放根据类别划分后的菜品；第 16 ～ 30 行代码循环获取所有菜品，将获取的菜品类别作为键、对应的菜品作为值存放在 HashMap 集合中；

第 32 行代码获取分类之后 HashMap 集合中所有的键，即菜品的所有类别；第 34 ～ 41 行代码根据菜品类别获取该类别对应的所有菜品，将菜品名称分类输出在控制台。

（3）测试菜品分类展示

运行文件 7-22，结果如图 7-34 所示。

从图 7-34 可以看出，程序将所有菜品分为特价菜和热门菜两类进行展示。

图 7-34 文件 7-22 的运行结果

任务7-4   订单管理

■ 任务描述

顾客的下单信息，传智餐厅工作人员可以在餐厅助手后台进行管理，包括订单的查看和删除。本任务要求编写一个程序实现订单管理功能，效果如图 7-35 所示。

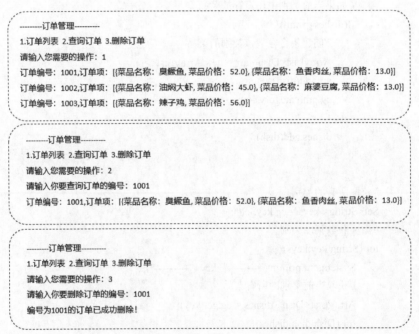

图 7-35 订单管理

■ 知识储备

1. TreeMap 集合

除了 HashMap 集合，Java 中 Map 接口的常用实现类还有 TreeMap。TreeMap 中通过二叉树原理保证键的唯一性，这与 TreeSet 集合存储原理一样，因此 TreeMap 中所有的键是按照某种顺序排列的。下面通过案例演示 TreeMap 集合的用法，见文件 7-23。

文件 7-23　Example17.java

```
1    import java.util.*;
2    public class Example17 {
3        public static void main(String[] args) {
4            Map map = new TreeMap();                    //创建TreeMap集合
5            map.put(3, "李四");                           //存储键和值
6            map.put(2, "王五");
7            map.put(4, "赵六");
8            map.put(3, "张三");
9            Set keySet = map.keySet();
10           Iterator it = keySet.iterator();
11           while (it.hasNext()) {
12               Object key = it.next();
13               Object value = map.get(key);             //获取每个键所对应的值
14               System.out.println(key+":"+value);
15           }
16       }
17   }
```

上述代码中，第 5 ～ 8 行代码通过 Map 的 put(Object key,Object value) 方法向集合中加入 4 个元素；第 9 ～ 15 行代码是使用 Iterator 遍历集合中的元素并通过元素的键获取对应的值，并输出在控制台。

文件 7-23 的运行结果如图 7-36 所示。

由图 7-36 可知，添加的元素已经按键值从小到大自动排序，且键值重复存入的整数 3 只有一个，只是后来添加的值"张三"覆盖了原来的值"李四"。这也证实了 TreeMap 中的键必须是唯一的（不能重复）并且有序，如果存储了相同的键，后存储的值会覆盖原有值。

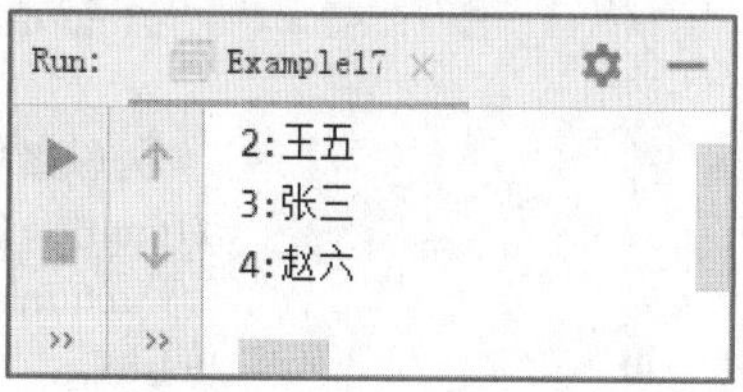

图 7-36　文件 7-23 的运行结果

TreeMap 集合之所以可以对添加元素的键值进行排序，其实现原理与 TreeSet 一样，TreeMap 的排序也分自然排序与自定义排序两种。下面通过案例实现按键值排序，在该例中，键是自定义类，值是 String 类，见文件 7-24。

文件 7-24　Example18.java

```
1    import java.util.*;
2    class Student02 {
3        private String name;
4        private int age;
5        public String getName() {
6            return name;
7        }
8        public void setName(String name) {
9            this.name = name;
```

```
10          }
11          public int getAge() {
12              return age;
13          }
14          public void setAge(int age) {
15              this.age = age;
16          }
17          public Student02(String name, int age) {
18              super();
19              this.name = name;
20              this.age = age;
21          }
22          @Override
23          public String toString() {
24              return "Student [name=" + name + ", age=" + age + "]";
25          }
26   }
27   public class Example18 {
28          public static void main(String[] args) {
29              TreeMap tm = new TreeMap(new Comparator<Student02>() {
30                  @Override
31                  public int compare(Student02 s1, Student02 s2) {
32                      int num = s1.getName().compareTo(s2.getName());//按照姓名比较
33                      if (num > 0) {
34                          return 1;
35                      }
36                      //如果姓名相同，按年龄降序排序
37                      if (num == 0) {
38                          return s2.getAge() - s1.getAge();
39                      } else {
40                          return -1;
41                      }
42                  }
43              });
44              tm.put(new Student02("zhangsan", 23), "北京");
45              tm.put(new Student02("lisi", 13), "上海");
46              tm.put(new Student02("zhangsan", 43), "深圳");
47              tm.put(new Student02("wangwu", 33), "广州");
48              Set keySet = tm.keySet();
49              Iterator it = keySet.iterator();
50              while (it.hasNext()) {
51                  Object key = it.next();
52                  Object value = tm.get(key);          //获取每个键所对应的值
53                  System.out.println(key + ":" + value);
54              }
55          }
56   }
```

上述代码中，第 2 ～ 26 行代码定义了一个 Student02 类；第 29 ～ 43 行代码定义了一个 TreeMap 集合，并在该集合中通过匿名内部类的方式实现了 Comparator 接口，然后重写了 compare() 方法，在 compare() 方法中自定义 Student 的排序规则，先按姓名升序排序，如果姓名相同再按年龄降序排序；第 44 ～ 47 行代码通过 Map 的 put() 方法向集合中加入 4 个键为 Student02 类型对象、值为 String 类型的元素；第 50 ～ 54 行代码使用 Iterator 将集合中的元素遍历输出。

文件 7-24 的运行结果如图 7-37 所示。

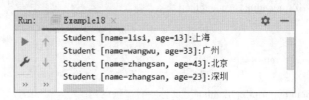

图 7-37　文件 7-24 的运行结果

从图 7-37 可以看出，当 Student02 类型的对象姓名相同时，根据年龄降序排序。

2. Lambda 表达式

Lambda 表达式是 JDK 8 开始新增的一个特性，Lambda 可以取代大部分的匿名内部类，写出更优雅的 Java 代码，尤其在集合的遍历和其他集合操作中，可以极大地优化代码结构。JDK 也提供了大量的内置函数式接口，使得 Lambda 表达式的运用更加方便、高效。

Lambda 表达式由参数列表、箭头符号（->）和方法体组成。方法体既可以是一个表达式，也可以是一个语句块。其中，表达式会被执行，然后返回执行结果；语句块中的语句会被依次执行，就像方法中的语句一样。Lambda 表达式常用的语法格式见表 7-7。

表 7-7　Lambda 常用的语法格式

语法格式	描述
()-> System.out.println("Hello Lambda!");	无参数，无返回值
(x) -> System.out.println(x)	有一个参数，无返回值
x -> System.out.println(x)	若只有一个参数，小括号可以省略
Comparator<Integer> com = (x, y) -> { System.out.println(" 函数式接口 "); return Integer.compare(x, y); };	有两个以上的参数，有返回值，且 Lambda 方法体中有多条语句
Comparator<Integer> com = (x, y) -> Integer.compare(x, y);	若 Lambda 方法体中只有一条语句，return 和大括号都可以省略
(Integer x, Integer y) -> Integer.compare(x, y);	Lambda 表达式参数列表的数据类型可以省略，因为 JVM 编译器可以通过上下文推断出数据类型，即"类型推断"

表 7-7 中给出了 6 种 Lambda 表达式的格式，下面通过案例学习 Lambda 表达式语法，见文件 7-25。

文件 7-25　Example19.java

```
1    import java.util.Arrays;
```

```
2    public class Example19 {
3        public static void main(String[] args) {
4            String[] arr = {"program", "creek", "is", "a", "java", "site"};
5            Arrays.sort(arr, (m, n) -> Integer.compare(m.length(), n.length()));
6            System.out.println("Lambda方法体中只有一条语句，参数类型可推断："+
7                    Arrays.toString(arr));
8            Arrays.sort(arr, (String m, String n) -> {
9                if (m.length() > n.length())
10                   return -1;
11               else
12                   return 0;
13           });
14           System.out.println("Lambda方法体中有多条语句： "
15                   +Arrays.toString(arr));
16       }
17   }
```

上述代码中，第 4 行代码定义了一个字符串数组 arr，第 5 ～ 13 行代码使用了两种 Lambda 表达式语法对字符串数组 arr 进行了排序。其中，第 5 行代码是用 compare() 方法比较字符串的长度来进行排序，第 8 ～ 13 行代码是使用 if ... else 语法比较字符串的长度进行排序。

文件 7-25 的运行结果如图 7-38 所示。

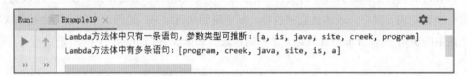

图 7-38　文件 7-25 的运行结果

■ 任务分析

根据任务描述得知，本任务的目标是实现订单管理。根据所学的知识，可以使用如下思路实现。

① 定义菜品类 Dish，类中包含菜品的名称和价格属性。

② 订单由订单编号和订单项组成，订单编号和订单项成一对一映射关系，其中订单项由一个或多个菜品组成，这里可以使用 ArrayList 作为订单项存储订单的菜品。考虑展示订单列表时需要根据订单编号进行升序排序，这里可以使用 TreeMap 存放订单信息，订单编号作为键，订单项作为值，并且使用 Lambda 定义 TreeMap 的排序规则为升序。

③ 创建 TreeMap 集合用于存放所有订单。指定订单编号作为键，并将菜品存入 ArrayList 中生成订单项，订单项作为值，存入对应的订单，以初始化所有订单。

④ 订单列表，获取 TreeMap 集合中所有订单编号，循环遍历获取所有的订单编号，并根据订单编号获取对应的订单项，将订单编号和对应的订单项输出在控制台。

⑤ 查询订单，根据输入的订单编号获取对应的订单项，并输出在控制台。

⑥ 删除订单，根据输入的订单编号，删除订单列表中对应的订单。

■ 任务实现

结合任务分析的思路，下面分步骤实现订单管理功能，具体如下。

（1）定义菜品类

在项目 chapter08 的 src 目录下创建类包 task04，在 task04 下创建菜品类 Dish，在该类中声明菜品名称和单价属性，具体代码见文件 7-26。

文件 7-26　Dish.java

```
1    public class Dish   {
2        //菜品名称
3        private String name;
4        //菜品单价
5        private double price;
6        public Dish(String name, double price) {
7            this.name = name;
8            this.price = price;
9        }
10       public String getName() {
11           return name;
12       }
13       public void setName(String name) {
14           this.name = name;
15       }
16       public double getPrice() {
17           return price;
18       }
19       public void setPrice(double price) {
20           this.price = price;
21       }
22       @Override
23       public String toString() {
24           return "{菜品名称=" + name + ", 菜品单价=" + price +"}";
25       }
26   }
```

（2）定义初始化订单的方法

在 task04 下创建订单管理类 OrderManage，并在 OrderManage 类中定义初始化订单的方法，用于模拟加载餐厅助手中已经存在的订单，具体代码见文件 7-27。

文件 7-27　OrderManage.java

```
1    import java.util.ArrayList;
2    import java.util.Scanner;
3    import java.util.Set;
4    import java.util.TreeMap;
5    public class OrderManage {
6        static TreeMap<String, ArrayList<Dish>> tm;
```

```
7        public static void initOrders(){
8            tm = new TreeMap<>((String id1, String id2)->id1.compareTo(id2));
9            //订单项1
10           ArrayList<Dish> arr1 = new ArrayList<>();
11           arr1.add(new Dish("油焖大虾", 45));
12           arr1.add(new Dish("麻婆豆腐", 13));
13           //订单项2
14           ArrayList<Dish> arr2 = new ArrayList<>();
15           arr2.add(new Dish("辣子鸡", 56));
16           //订单项3
17           ArrayList<Dish> arr3 = new ArrayList<>();
18           arr3.add(new Dish("臭鳜鱼", 52));
19           arr3.add(new Dish("鱼香肉丝", 13));
20           //将订单编号和订单项关联，存入TreeMap集合中
21           tm.put("1002", arr1);
22           tm.put("1003", arr2);
23           tm.put("1001", arr3);
24       }
25   }
```

上述代码中，第 6 行代码定义了一个 TreeMap 集合，用于存放系统现有的订单。第 7 ～ 24 行定义初始化订单的方法，其中，第 8 行代码创建一个 TreeMap 对象并赋值给 tm，tm 中自定义了集合中键的排序规则，根据键升序排序；第 10 ～ 19 行代码创建了 3 个订单项，并为订单项添加了对应的菜品；第 21 ～ 23 行代码将 3 个订单项分别添加到 3 个订单中。

（3）定义获取订单列表的方法

在文件 7-27 中定义获取订单列表的方法 getOrders()，用于将所有订单输出在控制台，具体代码如下。

```
1   public static void getOrders(TreeMap<String, ArrayList<Dish>> map) {
2       //获取所有订单的编号
3       Set<String> keys = map.keySet();
4       //循环获取订单编号及对应的订单项
5       for (String key :keys){
6           //根据订单编号获取对应的订单项
7           System.out.println("订单编号："+key+",订单项："+map.get(key));
8       }
9   }
```

上述代码中，第 3 行代码获取所有订单的订单编号，第 5 ～ 8 行代码循环遍历订单编号的集合，将订单编号及对应的订单项输出在控制台。

（4）定义 main() 方法

在文件 7-27 中定义 main() 方法，用于根据输入的指令，执行展示订单列表、查询指定订单和删除订单的操作，具体代码如下。

```
1   public static void main(String[] args) {
2       initOrders();
```

```
3          Scanner sc = new Scanner(System.in);
4          while (true) {
5               System.out.println("---------订单管理----------");
6               System.out.println("1.订单列表    2.查询订单    3.删除订单");
7               System.out.print("请输入您需要的操作：");
8               int i = sc.nextInt();
9               switch (i) {
10                   case 1:
11                        getOrders(tm);
12                        break;
13                   case 2:
14                        System.out.print("请输入您要查询订单的编号：");
15                        String id = sc.next();
16                        //根据订单编号获取对应的订单项
17                        ArrayList<Dish> dishes = tm.get(id);
18                        if(dishes!=null && dishes.size()>0){
19                             System.out.println("订单编号："+id+",订单项："+dishes);
20                         }else{
21                              System.out.println("编号为"+id+"的订单不存在！");
22                          }
23                        break;
24                   case 3:
25                        System.out.print("请输入您要删除订单的编号：");
26                        String oid = sc.next();
27                        //根据订单编号删除订单
28                        ArrayList<Dish> list = tm.remove(oid);
29                        if(list!=null && list.size()>0){
30                             System.out.println("编号为" + oid + "的订单已成功删除！");
31                         }
32                         else {
33                             System.out.println("编号为"+oid+"的订单不存在！");
34                         }
35                        break;
36                   default:
37                        System.out.println("您输入的有误！");
38               }
39          }
40 }
```

上述代码中，第 2 行代码调用 initOrders() 方法初始化订单列表；第 11 行代码调用 getOrders() 方法，获取集合 tm 中所有的订单信息，并输出在控制台；第 15 ～ 22 行代码根据输入的订单编号 获取对应的订单项，并输出在控制台；第 26 ～ 34 行代码根据输入的订单编号删除 tm 集合中对应 的订单。

（5）测试订单管理

运行文件 7-27，在控制台中根据提示信息输入 1 查看订单列表，结果如图 7-39 所示。

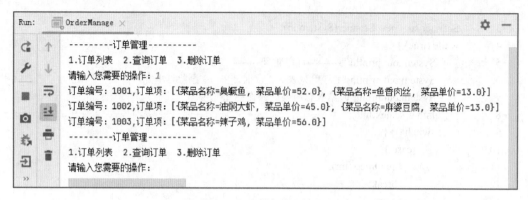

图 7-39 查看订单列表（1）

从图 7-39 可以看出，控制台中输出了所有的订单信息。

在图 7-39 中，输入 2 查询订单，这里以查询订单编号是 1001 的订单为例，结果如图 7-40 所示。

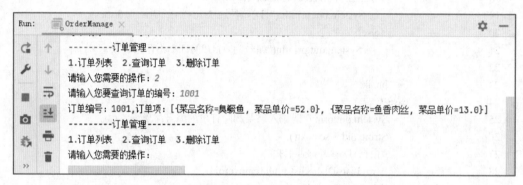

图 7-40 查询订单

从图 7-40 中可以看出，控制台中输出了订单编号为 1001 的订单信息。

在图 7-40 中，输入 3 删除订单，这里以删除订单编号是 1001 的订单为例，结果如图 7-41 所示。

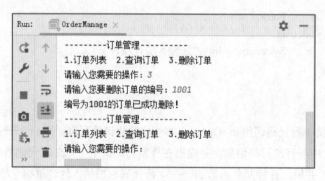

图 7-41 删除订单

从图 7-41 可以看到，输入编号进行订单删除后，控制台输出删除成功的提示信息。

在图 7-41 中，输入 1 查看订单列表，结果如图 7-42 所示。

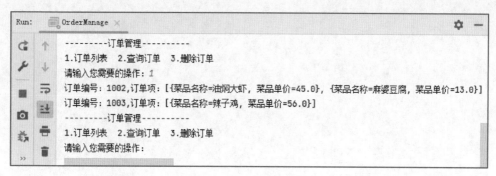

图 7-42 查看订单列表（2）

从图 7-42 可以看出，订单编号为 1001 的订单已经不在订单列表中，说明订单删除成功。
至此，订单管理功能完成。

单元小结

本单元介绍了常用集合类和泛型的相关知识，包含 List 接口、ArrayList 集合、LinkedList 集合、
集合的遍历、泛型、Set 接口、HashSet 集合、TreeSet 集合、Map 接口、HashMap 集合和 Lambda
表达式，并通过 4 个任务对集合相关的指数进行巩固。通过本单元的学习，读者可以掌握集合类和
泛型的相关知识。

单元测试

请扫描二维码，查看本单元测试题目。

单元测试 单元 7

单元实训

请扫描二维码，查看本单元实训题目。

单元实训 单元 7

单元 8

IO

PPT：单元 8　IO

教学设计：单元 8
IO

知识目标	● 了解字节流，能说出字节流的概念 ● 了解字符流，能说出字符流的的概念
技能目标	● 掌握 File 类的使用，能够创建 File 对象，并调用 File 类的常用方法实现目录遍历以及目录和文件的删除 ● 掌握字节流的使用，能够使用 InputStream 读文件，以及使用 OutputStream 写文件，并完成文件的复制 ● 熟悉字节缓冲流的使用，能够使用字节缓冲流读写文件 ● 掌握字符流的使用，能够使用 FileReader 读文件，以及使用 FileWriter 写文件 ● 熟悉字符缓冲流的使用，能够使用字符缓冲流读写文件

大多数应用程序都需要与外部设备进行数据交换。例如，键盘可以输入数据，显示器可以显示程序的运行结果等。在 Java 中，将这种在输入设备（如键盘、鼠标等）和输出设备（如显示器、磁盘等）之间的数据传输抽象表述为"流"，程序允许通过"流"的方式与输入输出设备进行数据传输。Java 中的"流"都位于 java.io 包中，称为 IO（输入输出）流。

IO 流有很多种，根据操作数据的不同，可以分为字节流和字符流；根据数据传输方向的不同，可以分为输入流和输出流，程序从输入流中读取数据，向输出流中写入数据。本单元讲解 IO 流的相关知识。

任务8-1　文件管理

■ 任务描述

传智餐厅重视每个顾客反馈的意见，为了不断提升顾客满意度，餐厅助手系统提供了反馈建议功能。顾客提交的每份反馈建议均在后台以文件形式保存，餐厅工作人员定期会对这些文件进行管理，包括查询所有文件、查询指定文件及删除文件。本任务要求编写一个文件管理程序，效果如图 8-1 所示。

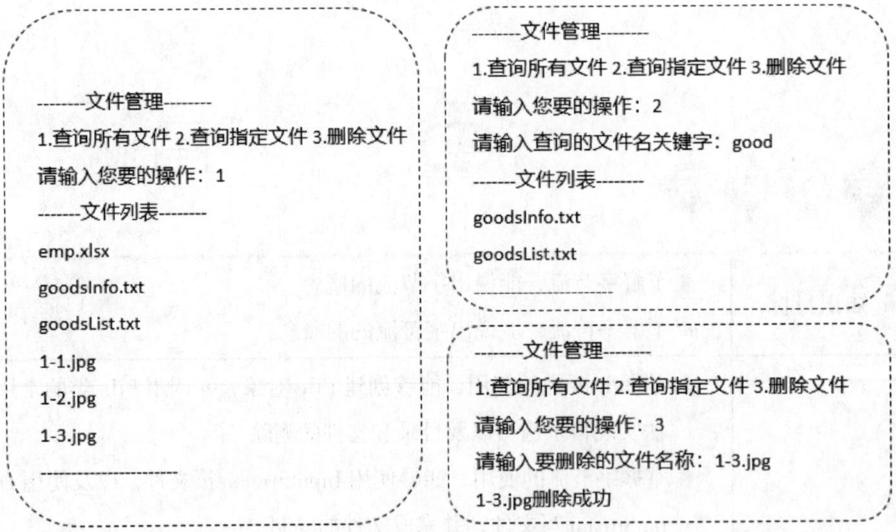

图 8-1　文件管理

■ 知识储备

java.io 包中的 File 类是唯一一个可以代表磁盘文件的对象，它定义了一些用于操作文件的方法。通过调用 File 类提供的各种方法，可以创建、删除或者重命名文件，判断硬盘上某个文件是否存在，查询文件的最后修改时间等。下面针对 File 类进行讲解。

1. 创建 File 对象

File 类提供了多个构造方法用于创建 File 对象，其构造方法具体见表 8-1。

表 8-1 File 类的构造方法

方法声明	功能描述
File(String pathname)	通过指定的字符串类型的文件路径创建一个新的 File 对象
File(String parent,String child)	根据指定的一个字符串类型的父路径和一个字符串类型的子路径（包括文件名称）创建一个 File 对象
File(File parent,String child)	根据指定的 File 类的父路径和字符串类型的子路径（包括文件名称）创建一个 File 对象

在表 8-1 中，所有的构造方法都需要传入文件路径。通常来讲，如果程序只处理一个目录或文件，并且知道该目录或文件的路径，使用第 1 个构造方法较方便。如果程序处理的是一个公共目录中的若干子目录或文件，那么使用第 2 个或者第 3 个构造方法会更方便。

下面通过案例演示如何使用 File 类的构造方法创建 File 对象。创建一个名称为 chapter08 的 Java 项目，在项目的 src 目录下编写案例代码，具体代码见文件 8-1。

文件 8-1　Example01.java

```
1   import java.io.File;
2   public class Example01 {
3       public static void main(String[] args) {
4           File f1 = new File("D:\\file\\a.txt");        //使用绝对路径创建File对象
5           File f2 = new File("src\\Hello.java");        //使用相对路径创建File对象
6           System.out.println(f1);
7           System.out.println(f2);
8       }
9   }
```

在文件 8-1 中，第 1 行代码导入了 java.io 包下的 File 类，第 4、5 行代码分别使用绝对路径和相对路径的方式创建了 File 对象。

📄 注意:

文件 8-1 在创建 File 对象时传入的路径使用了 \\，这是因为 Windows 中的目录符号为反斜线（\），但反斜线（\）在 Java 中是特殊字符，具有转义作用，所以使用反斜线（\）时，前面应该再添加一个反斜线，即 \\。此外，目录符号还可以用正斜线（/）表示，如 "D:/file/a.txt"。

文件 8-1 的运行结果如图 8-2 所示。

2. File 类的常用方法

File 类提供了一系列方法，用于操作 File 对象内部封装的路径指向的文件或者目录，其常用方法见表 8-2。

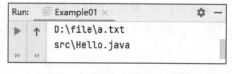

图 8-2　文件 8-1 的运行结果

表 8-2　File 类的常用方法

方法声明	功能描述
boolean exists()	判断 File 对象对应的文件或目录是否存在，若存在，则返回 true；否则，返回 false
boolean delete()	删除 File 对象对应的文件或目录，若删除成功，则返回 true；否则，返回 false

续表

方法声明	功能描述
boolean createNewFile()	当 File 对象对应的文件不存在时，该方法将新建一个文件，若创建成功，则返回 true；否则，返回 false
String getName()	返回 File 对象表示的文件或文件夹的名称
String getPath()	返回 File 对象对应的路径
String getAbsolutePath()	返回 File 对象对应的绝对路径（在 UNIX、Linux 等系统中，如果路径是以正斜线（/）开始，则这个路径是绝对路径；在 Windows 等系统中，如果路径是从盘符开始，则这个路径是绝对路径）
String getParentFile()	返回 File 对象对应目录的父目录（即返回的目录不包含最后一级子目录）
boolean canRead()	判断 File 对象对应的文件或目录是否可读，若可读，则返回 true；否则，返回 false
boolean canWrite()	判断 File 对象对应的文件或目录是否可写，若可写，则返回 true；否则，返回 false
boolean isFile()	判断 File 对象对应的是否是文件（不是目录），若是文件，则返回 true；否则，返回 false
boolean isDirectory()	判断 File 对象对应的是否是目录（不是文件），若是目录，则返回 true；否则，返回 false
boolean isAbsolute()	判断 File 对象对应的文件或目录是否是绝对路径，若是绝对路径，则返回 true；否则，返回 false
long lastModified()	返回 1970 年 1 月 1 日 0 时 0 分 0 秒到文件最后修改时间的毫秒值
long length()	返回文件内容的长度（单位是字节）
String[] list()	递归列出指定目录的全部内容（包括子目录与文件），只列出名称
File[] listFiles()	返回一个包含了 File 对象所有子文件和子目录的 File 数组

表 8-2 列出了 File 类的一系列常用方法，此表仅仅通过文字对 File 类的方法进行介绍，下面通过案例对其中部分方法进行演示。

在项目的 src 目录下创建一个文件 test.txt，在文件中输入 itcast 后进行保存，并在 src 目录下编写程序获取文件 test.txt 的信息，具体代码见文件 8-2。

文件 8-2　Example02.java

```
1    import java.io.File;
2    public class Example02 {
3        public static void main(String[] args) {
4            File file = new File("src/test.txt");
5            System.out.println("文件是否存在："+file.exists());
6            System.out.println("文件名："+file.getName());
7            System.out.println("文件大小："+file.length()+"bytes");
8            System.out.println("文件相对路径："+file.getPath());
```

```
9               System.out.println("文件绝对路径："+file.getAbsolutePath());
10              System.out.println("文件的父级对象是否为文件："+file.isFile());
11              System.out.println("文件删除是否成功："+file.delete());
12          }
13      }
```

上述代码中演示了 File 类一系列方法的调用，首先判断了文件是否存在，然后获取了文件的名称、文件的大小、文件的相对路径、文件的绝对路径以及文件的父级对象是否为文件等信息，最后将文件删除。

文件 8-2 的运行结果如图 8-3 所示。

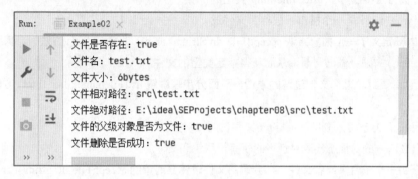

图 8-3 文件 8-2 的运行结果

3. 遍历目录下的文件

在表 8-2 列举的方法中，list() 和 listFiles() 方法都可以用于遍历指定目录下的所有子目录和文件，不同的是，list() 方法返回的是只包含子目录或文件名称的数组，listFiles() 返回的是 File 数组。下面分别进行讲解。

（1）使用 list() 方法遍历目录下的文件

File 类的 list() 方法遍历指定目录时，获取的是目录下所有文件及子目录的名称。在项目的 src 目录下创建一个名称为 example 的类包（类包的本质就是一个目录），并通过案例演示如何获取 src 目录下所有文件及子目录的名称，具体代码见文件 8-3。

文件 8-3 Example03.java

```
1    import java.io.File;
2    public class Example03 {
3        public static void main(String[] args) throws Exception {
4            //创建File对象
5            File file = new File("src");
6            if (file.isDirectory()) {                  //判断File对象对应的目录是否存在
7                String[] names = file.list();           // 获得目录下所有文件的文件名
8                for (int i = 0; i <names.length ; i++) {
9                    System.out.println(names[i]);        //输出文件名
10               }
11           }
12       }
13   }
```

在文件 8-3 中，第 5 行代码创建了一个 File 对象，并指定了一个路径作为参数。第 6 ～ 11 行代码通过调用 File 的 isDirectory() 方法，判断路径是否指向一个存在的目录，如果指向的目录存在，就调用 list() 方法，获得一个 String 类型的数组 names，数组中存储这个目录下所有文件及子目录的名称，接着通过 for 循环遍历数组 names，依次打印出每个 File 的名称。

文件 8-3 的运行结果如图 8-4 所示。

实际开发中，有时程序只是需要获得特定类型的文件，如获取指定目录下所有的 ".java" 文件，针对这种需求，可以使用重载的 list(FilenameFilter filter) 方法。该方法接收一个 FilenameFilter 类型的参数。FilenameFilter 是一个接口，被称为文件过

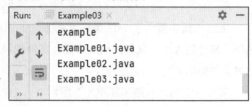

图 8-4　文件 8-3 的运行结果

滤器，接口内部定义了一个抽象方法 accept(File dir,String name)，当调用 list() 方法时，需要实现过滤器，在 accept() 方法中做出判断，从而获得指定类型的文件。

为了让读者更好地理解文件过滤的原理，下面分步骤讲解 list(FilenameFilter filter) 方法的工作原理。

① 调用 list() 方法传入 FilenameFilter 文件过滤器对象。

② 取出当前 File 对象所代表目录下的所有子目录和文件。

③ 对于每一个子目录或者文件，都会调用文件过滤器对象的 accept(File dir,String name) 方法，并将代表当前目录的 File 对象以及这个子目录或者文件的名称作为参数 dir 和 name 传递给方法。

④ 如果 accept() 方法返回 true，就将当前遍历的这个子目录或者文件添加到数组中，如果返回 false，则不添加。

下面通过案例演示如何遍历指定目录下所有扩展名为 ".java" 的文件，具体代码见文件 8-4。

文件 8-4　Example04.java

```
1    import java.io.File;
2    import java.io.FilenameFilter;
3    public class Example04 {
4        public static void main(String[] args) throws Exception {
5            //创建File对象
6            File file = new File("src");
7            //创建过滤器对象
8            FilenameFilter filter = new FilenameFilter() {
9                //实现accept()方法
10               public boolean accept(File dir, String name) {
11                   File currFile = new File(dir, name);
12                   //如果文件名以.java结尾，则返回true；否则，返回false
13                   if (currFile.isFile() && name.endsWith(".java")) {
14                       return true;
15                   } else {
16                       return false;
17                   }
18               }
19           };
20           //判断File对象对应的目录是否存在
```

```
21              if (file.exists()) {
22          //获得过滤后的所有文件名数组
23                  String[] lists = file.list(filter);
24                  for (int i = 0; i < lists.length; i++) {
25                      System.out.println(lists[i]);
26                  }
27              }
28          }
29  }
```

上述代码中，第 8 ～ 19 行代码定义了 FilenameFilter 文件过滤器对象 filter，其中，第 10 ～ 18 行代码实现了 accept() 方法，在 accept() 方法中，对当前正在遍历的 currFile 对象进行了判断，只有当 currFile 对象为文件对象，且扩展名为 ".java" 时，才返回 true。第 23 行代码在调用 File 对象的 list() 方法时，将 filter 过滤器对象传入，获得所有扩展名为 ".java" 的文件名字。

文件 8-4 的运行结果如图 8-5 所示。

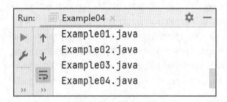

图 8-5　文件 8-4 的运行结果

（2）使用 listFiles() 方法遍历目录下的文件

前面演示的是遍历目录时，获取当前目录下的文件及子目录名称，有时除了当前目录下有文件，子目录下也有文件或目录，如果想获取当前目录下和所有子目录下的文件，list() 方法不能实现这个需求，这时可以使用 File 类提供的另一个方法 listFiles()。listFiles() 方法返回一个 File 对象数组，当对数组中的元素进行遍历时，如果元素为目录，则可以使用递归再次遍历该子目录。

下面通过案例演示如何获取目录下所有文件及文件夹对象，为了能更好地展示效果，在 example 类包下创建文件 test.txt。具体代码见文件 8-5。

文件 8-5　Example05.java

```
1   import java.io.File;
2   public class Example05 {
3       public static void main(String[] args) {
4           File file = new File("src");              //创建一个代表目录的File对象
5           fileDir(file);                            //调用FileDir方法
6       }
7       public static void fileDir(File dir) {
8           File[] files = dir.listFiles();           //获得目录下所有文件
9           for (int i = 0; i < files.length; i++) {  //遍历所有的子目录和文件
10              System.out.println(files[i].getAbsolutePath());
11              if (files[i].isDirectory()) {
12                  fileDir(files[i]);                //如果是目录，递归调用
```

```
13                    }
14                }
15        }
16 }
```

上述代码中，第 7 ～ 15 行代码定义了一个静态方法 fileDir()，该方法接收一个表示目录的 File 对象。在 fileDir() 方法中，第 8 行代码通过调用 listFiles() 方法将该目录下所有的子目录和文件存储到一个 File 类型的数组 files 中，第 9 ～ 14 行代码通过 for 循环遍历数组 files，将遍历到的 File 对象对应的路径进行输出，并判断该 File 对象是否是目录，如果是目录，就重新调用 fileDir() 方法进行递归遍历，如果是文件，就直接打印输出文件的路径，这样该目录下的所有文件就被成功遍历出来。

文件 8-5 的运行结果如图 8-6 所示。

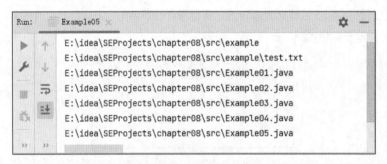

图 8-6　文件 8-5 的运行结果

同 list() 方法类似，listFiles() 方法同样提供了重载的 listFiles(FilenameFilter Filter) 方法，该方法同样接收一个 FilenameFilter 类型的参数，当调用 listFiles() 方法时，需要实现过滤器。由于实现 listFiles() 方法的工作原理与 list() 方法基本一致，这里不再赘述。

4. 删除文件及目录

在操作文件时，可能会遇到需要删除目录下的某个文件或者删除整个目录的情况，这时可以调用 File 类的 delete() 方法。

下面通过案例演示调用 delete() 方法删除文件和目录，具体代码见文件 8-6。

文件 8-6　Example06.java

```
1    import java.io.*;
2    public class Example06 {
3        public static void main(String[] args) {
4            File file1 = new File("src\\example");
5            File file2 = new File("src\\example\\test.txt");
6            File[] files={file1,file2};
7            for (int i = 0; i <files.length ; i++) {
8                if (files[i].exists()) {
9                    File f=files[i];
10                   if (f.delete()){
11                       System.out.println(f.getName()+"删除成功！");
12                   }else {
13                       System.out.println(f.getName()+"删除失败！");
```

```
14                      }
15                  }
16              }
17          }
18  }
```

上述代码中，第 4 ～ 6 行代码根据路径创建了 2 个 File 对象，并存放在数组中；第 7 ～ 16 行代码遍历数组中的 File 对象，如果 File 对象对应的文件存在，则对文件进行删除，并将删除结果在控制台打印。

文件 8-6 的运行结果如图 8-7 所示。

从图 8-7 可以看出，example 删除失败，原因是 File 类的 delete() 方法只能删除一个指定文件，假如 File 对象代表目录，且目录下包含子目录或文件，则 File 类的 delete() 方法不允许直接删除该目录。在这种情况下，需要通过递归方式将整个目录以及目录中的文件全部删除。

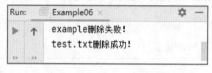

图 8-7　文件 8-6 的运行结果

为了便于展示效果，在 example 类包下再次创建文件 test.txt，通过案例来演示如何递归删除包含子文件的目录，具体代码见文件 8-7。

文件 8-7　Example07.java

```java
1   import java.io.*;
2   public class Example07 {
3       public static void main(String[] args) {
4           File file = new File("src\\example");
5           deleteDir(file);                        //调用deleteDir删除方法
6       }
7       public static void deleteDir(File dir) {
8           if (dir.exists()) {                     //判断传入的File对象是否存在
9               File[] files = dir.listFiles();     //得到File数组
10              for (int i = 0; i <files.length ; i++) {
11                  if (files[i].isDirectory()) {
12                      deleteDir(files[i]);         //如果是目录，递归调用deleteDir()
13                  } else {
14                      // 如果是文件，直接删除
15                      if(files[i].delete()){
16                          System.out.println(files[i].getName()+"删除成功");
17                      }
18                  }
19              }
20              //删除完一个目录中的所有文件后，就删除这个目录
21              if(dir.delete()){
22                  System.out.println(dir.getName()+"删除成功");
23              }
24          }
25      }
26  }
```

上述代码中，第 4 ～ 5 行代码定义了一个 File 对象 file，把对象 file 作为参数传入 deleteDir()

方法中；第 7 ～ 25 行代码定义了一个删除目录的静态方法 deleteDir()，它接收一个 File 对象作为参数。deleteDir() 方法可以将所有的子目录和文件对象放在一个 File 数组中，并且遍历这个 File 数组。如果是文件，就直接删除；如果是目录，则递归调用 deleteDir() 方法删除目录中的文件，当全部删除目录中的文件后，删除目录。

文件 8-7 的运行结果如图 8-8 所示。

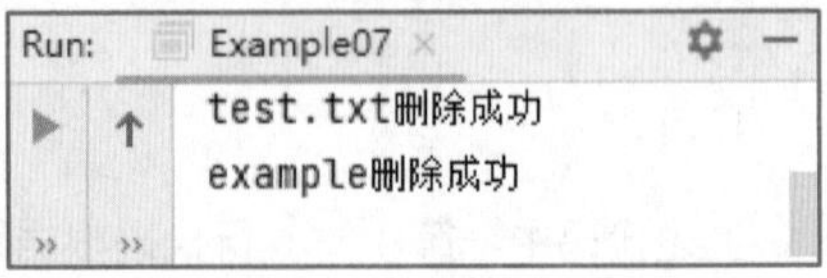

从图 8-8 可以看出，example 类包删除成功。

Run:　Example07 ×
test.txt删除成功
example删除成功

图 8-8　文件 8-7 的运行结果

> 注意：
> 删除目录是从 JVM 直接删除而不放入回收站，文件一旦删除就无法恢复，因此在进行文件删除操作时需要格外小心。

■ 任务分析

根据任务描述得知，本任务的目标是文件管理，包括查看所有文件、查看指定文件以及删除文件。通过学习知识储备的内容，可以使用下列思路实现。

① 为了演示文件的操作，需要提前在项目的指定目录下准备一些文件。

② 定义一个方法用于实现文件查找。由于查看文件的功能都需要遍历目录下的所有文件，包括子目录中的文件，所以可以使用 listFiles() 方法实现。考虑查询所有文件和查询指定文件的区别在于是否设定关键字，可以通过定义文件过滤器实现。

③ 定义一个方法用于实现文件删除。根据用户输入的文件名，删除对应文件。

④ 定义一个实现文件管理的类，先输出文件管理菜单，然后提示用户输入要进行的操作，使用 switch 语句选择执行不同的方法，从而实现文件管理的不同操作。

■ 任务实现

结合任务分析的思路，下面分步骤实现文件管理的功能，具体如下。

（1）准备文件

在项目 charter08 的根目录下，创建一个名称为 task01 的文件夹，该文件夹中有两个子文件夹，分别是 files 和 images，其中，files 文件夹用于存放文本文件；images 文件夹用于存放图片。文件目录如图 8-9 所示。

files 和 images 文件夹中的文件，可以是没有内容的文件。

（2）定义文件过滤器类

在项目 chapter08 的 src 目录下创建类包 task01，在类包中创建文件过滤器类 MyFilenameFilter。该过滤器实现 FilenameFilter 接口，并在重写的 accept() 方法中对文件名称进行过滤，accept() 方法过滤规则如下。

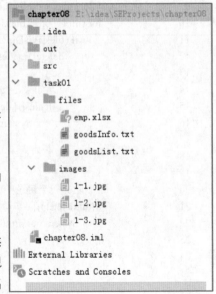

图 8-9　文件目录

● 如果传入的 File 对象为目录，则返回 true，即过滤后将该文件存入 File 数组中。

● 如果传入的 File 对象不是目录，则判断是否需要根据关键字过滤文件，如果关键字为 null，说明不需要根据关键字过滤，返回 true，过滤后将该文件存入 File 数组中。

● 如果传入的 File 对象不是目录，且需要根据关键字过滤文件，则判断 File 对象的名称中是否包含输入的关键字，如果包含，则返回 true，过滤后将该文件存入 File 数组中。

MyFilenameFilter 类的具体代码见文件 8-8。

文件 8-8　MyFilenameFilter.java

```
1    import java.io.File;
2    import java.io.FilenameFilter;
3    public class MyFilenameFilter implements FilenameFilter {
4        //关键字
5        private String keyWord;
6        public MyFilenameFilter(String keyWord) {
7            this.keyWord = keyWord;
8        }
9        public String getKeyWord() {
10           return keyWord;
11       }
12       public void setKeyWord(String keyWord) {
13           this.keyWord = keyWord;
14       }
15       @Override
16       public boolean accept(File dir, String name) {
17           File currFile = new File(dir, name);
18           //如果文件为文件夹，则列出该文件
19           if (currFile.isDirectory()) {
20               return true;
21           }//如果关键字为null,则列出该文件
22           else if (keyWord == null) {
23               return true;
24           } else {
25               //如果文件名包含关键字，则列出该文件
26               if (name.contains(this.keyWord)) {
27                   return true;
28               }
29               return false;
30           }
31       }
32   }
```

上述代码中，第 5 行代码声明了查询文件的名称关键字，第 16 ～ 31 行代码重写 FilenameFilter 接口的 accept() 方法，在该方法中过滤符合条件的文件名称。

（3）定义查询文件的方法

在 task01 类包下创建文件管理类 FileManage，在类中定义查询文件的方法 searchFiles()，searchFiles() 方法中根据关键字查询符合规则的文件名称，具体代码见文件 8-9。

文件 8-9　FileManage.java

```
1    import java.io.File;
2    import java.util.Scanner;
3    public class FileManage {
4        public static void searchFiles(File dir, String kw) {
5            MyFilenameFilter filter = new MyFilenameFilter(kw);
6            //获取当前目录下符合规则的文件
7            File[] fs = dir.listFiles(filter);
8            for (int i = 0; i < fs.length; i++) {
9                if (fs[i].isDirectory()) {
10                   //如果文件是目录，递归调用searchFiles()
11                   searchFiles(fs[i], kw);
12               } else {
13                   System.out.println(fs[i].getName());
14               }
15           }
16       }
17   }
```

　　上述代码中，第 5 行代码根据关键字创建过滤器对象；第 7 行代码根据过滤的过滤规则获取目录下符合过滤要求的文件；第 8 ～ 15 行代码迭代符合条件的文件，如果文件为目录，就继续查询该目录下符合条件的文件，如果文件不是目录，则输出文件的名称。

　　（4）定义删除文件的方法

　　在文件 8-9 中，定义文件删除方法 delFile()，具体代码如下。

```
1        private static void delFile(File dir,String name) {
2            File[] fs = dir.listFiles();
3            for (int i = 0; i < fs.length; i++) {
4                if (fs[i].isDirectory()) {
5                    //如果是目录，递归调用delFile()
6                    delFile(fs[i], name);
7                } else {
8                    if(fs[i].getName().equals(name)){
9                        System.out.println(fs[i].getName()+
10                           "删除"+(fs[i].delete()?"成功":"失败"));
11                   }
12               }
13           }
14       }
```

　　上述代码中，第 2 行代码获取目录下所有文件；第 3 ～ 13 行代码遍历获取到的所有文件，如果文件为目录，就递归调用 delFile() 方法对子目录下的文件进行删除，如果不是目录，则判断文件的文件名和需要删除的文件名是否一致，如果一致就删除该文件，并输出删除的结果。

　　（5）定义 main() 方法

　　在文件 8-9 中定义 main() 方法，用于根据用户的选择执行不同的文件操作，具体代码如下。

```
1    public static void main(String[] args) {
2            Scanner sc = new Scanner(System.in);
3            while (true) {
4                    System.out.println("--------文件管理--------");
5                    System.out.println("1.查询所有文件 2.查询指定文件 3.删除文件");
6                    System.out.print("请输入您要的操作：");
7                    int i = sc.nextInt();
8                    File dir = new File("task01");
9                    switch (i) {
10                       case 1:
11                               System.out.println("-------文件列表--------");
12                               searchFiles(dir, null);
13                               System.out.println("----------------------");
14                               break;
15                       case 2:
16                               System.out.print("请输入查询的文件名关键字：");
17                               String kw = sc.next();
18                               System.out.println("-------文件列表--------");
19                               searchFiles(dir, kw);
20                               System.out.println("----------------------");
21                               break;
22                       case 3:
23                               System.out.print("请输入要删除的文件名称：");
24                               String name = sc.next();
25                               delFile(dir, name);
26                               break;
27                       default:
28                               System.out.println("输入错误，请重新输入！");
29                   }
30           }
31       }
```

上述代码中，第 8 行代码创建了一个表示 task01 目录的 File 对象，第 9 ～ 28 行代码用于根据用户输入的操作编号，调用不同的方法执行文件管理操作。其中，第 12 行代码调用 searchFiles() 方法查询文件时，传入的参数是 null，表示要查询目录下的所有文件；第 19 行代码用于根据用户输入的文件名关键字查询指定文件；第 25 行代码用于根据输入的文件名称删除文件。

（6）测试文件管理

运行文件 8-9，根据控制台的提示信息输入 1 查询所有文件，结果如图 8-10 所示。

从图 8-10 可以看出，控制台输出了

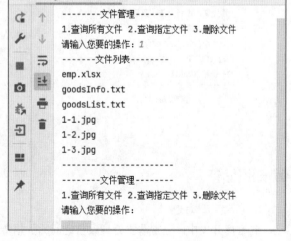

图 8-10　查询所有文件

task01 文件夹及子文件夹下所有文件的名称。

在图 8-10 中，输入 2 查询指定文件，这里以查询包含 good 关键字的文件为例，结果如图 8-11 所示。

从图 8-11 可以看出，在控制台输入文件名关键字 good 后，控制台输出了包含 good 的文件名称。

在图 8-11 中，输入 3 删除文件，这里以删除名称为 1-3.jpg 的文件为例，结果如图 8-12 所示。

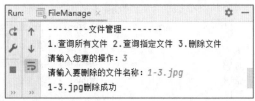

图 8-11 查询指定文件　　　　　　　　　　　图 8-12　删除文件

从图 8-12 可以看出，控制台提示 1-3.jpg 删除成功。此时查看 task01 文件夹，文件夹下的文件 1-3.jpg 已经被删除。

至此，文件管理功能完成。

任务8-2　菜品图片管理

■ 任务描述

餐厅助手作为传智餐厅的一款点餐系统，它不仅能够展示菜品信息，而且可以展示菜品图片。假设所有菜品的图片在添加后都保存在项目的 task02 文件夹中，本任务要求编写程序对菜品图片进行管理，包括将本地存储的菜品图片上传到餐厅助手系统，以及查询菜品图片信息。效果如图 8-13 所示。

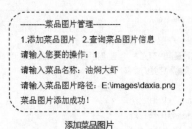

图 8-13　菜品图片管理

■ 知识储备

1. 字节流概述

在程序开发中，经常需要处理设备之间的数据传输，而在计算机中，无论是文本、图片、音频还是视频，所有文件都以二进制（字节）形式存在。对于字节的输入输出，IO 流提供了一系列的流，统称为字节流。字节流是程序中最常用的流，根据数据的传输方向可将其分为字节输入流和字节输出流。

Java 的 IO 包中，用 InputStream 和 OutputStream 分别表示字节输入流和字节输出流。InputStream 和 OutputStream 是抽象类，也是字节流的顶级父类，所有的字节输入流都继承自 InputStream，所有的字节输出流都继承自 OutputStream。为了方便理解，可以把 InputStream 和 OutputStream 看成两根"水管"，如图 8-14 所示。

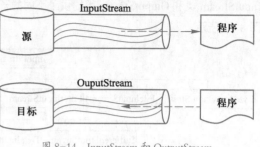

图 8-14 InputStream 和 OutputStream

在图 8-14 中，InputStream 被看成一个输入管道，OutputStream 被看成一个输出管道，数据通过 InputStream 从源设备输入到程序，通过 OutputStream 从程序输出到目标设备，从而实现数据的传输。由此可见，IO 流中的输入输出都是相对于程序而言的。

在 JDK 中 InputStream 类提供了一系列读数据相关的方法，其常用方法见表 8-3。

表 8-3 InputStream 类的常用方法

方法声明	功能描述
int read()	从输入流读取一个 8 位的字节，把它转换为 0 ～ 255 的整数，并返回这个整数
int read(byte[] b)	从输入流读取若干字节，把它们保存到参数 b 指定的字节数组中，返回的整数表示读取字节的数目
int read(byte[] b,int off,int len)	从输入流读取若干字节，把它们保存到参数 b 指定的字节数组中，off 指定字节数组开始保存数据的起始索引，len 表示读取的字节数目
void close()	关闭此输入流并释放与该流关联的所有系统资源

表 8-3 列举了 InputStream 类的 4 个常用方法。前 3 个 read() 方法都是用来读数据的，其中，第 1 个 read() 方法是从输入流中逐个读入字节，而第 2 个和第 3 个 read() 方法可以将若干字节以字节数组的形式一次性读入，从而提高读数据的效率。在进行 IO 操作时，当前 IO 流会占用一定的内存，由于系统资源宝贵，在 IO 操作结束后，应该调用 close() 方法关闭流，从而释放当前 IO 流所占的系统资源。

与 InputStream 对应的是 OutputStream，OutputStream 类提供了一些常用方法，见表 8-4。

表 8-4 OutputStream 类的常用方法

方法声明	功能描述
void write(int b)	向输出流写入一个字节
void write(byte[] b)	把参数 b 指定的字节数组的所有字节写到输出流
void write(byte[] b,int off,int len)	将指定 byte 数组中从偏移量 off 开始的 len 个字节写入输出流
void flush()	刷新此输出流并强制写出所有缓冲的输出字节
void close()	关闭此输出流并释放与此流相关的所有系统资源

表 8-4 列举了 OutputStream 类的 5 个常用方法。其中，flush() 方法用来将当前输出流缓冲区（通常是字节数组）中的数据强制写入目标设备，此过程称为刷新。

由于 InputStream 和 OutputStream 是抽象类，不能被实例化，因此，针对不同的功能 InputStream 类和 OutputStream 类提供了不同的子类，这些子类形成了一个体系结构，如图 8-15 和图 8-16 所示。

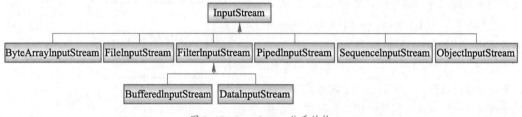

图 8-15　InputStream 体系结构

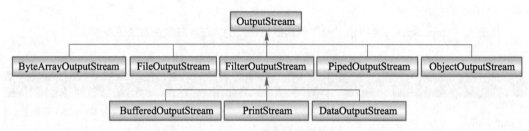

图 8-16　OutputStream 体系结构

从图 8-15 和图 8-16 可以看出，InputStream 和 OutputStream 的子类中有很多是大致对应的，如 ByteArrayInputStream 类和 ByteArrayOutputStream 类、FileInputStream 类和 FileOutputStream 类等。

使用字节流对数据进行读写在程序开发中很常用，开发人员除了需要确保程序代码的健壮性和高维护性之外，也需要从社会责任的角度审视程序的需求，秉乘合法、合规的职业理念进行数据读写，避免程序在读写数据时造成不良的社会影响。例如，社交软件中的聊天记录通过 IO 进行读写时，应该关注如何保护用户的隐私，避免泄露的危险。

2. 字节输入流

InputStream 是一个抽象类，如果使用此类，则必须先通过子类实例化对象。InputStream 类有多个子类，其中 FileInputStream 子类是操作文件的字节输入流，专门用于读取文件中的数据。

下面通过案例演示字节流对文件数据的读取。在案例演示之前，首先需要在项目的根目录下创建一个文本文件 input.txt，在文件中输入内容 "itcast" 并保存，然后使用字节输入流对象来读取 input.txt 文本文件，具体代码见文件 8-10。

文件 8-10　Example08.java

```
1   import java.io.*;
2   public class Example08 {
3       public static void main(String[] args) throws Exception {
4           //创建一个字节输入流，并指定源文件名称
5           FileInputStream in = new FileInputStream("input.txt");
6           int b = 0;                    //定义一个int类型的变量b，记住每次读取的1字节
7           while (true) {
8               b = in.read();            //变量b记住读取的1字节
```

```
9              if (b == -1) {              //如果读取的字节为-1,跳出while循环
10                 break;
11             }
12             System.out.println(b);        //否则将b写出
13         }
14         in.close();
15     }
16 }
```

上述代码中,第 5 行代码创建 FileInputStream 类的对象时,可能会找不到指定的文件而
引发异常,必须在创建时捕获或抛出异常;第 7 ~
13 行代码在 while 循环语句中调用 read() 方法将
当前项目中文件 input.txt 中的数据读取并打印;第
14 行代码调用 close() 方法关闭当前 IO 流。

文件 8-10 的运行结果如图 8-17 所示。

由图 8-17 可知,控制台打印的结果分别为 105、
116、99、97、115 和 116。由于计算机中的数据都以
字节形式存在,在 input.txt 文件中,字符 'i' 't' 'c' 'a' 's'

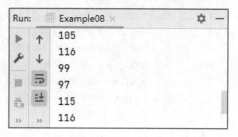

图 8-17 文件 8-10 的运行结果

't' 各占 1 字节,所以最终结果显示的就是文件 input.txt 中 6 字节所对应的十进制数。

文件 8-10 中,每次都只会读取 1 字节的数据,效率相对较低。为了提高 IO 操作的效率,一
般情况下都会选择使用一次能读取若干字节的 read() 方法。下面通过案例演示一次读取指定长度数
据的方式完成文件的读取,具体代码见文件 8-11。

文件 8-11   Example09.java

```java
1  import java.io.*;
2  public class Example09 {
3      public static void main(String[] args) throws Exception {
4          //创建一个文件字节输入流,并指定源文件名称
5          FileInputStream in = new FileInputStream("input.txt");
6          int len = 0;                          //定义变量记录有效字节数
7          byte[] bytes = new byte[6];           //定义字节数组存放读取到的数据
8          //循环读取数据
9          while ((len = in.read(bytes)) != -1) {
10             //每次读取后,把数组的有效字节部分,转换为字符串输出
11             System.out.println(new String(bytes,0,len));
12         }
13         in.close();
14     }
15 }
```

上述代码中,第 6 行代码定义变量记录有效字节数,当读取到流末尾时返回 -1;第 7 行代码
定义 6 位长度的字节数组存储读取到的数据;第 9 ~ 12 行代码循环读取文件中的内容,每次读取
6 字节到数组中,每次读取后,把数组的有效字节部分转换
为字符串输出。

文件 8-11 的运行结果如图 8-18 所示。

从图 8-18 可以看出,程序一次性将文件中的 6 字节数

Run: Example09 ×

▶ itcast

图 8-18 文件 8-11 的运行结果

据输出在控制台中。

3. 字节输出流

与 InputStream 类似，使用 OutputStream 类时必须先通过子类实例化对象。OutputStream 类有多个子类，其中 FileOutputStream 子类是操作文件的字节输出流，专门用于把数据写入文件。下面通过案例演示如何使用 FileOutputStream 将数据写入文件，见文件 8-12。

文件 8-12　Example10.java

```
1    import java.io.*;
2    public class Example10{
3        public static void main(String[] args) throws Exception {
4            //创建一个文件字节输出流，并指定输出文件名称
5            OutputStream out = new FileOutputStream("example.txt");
6            String str = "传智教育";
7            byte[] b = str.getBytes();
8            for (int i = 0; i < b.length; i++) {
9                out.write(b[i]);
10           }
11           out.close();
12       }
13   }
```

上述代码中，第 5 行代码创建了一个文件字节输出流 out，并指定输出文件名称为 example.txt；第 8 ～ 10 行代码在 for 循环中，每次调用 write() 方法都会向输出流写入 1 字节的数据。

运行文件 8-12 后，会在项目根目录下生成一个新的文本文件 example.txt，查看该文件，文件中的内容如图 8-19 所示。

图 8-19　example.txt 中的内容（1）

由图 8-19 可知，使用 FileOutputStream 写数据时，程序自动创建了文件 example.txt，并将数据写入 example.txt 文件。需要注意的是，如果通过文件 8-12 向一个已经存在的文件中写入数据，那么该文件中的数据会被覆盖。

若希望在已存在的文件内容之后追加新内容，则可使用 FileOutputStream 的构造函数 FileOutputStream(String fileName, boolean append) 创建字节输出流对象，并把 append 参数的值设置为 true。下面通过案例演示文件内容的追加，见文件 8-13。

文件 8-13　Example11.java

```
1    import java.io.*;
2    public class Example11 {
3        public static void main(String[] args) throws Exception {
4            //创建字节输出流对象，并指定输出文件名称和开启文件内容追加功能
5            OutputStream out = new FileOutputStream("example.txt ", true);
6            byte[] bytes=", 欢迎您！ ".getBytes();
7            out.write(bytes);
8            out.close();
9        }
10   }
```

上述代码中，第 5 行代码创建了一个文件字节输出流 out，指定输出文件名称为 example.txt，并开启了文件内容追加功能；第 7 行代码将字符串对应的字符数组中所有字节写到输出流中。

运行文件 8-13 后，查看文件 example.txt，文件中的内容如图 8-20 所示。

由图 8-20 中可知，程序通过字节输出流对象 out 向文件 example.txt 写入"，欢迎您！"后，并没有将文件之前的数据清空，而是将新写入的数据追加到了文件的末尾。

图 8-20 example.txt 中的内容（2）

4．字节缓冲流

在 IO 包中提供两个带缓冲的字节流，分别是 BufferedInputStream 和 BufferdOutputStream，它们的构造方法中分别接收 InputStream 和 OutputStream 类型的参数作为被包装对象，在读写数据时提供缓冲功能。应用程序、缓冲流和底层字节流之间的关系如图 8-21 所示。

图 8-21 缓冲流

从图中可以看出，应用程序是通过缓冲流来完成数据读写的，而缓冲流又是通过底层被包装的字节流与设备进行关联的。BufferedInputStream 和 BufferdOutputStream 内部都定义了一个大小为 8192 的字节数组，当调用 read() 或者 write() 方法读写数据时，首先会将读写的数据存入定义好的字节数组，然后将字节数组的数据一次性读写到文件中，从而有效地提高数据的读写效率。

下面通过案例来学习 BufferedInputStream 和 BufferedOutputStream 这两个流的用法，具体见文件 8-14。

文件 8-14 Example12.java

```
1  import java.io.BufferedInputStream;
2  import java.io.BufferedOutputStream;
3  import java.io.FileInputStream;
4  import java.io.FileOutputStream;
5  public class Example12 {
6      public static void main(String[] args) throws Exception {
7          //创建一个带缓冲区的输入流
8          BufferedInputStream bis = new BufferedInputStream(
9              new FileInputStream("input.txt"));
10         //创建一个带缓冲区的输出流
11         BufferedOutputStream bos = new BufferedOutputStream(
12             new FileOutputStream("des.txt"));
13         int len;
14         while ((len = bis.read()) != -1) {
15             bos.write(len);
16         }
17         bis.close();
18         bos.close();
19     }
20 }
```

上述代码中，第 8 ～ 16 行代码创建了 BufferedInputStream 和 BufferedOutputStream 两个缓冲流对象；第 14 ～ 16 行代码通过缓冲输入流循环读取 input.txt 文件中的内容，并使用缓冲输出流将读取到的内容输出到文件 des.txt 中。

■ 任务分析

根据任务描述得知，本任务的目标是菜品图片的管理，包括添加菜品图片和查看菜品图片信息。通过学习知识储备的内容，可以使用下列思路实现。

① 为了案例演示，需要提前在项目根目录中创建文件夹 task02，并在该文件夹下创建记录图片信息的菜品图片信息文件。

② 定义一个类用于实现菜品图片的管理，在类中定义两个方法分别实现菜品图片的添加和查看。其中，添加菜品图片的功能，可以先通过字节输入流读取本地图片，再通过字节输出流将读取到的图片写入指定目录。由于本任务还要查看菜品图片信息，所以菜品图片添加成功后，将菜品名称和图片存放路径保存到菜品图片信息文件中。查看菜品图片信息的功能比较简单，只需要使用字节输入流读取菜品图片信息文件中的内容，并通过字节输出流将读取到的数据输出在控制台即可。

■ 任务实现

结合任务分析的思路，下面分步骤实现菜品图片管理的功能，具体如下。

（1）准备文件

在本地计算机 E 盘创建一个 images 文件夹，并将菜品图片放在 images 文件夹中。

在项目 chapter08 的根目录下创建名称为 task02 的文件夹，在 task02 文件夹下创建文件 goodsList.txt，用于存放添加的菜品名称和图片名称，具体如图 8-22 所示。

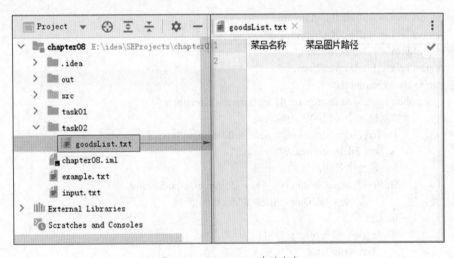

图 8-22　goodsList.txt 中的内容

（2）定义添加菜品图片的方法

在项目的 src 目录下创建类包 task02，在 task02 下创建菜品图片管理类 ImageManage，在类中定义 addImage() 方法用于根据菜品名称和菜品图片路径添加菜品图片，添加菜品图片时，如果系统已经存在名称相同的菜品图片，则重新命名本次需要保存的图片名称。具体代码见文件 8-15。

文件 8-15　ImageManage.java

```java
1    import java.io.File;
2    import java.io.FileInputStream;
3    import java.io.FileOutputStream;
4    import java.util.Scanner;
5    public class ImageManage {
6        public static void addImage(String name, String imgUrl) throws Exception{
7            //创建字节输入流
8            FileInputStream inUrl = new FileInputStream(imgUrl);
9            int index = imgUrl.lastIndexOf("\\");
10           //获取上传图片的名称
11           String imgName = imgUrl.substring(index + 1);
12           String[] files = new File("task02").list();
13           for (int i = 0; i < files.length; i++) {
14               if (files[i].equals(imgName)) {
15                   //如果已经存在名称相同的图片，则重新命名图片名称
16                   imgName = imgName + "-副本";
17               }
18           }
19           //创建字节输出流，用于将读取的文件写入task02文件夹中
20           FileOutputStream outImg = new FileOutputStream("task02\\" +
21                   imgName, true);
22           int len = 0;
23           byte[] bytes = new byte[1024];
24           //读取上传的图片，并写入task02文件夹中
25           while ((len = inUrl.read(bytes)) != -1) {
26               outImg.write(bytes, 0, len);
27           }
28           //获取图片存放的路径
29           String imageUrl=new File("task02\\",imgName).getAbsolutePath();
30           //拼接菜品名称和图片路径
31           String goodsInfo = name + "\t" + imageUrl + "\r\n";
32           //创建字节输出流，用于将读取的图片名称和信息写入goodsList.txt
33           FileOutputStream outTxt = new
34                       FileOutputStream("task02\\goodsList.txt ", true);
35           outTxt.write(goodsInfo.getBytes());
36           System.out.println("菜品图片添加成功！ ");
37           inUrl.close();
38           outTxt.close();
39           outImg.close();
40       }
41   }
```

上述代码中，第 8 ~ 27 行代码首先创建了一个字节输入流，用于读取 imgURL 路径的图片，

然后获取图片名称，如果图片名称存在，则对图片名称重新命名，最后使用 outImg 将读取到的图片写入 task02 文件夹中。第 29 ～ 35 行代码用于将添加的菜品名称和图片存放路径写入 goodsList.txt 文件，其中第 31 行代码用于对菜品名称和图片名称进行拼接，使用 \t 制表符对名称进行间隔，使用 \r\n 对图片信息换行。

（3）定义查询菜品图片信息的方法

在 ImageManage 类中定义 goodsInfo() 方法，用于查询 goodsList.txt 文件中的菜品图片信息，具体代码如下。

```
1     public static void goodsInfo() throws Exception {
2         //根据菜品名称和图片名称的信息文件创建输入流
3         FileInputStream in = new FileInputStream("task02\\goodsList.txt");
4         int len = 0;
5         byte[] bytes = new byte[1024];
6         //循环读取数据
7         while ((len = in.read(bytes)) != -1) {
8             //每次读取后，把数组的有效字节部分转换为字符串输出
9             System.out.println(new String(bytes,0,len));
10        }
11        in.close();
12    }
```

上述代码中，第 3 行代码根据 goodsList.txt 文件的路径创建字节输入流，第 7 ～ 10 行代码循环读取 goodsList.txt 中所有的信息，并将读取到的信息输出在控制台。

（4）定义 main() 方法

在 ImageManage 类中定义 main() 方法，方法中根据输入的指令调用添加菜品图片和查询菜品图片信息的方法，实现菜品图片管理，具体代码如下。

```
1     public static void main(String[] args) throws Exception {
2         Scanner sc = new Scanner(System.in);
3         while (true){
4             System.out.println("---------菜品图片管理----------");
5             System.out.println("1.添加菜品图片    2.查询菜品图片信息");
6             System.out.print("请输入您要的操作：");
7             int i = sc.nextInt();
8             switch (i){
9                 case 1:
10                    System.out.print("请输入菜品名称：");
11                    String name = sc.next();
12                    System.out.print("请输入被添加的菜品图片路径：");
13                    String imgUrl = sc.next();
14                    if(imgUrl.indexOf(".")!=-1){
15                        String suffix=imgUrl.substring(
16                            imgUrl.lastIndexOf("."));
17                        if(!".jpg".equals(suffix)&&!".png".equals(suffix)){
18                            System.out.println("添加失败，" +
19                                "图片必须是".jpg"或者".png"扩展名的文件！");
```

```
20                              break;
21                          }
22                      }else{
23                          System.out.println("添加失败，" +
24                              "图片必须是".jpg"或者".png"扩展名的文件！ ");
25                          break;
26                      }
27                      addImage(name, imgUrl);
28                      break;
29                  case 2:
30                      goodsInfo();
31                      break;
32                  default:
33                      System.out.println("输入错误！ ");
34              }
35          }
36      }
```

上述代码中，第 14 ~ 26 行代码判断控制台输入的菜品图片路径下是否是指定扩展名的图片，第 27 行代码调用 addImage() 方法实现图片的添加，第 30 行代码调用 goodsInfo() 方法实现图片信息的查看。

（5）测试菜品图片管理

运行文件 8-14，根据控制台的提示信息输入 1 添加菜品图片，这里以添加油焖大虾的图片为例，结果如图 8-23 所示。

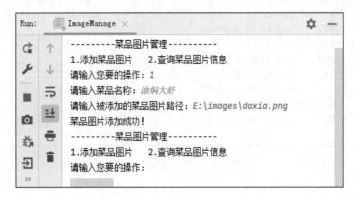

图 8-23　添加菜品图片

从图 8-23 可以看出，输入菜品名称及正确的图片路径后，控制台输出"菜品图片添加成功！"的提示信息。

在图 8-23 中，根据控制台的提示信息输入 2 查询菜品图片信息，结果如图 8-24 所示。

从图 8-24 可以看出，查询出已添加的油焖大虾图片信息，上传的油焖大虾图片存放在系统指定位置。

至此，菜品图片管理功能完成。

图 8-24　查询菜品图片信息

任务8-3　异常签到统计

任务描述

传智餐厅的员工每天到岗后都需要签到，每天签到的数据记录在餐厅助手的 kq.txt 文件中。餐厅管理人员要求员工签到时间在上午 9 点之前，超过 9 点签到的都视为迟到。为了方便餐厅管理人员查看员工的签到情况，餐厅助手中设置了异常签到统计的功能，可以读取员工的签到数据，并将迟到的签到信息作为异常签到信息写入文件 late.txt 中。本任务要求完成上述描述的异常签到统计功能，具体效果如图 8-25 所示。

kq. txt			late. txt		
1	刘一	2022-07-04 08:17:00	1	王五	2022-07-04 09:02:00
2	陈二	2022-07-04 08:38:00	2	周八	2022-07-04 09:01:00
3	张三	2022-07-04 08:57:00	3	吴九	2022-07-04 09:05:00
4	李四	2022-07-04 08:19:00	4		
5	王五	2022-07-04 09:02:00			
6	赵六	2022-07-04 08:44:00			
7	钱七	2022-07-04 08:56:00			
8	周八	2022-07-04 09:01:00			
9	吴九	2022-07-04 09:05:00			
10	郑十	2022-07-04 08:54:00			
11					

图 8-25　异常签到统计

知识储备

InputStream 类和 OutputStream 类在读写文件时操作的都是字节，如果需要读写纯文本数据，Java 虚拟机需要将字节转换为字符，这个过程相对比较耗时，并且字符可以进行编码的类型比较多，有时不知道编码类型很容易产生乱码。Java 的 IO 流中提供了一个直接操作字符的流，方便用户对字符进行操作。下面对字符流进行详细讲解。

1. 字符流概述

JDK 中提供了两个抽象类 Reader 和 Writer。Reader 类用于从某个源设备读取字符，Writer 类用于向某个目标设备写入字符。

　　Reader 类是字符输入流的顶级父类，它定义了字符输入流的基本共性功能方法，其常用方法见表 8-5。

表 8-5　Reader 类的常用方法

方法声明	功能描述
int read()	以字符为单位读数据
int read(char cbuf[])	将数据读入 char 类型数组，并返回数据长度
int read(char cbuf[],int off,int len)	将数据读入 char 类型数组的指定区间，并返回数据长度
void close()	关闭数据流
long transferTo(Writer out)	将数据直接读入字符输出流

　　Writer 类是字符输出流的顶级父类，它定义了字节输出流的基本共性功能方法，其常用方法见表 8-6。

表 8-6　Writer 类的常用方法

方法声明	功能描述
void write(int c)	以字符为单位写数据
void write(char cbuf[])	将 char 类型数组中的数据写出
void write(char cbuf[],int off,int len)	将 char 类型数组中指定区间的数据写出
void write(String str)	将 String 类型的数据写出
void wirte(String str,int off,int len)	将 String 类型指定区间的数据写出
void flush()	可以强制将缓冲区的数据同步到输出流中
void close()	关闭数据流

　　Reader 类和 Writer 类作为字符流的顶级父类，拥有许多子类。下面通过继承关系列举 Reader 类和 Writer 类的常用子类，如图 8-26 和图 8-27 所示。

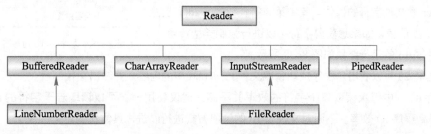

图 8-26　Reader 类的常用子类

　　从图 8-26 和图 8-27 可以看到，字符流的继承关系与字节流的继承关系类似，很多子类都是成对（输入流和输出流）出现的，其中 FileReader 和 FileWriter 用于读写文件，BufferedReader 和 BufferedWriter 是具有缓冲功能的字符流，可以提高读写效率。

图 8-27 Writer 类的常用子类

2. 字符输入流

在程序开发中，经常需要对文本文件的内容进行读取，如果想从文件中直接读取字符，可以使用文件字符输入流 FileReader，通过 FileReader 可以从关联的文件中一次读取一个或一组字符。

下面通过案例演示使用 FileReader 读取文件中的字符。首先在项目的根目录下创建文本文件 reader.txt，并在其中输入内容"黑马程序员"，然后使用文件字符输入流 FileReader 对象读取 reader.txt 文件中的内容，见文件 8-16。

文件 8-16 Example13.java

```
1    import java.io.*;
2    public class Example13{
3        public static void main(String[] args) throws Exception {
4            // 创建一个FileReader对象用来读取文件中的字符
5            FileReader reader = new FileReader("reader.txt");
6            int ch;                                         //定义一个变量用于记录读取的字符
7            while ((ch = reader.read()) != - 1) {           // 循环判断是否读取到文件的末尾
8                System.out.print ((char) ch);              //将读取到的有效内容转为字符输出
9            }
10           reader.close();                                 //关闭文件读取流，释放资源
11       }
12   }
```

上述代码中，第 5 行代码创建一个 FileReader 对象与文件关联，第 7 ~ 9 行代码通过 while 循环从文件中每次读取一个字符并打印，这样就实现了 FileReader 读文件字符的操作，其中第 8 行代码的 read() 方法返回 int 类型的值，如果想获得字符可以进行强制类型转换。

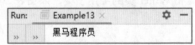

图 8-28 文件 8-16 的运行结果

文件 8-16 的运行结果如图 8-28 所示。

从图 8-28 可以看出，程序成功读取文件 reader.txt 中的内容，并输出在控制台。

文件 8-16 中每次读取单个字符的效率并不高，建议使用一次可以读取若干字符的 read() 方法，以提高程序 IO 效率。下面对文件 8-16 的读取方式进行改进，具体代码见文件 8-17。

文件 8-17 Example14.java

```
1    import java.io.*;
2    public class Example14 {
3        public static void main(String[] args) throws IOException {
4            //使用文件名称创建流对象
5            FileReader fr = new FileReader("reader.txt");
```

```
6              //定义变量，保存有效字符个数
7              int len;
8              //定义字符数组，作为装字符数据的容器
9              char[] cbuf = new char[3];
10             //循环读取
11             while ((len = fr.read(cbuf)) != -1) {
12                 System.out.println(new String(cbuf, 0, len));
13             }
14             //关闭资源
15             fr.close();
16         }
17 }
```

上述代码中，第 7 行代码定义变量用于保存输入流读取内容时的有效字符个数；第 9 行代码定义一个数组用于存放输入流每次读取到的数据，数组长度可以根据需求自定义；第 11 ～ 13 行代码循环读取文件中的内容，并将读取到的有效字符输出在控制台，当输入流读取到末尾时会返回 -1，结束循环。

文件 8-17 的运行结果如图 8-29 所示。

从图 8-29 可以看出，程序分 2 行输出了文件 reader.txt 中的内容。原因是程序中定义的字符数组长度为 3，被读取的有效字符等于 3 时，输出读取到的 3 个字符；被读取的有效字符长度小于 3 时，输出读取到的有效字符。

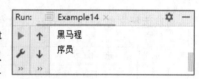

图 8-29　文件 8-17 的运行结果

3. 字符输出流

与 FileReader 类相反，FileWriter 类可以对文件字符进行输出，使用该文件字符输出流可以将流中的内容便捷地写入字符文件。下面通过案例演示使用 FileWriter 将字符写入字符文件，具体实现代码见文件 8-18。

文件 8-18　Example15.java

```
1  import java.io.*;
2  public class Example15{
3      public static void main(String[] args) throws Exception {
4          FileWriter writer = null;            //创建一个FileWriter对象
5          try{
6              //实例化FileWriter对象用于向文件中写入数据
7              writer = new FileWriter("writer.txt");
8              String str = "你好，传智教育";
9              writer.write(str);                //将字符数据写入文本文件中
10             writer.write("\r\n");             //将输出语句换行
11         }finally {
12             writer.close();                   //关闭写入流，释放资源
13         }
14     }
15 }
```

上述代码中，第 7 行代码根据目标文件创建一个 FileWriter 对象；第 9 ～ 10 行代码写入字符；第 12 行代码关闭写入流。需要注意的是，创建 FileWriter 对象时，会默认创建一个缓冲区，如果

不手动刷新或关闭写入流，数据只是保存到缓冲区，并未保存到文件。

文件 8-18 运行结束后，程序会在项目根目录下生成一个名称为 writer.txt 的文件，writer.txt 文件内容如图 8-30 所示。

从图 8-30 可以看出，程序成功将字符写入 writer.txt 文件中。

FileWriter 同 FileOutputStream 一样，如果指定的文件不存在，就会先创建文件，再写入数据；如果文件存在，向文件中写入数据时，会默认覆盖原文件的内容。如果想在原有文件末尾追加数据，同样需要调用如下重载的构造方法创建 FileWriter 对象。

FileWriter(File file,boolean append);

或者

FileWriter(String fileName,boolean append);

例如，将文件 8-18 中的第 7 行代码修改为如下代码。

writer = new FileWriter("writer.txt",true);

再次运行文件 8-18，writer.txt 文件内容如图 8-31 所示。

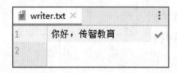

图 8-30　writer.txt 文件内容（1）　　图 8-31　writer.txt 文件内容（2）

从图 8-31 可以看出，程序运行后在 writer.txt 文件中追加了写入的内容，而没有覆盖文件中原有的内容。

4．字符缓冲流

字节缓冲流利用内置的缓冲区可以有效提高读写数据的效率，字符流同样提供了带缓冲区的缓冲流，分别是 BufferedReader 和 BufferedWriter，其中 BufferedReader 用于对字符输入流进行包装，BufferedWriter 用于对字符输出流进行包装。在 BufferedReader 中有一个重要的方法 readLine()，该方法用于一次读取一行文本。下面通过案例来学习如何使用这两个缓冲流实现文本文件的复制，具体见文件 8-19。

文件 8-19　Example16.java

```java
1    import java.io.BufferedReader;
2    import java.io.BufferedWriter;
3    import java.io.FileReader;
4    import java.io.FileWriter;
5    public class Example16 {
6        public static void main(String[] args) throws Exception {
7            FileReader reader = new FileReader("reader.txt");
8            //创建一个BufferedReader缓冲流对象
9            BufferedReader br = new BufferedReader(reader);
10           FileWriter writer = new FileWriter("writer_des.txt");
```

```
11              //创建一个BufferedWriter缓冲流对象
12              BufferedWriter bw = new BufferedWriter(writer);
13              String str;
14              //每次读取一行文本，判断是否到文件末尾
15              while ((str = br.readLine()) != null) {
16                  bw.write(str);
17                  //写入一个换行符，该方法会根据不同的操作系统生成相应的换行符
18                  bw.newLine();
19              }
20              br.close();
21              bw.close();
22          }
23      }
```

上述代码中，第 7 ～ 9 行代码分别对输入输出流进行了包装；第 15 ～ 19 行代码通过一个 while 循环实现了文本文件的复制，在复制过程中，每次循环都使用 readLine() 方法读取文件的一行，然后通过 write() 方法写入目标文件。其中 readLine() 方法会逐个读取字符，如果读到 reader.txt 中的回车符（ '\r' ）或换行符（ '\n' ）时，会将读到的字符作为一行内容返回。

运行文件 8-19 后，打开项目根目录下的文件 reader.txt 和 writer_des.txt，结果如图 8-32 所示。

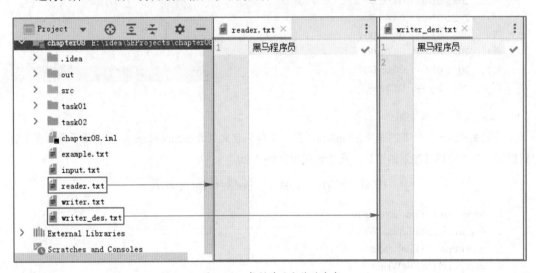

图 8-32　复制前后文件的内容

■ 任务分析

根据任务描述得知，本任务的目标是异常签到统计，通过学习知识储备的内容，可以使用下列思路实现。

① 读取签到信息。员工的签到信息都在文件 kq.txt 中，且每个签到信息都独自占用一行。可以使用 BufferedReader 类的 readLine() 方法对签到信息进行读取，每次读取一行完整的签到信息。

② 判断签到信息。从签到数据的格式可以看出，签到数据由"员工信息＋制表符＋签到时

间"组成。可以将读取到的每行签到数据根据制表符进行切割，以获取单独的签到时间，如果签到时间在指定时间之后，需要将该签到数据写入 late.txt 中。

③ 写入异常签到信息。如果存在异常签到信息，需要将该异常信息单独存放在一行。可以使用 BufferedWriter 类将异常签到信息写入 late.txt 中，每写完一条异常签到信息后，使用 newLine() 方法换行。

■ 任务实现

结合任务分析的思路，下面分步骤实现异常签到统计功能，具体如下。

（1）准备签到数据

在项目的根目录下创建名称为 kq.txt 的文件，并在该文件中输入员工签到数据，本任务使用的模拟数据如下。

```
刘一    2022-07-04    08:17:00
陈二    2022-07-04    08:38:00
张三    2022-07-04    08:57:00
李四    2022-07-04    08:19:00
王五    2022-07-04    09:02:00
赵六    2022-07-04    08:44:00
钱七    2022-07-04    08:56:00
周八    2022-07-04    09:01:00
吴九    2022-07-04    09:05:00
郑十    2022-07-04    08:54:00
```

（2）实现异常签到统计

在项目的 src 目录下创建类包 task03，并在类包下定义 AttendanceManage 类，用于读取员工签到数据，并统计异常签到的信息，具体代码见文件 8-20。

文件 8-20　AttendanceManage.java

```java
1    import java.io.BufferedReader;
2    import java.io.BufferedWriter;
3    import java.io.FileReader;
4    import java.io.FileWriter;
5    import java.time.LocalDateTime;
6    import java.time.LocalTime;
7    import java.time.format.DateTimeFormatter;
8    public class AttendanceManage {
9        public static void main(String[] args) throws Exception {
10           //创建一个BufferedReader缓冲流对象
11           BufferedReader br = new BufferedReader(new FileReader("kq.txt"));
12           //创建一个BufferedWriter缓冲流对象
13           BufferedWriter bw = new BufferedWriter(new FileWriter("late.txt"));
14           //根据考勤时间的格式创建格式器
15           DateTimeFormatter fm = DateTimeFormatter.ofPattern(
16                   "yyyy-MM-dd HH:mm:ss");
```

```
17              //创建最晚的签到时间
18              LocalTime time = LocalTime.of( 9, 0);
19              String str;
20              //每次读取一行文本，判断是否到文件末尾
21              while ((str = br.readLine()) != null) {
22                  //将读取到的一行内容根据制表符进行分隔
23                  String[] strs = str.split("\t");
24                  //获取行内容中的签到日期和时间
25                  LocalDateTime ld = LocalDateTime.parse(strs[1], fm);
26                  //获取签到时间
27                  LocalTime lt = ld.toLocalTime();
28                  //如果签到时间在最晚的签到时间之后，则将该行写入late.txt文件中
29                  if(lt.isAfter(time)){
30                      bw.write(str);
31                      //写入一个换行符
32                      bw.newLine();
33                  }
34              }
35              br.close();
36              bw.close();
37          }
38  }
```

上述代码中，第 11 和第 13 行代码分别创建了 BufferedReader 和 BufferedWriter 缓冲流对象。第 15 ～ 16 行代码根据签到信息的格式创建了一个日期和时间格式器。第 18 行代码根据最晚的签到时间创建了一个时间对象。第 21 ～ 34 行代码循环读取 kq.txt 中的签到数据，每次读取一行，其中第 23 行代码将读取到的签到信息根据分隔符进行切割；第 25、26 行代码获取签到数据中的签到时间，如果签到时间晚于指定的签到时间，则为异常签到，将该行签到数据写入文件 late.txt 中。

（3）测试异常签到统计

运行文件 8-20，程序会在项目的根目录下创建名称为 late.txt 的文件，此时 late.txt 中的内容如图 8-33 所示。

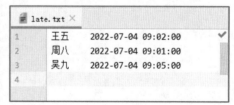

图 8-33 late.txt 中的内容

从图 8-33 可以看到，文件 late.txt 中写入的信息都是签到时间晚于上午 9 点。对比本任务模拟的员工签到信息，可以得出，异常签到信息都被写入文件 late.txt 中了。

至此，异常签到统计功能完成。

单元小结

本单元主要介绍了 IO 流的相关知识。首先讲解了 File 类，包括创建 File 对象、File 类的常用方法、遍历目录下的文件和删除文件及目录，并通过 File 实现了文件管理功能；然后讲解了字节流，包括字节流概述、文件输入流、文件输出流，并通过字节流实现了菜品图片管理的功能；最后

讲解了字符流，包括字符流概述、文件字符输入流和文件字符输出流，并通过字符流实现了备忘录管理的功能。读者通过本单元的学习，可以认识 IO 流，并能够掌握 IO 流的相关知识。

单元测试

请扫描二维码，查看本单元测试题目。

单元测试 单元 8

单元实训

请扫描二维码，查看本单元实训题目。

单元实训 单元 8

单元 **9**

多线程

PPT：单元 9　多
线程

教学设计：单元 9
多线程

知识目标	● 了解线程和进程，能够说出进程与线程的概念以及区别 ● 了解线程的创建和启动，能够说出 3 种线程的创建和启动的方式 ● 了解线程安全问题，能够说出多线程程序会出现线程安全问题的原因 ● 了解线程同步，能够说出实现线程同步的 3 种方式 ● 了解线程池，能够说出线程池的概念以及优点
技能目标	● 掌握线程的创建和启动，能够使用继承 Thread 类、实现 Runnable 接口、使用 Callable 和 FutureTask 这 3 种方式实现多线程 ● 掌握线程同步的方式，能够使用同步代码块、同步方法、Lock 锁这 3 种方式同步线程 ● 掌握线程池的创建，能够使用 ThreadPoolExecutor 和 Executors 创建线程池对象，并通过线程池对象执行线程任务

日常生活中，很多事情都是同时进行的。例如，人可以同时进行呼吸、血液循环、思考问题等活动。在使用计算机的过程中，应用程序也可以同时运行，用户可以使用计算机一边听歌，一边玩游戏。在应用程序中，不同的程序块也可以同时运行，这种多个程序块同时运行的现象被称为并发执行。

多线程是指一个应用程序中有多条并发执行的线索，每条线索被称为一个线程，它们会交替执行，彼此间可以进行通信。本单元将讲解多线程的相关知识。

任务9-1　"霸王餐"秒杀活动

■ 任务描述

为了提高顾客的消费黏性，促进菜品销售，传智餐厅不定期开展"霸王餐"秒杀活动。每次秒杀活动，传智餐厅都会赠送 5 张"霸王餐"礼券，餐厅的所有顾客均可参与秒杀活动，抢到礼券的顾客可以在餐厅免费消费指定的菜品。本任务要求根据上述信息实现"霸王餐"秒杀活动，秒杀抢购的效果如图 9-1 所示。

```
当前排队人数过多，请稍等！
顾客7在pool-1-thread-1抢到了霸王餐的礼券，礼券编号为：5
当前排队人数过多，请稍等！
顾客9在pool-1-thread-5抢到了霸王餐的礼券，礼券编号为：4
当前排队人数过多，请稍等！
顾客11在pool-1-thread-3抢到了霸王餐的礼券，礼券编号为：3
当前排队人数过多，请稍等！
顾客13在pool-1-thread-4抢到了霸王餐的礼券，礼券编号为：2
当前排队人数过多，请稍等！
顾客15在pool-1-thread-2抢到了霸王餐的礼券，礼券编号为：1
当前排队人数过多，请稍等！
顾客17在pool-1-thread-4没有抢到霸王餐的礼券，礼券已经抢光！
顾客17在pool-1-thread-4没有抢到霸王餐的礼券，礼券已经抢光！
顾客17在pool-1-thread-1没有抢到霸王餐的礼券，礼券已经抢光！
顾客17在pool-1-thread-2没有抢到霸王餐的礼券，礼券已经抢光！
顾客20在pool-1-thread-4没有抢到霸王餐的礼券，礼券已经抢光！
顾客20在pool-1-thread-1没有抢到霸王餐的礼券，礼券已经抢光！
当前排队人数过多，请稍等！
顾客23在pool-1-thread-3没有抢到霸王餐的礼券，礼券已经抢光！
顾客23在pool-1-thread-2没有抢到霸王餐的礼券，礼券已经抢光！
顾客23在pool-1-thread-5没有抢到霸王餐的礼券，礼券已经抢光！
```

图 9-1　"霸王餐"秒杀活动的抢购效果

在图 9-1 中，顾客抢购礼券后，系统会提示用户的抢购结果，在所有礼券被抢光后，程序停止为顾客发放礼券。本任务要求编写一个程序实现"霸王餐"秒杀活动。

■ 知识储备

1. 线程与进程

一台计算机中可以同时运行多个程序,每个运行中的程序都是一个进程,也就是"正在运行的程序"。进程是程序的实例,是操作系统动态执行的基本单元。实际上,计算机中一个单核 CPU 同一时刻只能处理一个进程,用户之所以认为会有多个进程同时在运行,是因为计算机系统采用了"多道程序设计"技术。

多道程序设计是指计算机允许多个相互独立的程序同时进入内存,在内存的管理控制下,相互之间穿插运行。采用多道程序设计的系统,会将 CPU 的整个生命周期划分为长度相同的时间片,在每个 CPU 时间片内只处理一个进程,但 CPU 划分的时间片非常微小,且 CPU 运行速度极快,因此在宏观上可以认为计算机可以同时运行多个程序、处理多个进程。

进程的实质是程序在多道程序系统中的一次执行过程,但进程中的实际运作单位是线程。线程是操作系统能够进行运算调度的最小单位,它包含在进程中。一个进程中至少存在一个线程,每一个线程都是进程中一个单一顺序的控制流。例如,当一个 Java 程序启动时,就会产生一个进程,该进程默认创建一个线程,这个线程会运行 main() 方法中的代码。

一个进程中的多个线程可以并行执行不同任务。在前面单元的程序中,代码都是按照调用顺序依次往下执行,没有出现两段程序代码交替运行的效果,这样的程序称为单线程程序。如果希望程序中实现多段程序代码交替运行的效果,则需要创建多个线程,即多线程程序。一个进程执行过程中会产生多个线程,这些线程并发执行并相互独立,如图 9-2 所示。

图 9-2 多线程程序的执行过程

图 9-2 所示的多条线程看似同时执行,其实不然,它们和进程一样,也是由 CPU 轮流执行,只不过 CPU 运行速度很快,因此给人感觉是在同时执行。

2. 线程的创建与启动

Java 提供了 3 种方式创建线程,具体介绍如下。

(1) 通过继承 Thread 类创建线程

Java 中的 Thread 类代表线程,所有的线程对象必须是 Thread 类或其子类的实例。Thread 类提供了用于分配线程对象的构造方法,其常用的构造方法见表 9-1。

表 9-1 Thread 类常用的构造方法

方法声明	说明
Thread()	分配一个线程对象
Thread(String name)	分配一个指定名称的线程对象
Thread(Runnable target)	分配一个带有指定目标的线程对象
Thread(Runnable target,String name)	分配一个带有指定目标的线程对象,并指定线程的名称

读者可以根据需求,使用对应的构造方法让程序分配新的线程对象。如果创建线程对象时没

有指定线程的名称，那么会自动为线程分配格式为"Thread-n"的名称，其中 n 为非负整数。

针对线程的操作，Thread 类提供了各种方法，其常用方法见表 9-2。

表 9-2　Thread 类的常用方法

方法声明	说明
String getName()	获取当前线程的名称
void setName(String name)	将当前线程的名称更改为参数 name
void start()	开启当前线程，Java 虚拟机调用当前线程的 run() 方法
void run()	方法中定义当前线程要执行的任务代码
static void sleep(long millis)	使当前正在执行的线程休眠 millis 毫秒
static Thread currentThread()	返回对当前正在执行的线程对象的引用

在 Java 中，通过继承 Thread 类的方式创建多线程的步骤如下。

① 定义 Thread 类的子类，并重写 Thread 类的 run() 方法。

② 创建 Thread 子类的实例，即创建线程对象。

③ 调用线程对象的 start() 方法启动该线程。

下面通过案例演示如何通过继承 Thread 类的方法创建多线程，具体步骤如下。

① 定义 MyThread01 类继承 Thread 类，并重写 Thread 类的 run() 方法。为了方便后续测试时能查看 run() 方法的执行情况，在 run() 方法中输出当前正在执行线程对象的名称。MyThread01 类的具体代码见文件 9-1。

文件 9-1　MyThread01.java

```
1   class MyThread01 extends Thread {
2       /*** 重写run()方法，完成该线程执行的逻辑 */
3       @Override
4       public void run() {
5           //在自定义线程类的run()方法中执行while循环
6           while (true) {
7               System.out.println("线程" + Thread.currentThread().getName() +
8                       ":run()方法在运行");
9               try {
10                  //让当前线程休眠100毫秒
11                  Thread.sleep(100);
12              } catch (InterruptedException e) {
13                  e.printStackTrace();
14              }
15          }
16      }
17  }
```

上述代码中，第 7 行代码获取当前正在执行的线程对象的名称。因为 run() 方法中没有太复杂的代码，线程执行速度会很快，为了方便后续观察线程输出的信息，第 11 行代码让当前正在执行的线程休眠 100 毫秒。

② 定义测试类 Example01，在类的 main() 方法中创建 2 个 MyThread01 线程对象，并启动线程。为了方便查看每个线程的执行情况，使用循环输出 main() 方法的执行信息，具体见文件 9-2。

文件 9-2　Example01.java

```
1   public class Example01 {
2       public static void main(String[] args) throws InterruptedException {
3           //创建2个自定义线程对象
4           MyThread01 thread01 = new MyThread01();
5           MyThread01 thread02 = new MyThread01();
6           //为thread02线程对象设置名称
7           thread02.setName("thread02");
8           //启动线程
9           thread01.start();
10          thread02.start();
11          //在main()方法中执行while循环
12          while (true) {
13              System.out.println("main()方法在运行");
14              //让当前线程休眠100毫秒
15              Thread.sleep(100);
16          }
17      }
18  }
```

上述代码中，第 4 ~ 7 行代码创建了 2 个自定义线程对象，其中 thread01 对象未手动设置线程名称，thread02 对象设置线程名称为 thread02。第 9、10 行代码通过 start() 方法启动自定义的线程。

③ 运行文件 9-2，运行结果如图 9-3 所示。

从图 9-3 可以得出，程序中交互执行了 main() 方法中的循环代码，以及 thread01 和 thread02 线程对象重写后的 run() 方法，而不是按照代码编写顺序先执行 thread01 对象的 run() 方法，再执行 thread02 对象的 run() 方法，最后执行 main() 方法的循环代码。这就说明程序开启了 3 个线程，分别是 main() 方法所在的主线程、thread01 对象启动的线程、thread02 对象启动的线程，实现了多线程功能。

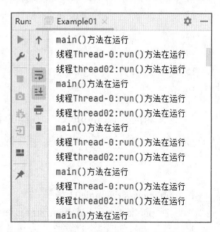

图 9-3　文件 9-2 中 main() 方法的运行结果

（2）通过实现 Runnable 接口创建线程

通过继承 Thread 类可以实现多线程，但是这种方式有一定的局限性。因为 Java 只支持单继承，一个类一旦继承了某个父类就无法再继承 Thread 类。例如，学生类 Student 继承了 Person 类，那么 Student 类就无法再通过继承 Thread 类创建线程，不便于程序的扩展。

为了克服上述弊端，可以借助 Thread 类提供的 Thread(Runnable target) 或 Thread(Runnable target,String name) 构造方法创建线程。这 2 个构造方法中参数 target 的类型为 Runnable，Runnable 是一个接口，通常称为线程任务，它只有一个 run() 方法。当通过这 2 个构造方法创建线程对象时，需要为方法传递一个实现了 Runnable 接口的对象，这样创建的线程将调用 Runnable 接口中的 run()

方法作为运行代码，而不需要调用 Thread 类中的 run() 方法。

通过实现 Runnable 接口创建多线程的步骤如下。

① 定义 Runnable 接口的实现类，并重写该接口的 run() 方法。

② 创建 Runnable 实现类的实例，并以此实例作为 Thread 的 target 线程任务对象来创建 Thread 对象。

③ 调用线程对象的 start() 方法启动线程。

下面通过案例演示如何通过实现 Runnable 接口创建多线程，具体步骤如下。

① 定义 Runnable 接口的实现类 MyRunnable01，重写接口中的 run() 方法。为了方便后续测试时能查看 run() 方法的执行情况，在 run() 方法中向控制台输出当前正在执行的线程对象名称。具体见文件 9-3。

文件 9-3　MyRunnable01.java

```
1    class MyRunnable01 implements Runnable {
2        /*** 重写run()方法，完成该线程执行的逻辑 */
3        @Override
4        public void run() {
5            //在自定义线程类的run()方法中执行while循环
6            while (true) {
7                System.out.println(Thread.currentThread().getName() +
8                        ":run()方法在运行");
9                try {
10                   Thread.sleep(100);
11               } catch (InterruptedException e) {
12                   e.printStackTrace();
13               }
14           }
15       }
16   }
```

② 定义测试类 Example02，在类的 main() 方法中创建 1 个 MyRunnable01 线程任务对象、2 个 Thread 线程对象，并启动线程，具体见文件 9-4。

文件 9-4　Example02.java

```
1    public class Example02 {
2        public static void main(String[] args) throws InterruptedException {
3            //创建1个自定义线程任务对象
4            MyRunnable01 mr = new MyRunnable01();
5            //创建2个线程对象
6            Thread t1 = new Thread(mr, "线程1");
7            Thread t2 = new Thread(mr, "线程2");
8            //开启线程
9            t1.start();
10           t2.start();
11           //在主方法中执行while循环
```

```
12          while (true) {
13              System.out.println("main()方法在运行");
14              //让当前线程暂停100毫秒
15              Thread.sleep(100);
16          }
17      }
18 }
```

上述代码中，第 4 行代码创建线程任务对象 mr；第 6、7 行代码分别创建线程对象 t1 和 t2，并将 mr 作为参数传入创建的线程对象中；第 9、10 行代码分别通过 t1 和 t2 启动 2 个线程对象。

③ 运行文件 9-4，运行结果如图 9-4 所示。

从图 9-4 可以得出，程序中交互执行了 main() 方法中的循环代码，以及 t1 和 t2 线程对象重写后的 run() 方法，而不是按照代码编写顺序先执行 t1 对象的 run() 方法，再执行 t2 对象的 run() 方法，最后执行 main() 方法的循环代码。这就说明程序开启了 3 个线程，分别是 main() 方法所在的主线程、t1 对象启动的线程、t2 对象启动的线程，实现了多线程功能。

（3）实现 Callable 接口创建多线程

通过实现 Runnable 接口创建线程时，将重写的 run() 方法包装成线程执行体。由于 run() 方法没有返回值，所以如果需要返回线程执行的结果时，实现 Runnable 接口的方式就不太合适。为了解决这个问题，Java 提供了一个 Callable 接口，该接口提供了一个 call() 方法可以作为线程的执行体，且 call() 方法有返回值。

Callable 接口是 Java 5 新增的接口，它不是 Runnable 接口的子接口，所以 Callable 对象不能直接作为 Thread 构造方法的 target 参数。Java 提供了 FutureTask 类，FutureTask 类间接实现了 Runnable 接口，FutureTask 可以将 Callable 对象封装后作为 Thread 构造方法的 target 参数，线程执行时将 Callable 对象的 call() 方法作为线程执行体被调用，并且通过 FutureTask 对象封装 call() 方法的返回值。FutureTask 类的继承关系如图 9-5 所示。

图 9-4　文件 9-4 的运行结果

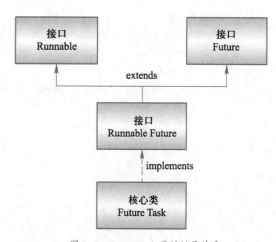

图 9-5　FutureTask 类的继承关系

从图 9-5 可以看出，FutureTask 是 Runnable 接口和 Future 接口的实现类，其中，Future 接口用于管理线程返回结果，它共有 5 个方法，具体见表 9-3。

表 9-3　Future 接口的方法及说明

方法声明	功能描述
boolean cancel(boolean mayInterruptIfRunning)	用于取消任务，参数 mayInterruptIfRunning 表示是否允许取消正在执行却没有执行完毕的任务，如果设置为 true，表示可以取消正在执行的任务
boolean isCancelled()	判断任务是否被取消成功，如果在任务正常完成前被取消成功，返回 true
boolean isDone()	判断任务是否已经完成，若任务完成，返回 true
V get()	用于获取执行结果，这个方法会发生阻塞，一直等到任务执行完毕才返回执行结果
V get(long timeout, TimeUnit unit)	用于在指定时间内获取执行结果，如果在指定时间内，还没获取到结果，就直接返回 null

使用 Callable 和 FutureTask 创建多线程的步骤如下。

① 创建 Callable 接口的实现类，并重写 call() 方法。

② 创建包装了 Callable 对象的 FutureTask 类。

③ 使用 FutureTask 对象作为 Thread 对象的 target 参数创建并启动新线程。

下面通过案例演示如何通过实现 Callable 接口创建多线程，具体步骤如下。

① 定义 Callable 接口实现类 MyCallable01，并重写 Callable 接口的 call() 方法。Callable 接口是泛型接口，可以在泛型中定义 call() 方法的返回值类型，为了方便后续测试时能查看线程的执行情况，让 call() 方法返回当前正在执行的线程对象的名称。具体见文件 9-5。

文件 9-5　MyCallable01.java

```
1   import java.util.concurrent.Callable;
2   class MyCallable01 implements Callable<String> {
3       @Override
4       public String call() throws InterruptedException {
5           //在自定义线程类的run()方法中执行while循环
6           while (true) {
7               String str = "线程" + Thread.currentThread().getName() +
8                   ":call()方法在运行";
9               System.out.println(str);
10              Thread.sleep(100);
11              return str;
12          }
13      }
14  }
```

上述代码中，第 4 ～ 13 行代码为重写的 call() 方法，其中，第 7、8 行代码获取当前执行的线程名称，并将该线程名称拼接为提示信息，第 11 行代码返回包含线程名称的提示信息。

② 定义测试类 Example03，在类的 main() 方法中创建 Callable 线程任务对象，并通过 FutureTask 对象将线程任务对象进行封装，将 FutureTask 对象作为 Thread 线程对象的 target 参数创

建并启动线程，具体见文件 9-6。

文件 9-6　Example03.java

```java
1    import java.util.concurrent.Callable;
2    import java.util.concurrent.FutureTask;
3    public class Example03 {
4        public static void main(String[] args) throws Exception {
5            //创建Callable线程任务对象
6            Callable<String> call01 = new MyCallable01();
7            Callable<String> call02 = new MyCallable01();
8            //通过FutureTask对象封装Callable对象
9            FutureTask<String> f1 = new FutureTask<>(call01);
10           FutureTask<String> f2 = new FutureTask<>(call02);
11           //创建线程对象
12           Thread t1 = new Thread(f1, "线程1");
13           Thread t2 = new Thread(f2, "线程2");
14           //启动线程
15           t1.start();
16           t2.start();
17           while (true) {
18               if (f1.isDone()) {
19                   System.out.println(f1.get());
20               }
21               if (f2.isDone()) {
22                   System.out.println(f2.get());
23               }
24               System.out.println("main()");
25               Thread.sleep(100);
26           }
27       }
28   }
```

上述代码中，第 18 ～ 23 行代码分别将线程的执行结果打印在控制台，由于 Future 的 get() 方法会发生阻塞，一直等到任务执行完毕后才返回执行结果，所以需要先判断任务是否已经完成，若任务完成，则获取线程的执行结果并打印输出在控制台。

③ 运行文件 9-6，结果如图 9-6 所示。

从图 9-6 可以得出，程序中交互执行了 main() 方法中的循环代码，以及 t1 对象和 t2 对象启动的线程对应的线程执行体。这就说明程序开启了 3 个线程，分别是 main() 方法所在的主线程、t1 对象和 t2 对象启动的线程。

上述 3 种方式都可以创建线程，以实现程序的多线程执行，实现的过程和结果都存

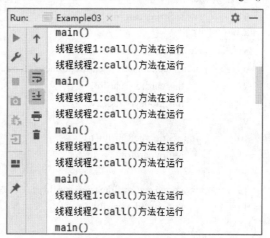

图 9-6　文件 9-6 的运行结果

在各自的优缺点，具体见表 9-4。

表 9-4　3 种创建线程方式的优缺点

实现方式	优点	缺点
通过继承 Thread 类创建线程	编码相对简单	• 存在单继承的局限性，不便于扩展 • 不能返回线程执行的结果
通过实现 Runnable 接口创建线程	线程任务类只是实现接口，可以继续继承类和实现接口，扩展性强	编程相对复杂，不能返回线程执行的结果
通过实现 Callable 接口创建线程	• 线程任务类只是实现接口，可以继续继承类和实现接口，扩展性强。 • 可以在线程执行完毕后去获取线程执行的结果	编码相对复杂

3. 线程安全问题

采用多线程技术的应用程序可以充分利用 CPU 的空闲时间片，用尽可能少的时间对用户的要求做出响应，使进程的整体运行效率得到较大提高。但系统的线程调度具有一定的随机性，如果使用多个线程同时操作同一个共享资源时，很容易"偶然"出现线程安全问题。

下面通过模拟银行取钱的案例演示线程安全问题，银行取钱的基本流程大致可以划分为以下几个步骤。

① 用户输入取款金额。

② 银行系统判断账户余额是否大于取款金额。

③ 如果余额大于或等于取款金额，取款成功；如果余额小于取款金额，则取款失败。

按上述流程编写程序，使用 2 个线程来模拟 2 个用户执行的取钱操作，具体步骤如下。

① 定义一个账户类 Account，该类中包含账户编号和账户余额两个属性，以及取钱的方法。具体见文件 9-7。

文件 9-7　Account.java

```java
1    public class Account {
2        //账户编号
3        private String cardId;
4        //账户余额
5        private double money;
6        public Account(String cardId, double money) {
7            this.cardId = cardId;
8            this.money = money;
9        }
10       public String getCardId() {
11           return cardId;
12       }
13       public void setCardId(String cardId) {
14           this.cardId = cardId;
15       }
16       public double getMoney() {
```

```
17          return money;
18      }
19      public void setMoney(double money) {
20          this.money = money;
21      }
22      //取钱方法
23      public void drawMoney(double money) {
24          //先获取是谁来取钱，线程的名字就是人名
25          String name = Thread.currentThread().getName();
26          //判断账户余额是否足够
27          if (this.money >= money) {
28              //取钱
29              System.out.println(name + "来取钱成功，取出： " + money);
30              //更新余额
31              this.money -= money;
32              System.out.println(name + "取钱后剩余： " + this.money);
33          } else {
34              //余额不足
35              System.out.println(name + "来取钱，余额不足！ ");
36          }
37      }
38  }
```

② 定义取钱的线程类 DrawThread，在该线程类的线程执行体中执行取钱操作，每次取 100000 元，具体见文件 9-8。

文件 9-8　DrawThread.java

```
1   public class DrawThread extends Thread {
2       //接收处理的账户对象
3       private Account acc;
4       public DrawThread(Account acc,String name){
5           super(name);
6           this.acc = acc;
7       }
8       @Override
9       public void run() {
10          //取钱
11          acc.drawMoney(100000);
12      }
13  }
```

③ 创建测试类 ThreadDemo，在测试类的 main() 方法中创建账户对象，并启动两个线程从该账户中取钱，具体见文件 9-9。

文件 9-9　ThreadDemo.java

```
1   public class ThreadDemo{
2       public static void main(String[] args) {
3           //创建账户对象
```

```
4            Account acc = new Account("ICBC-111", 100000);
5            //创建2个线程对象，代表小明和小红同时取钱
6            new DrawThread(acc, "小明").start();
7            new DrawThread(acc, "小红").start();
8       }
9   }
```

上述代码中，第4行代码传入账户编号和取钱金额创建了账户对象，第6～7行代码创建了2个线程对象，这2个线程对象共享同一个账户对象，并使用这2个线程对象启动线程。

④ 运行文件9-9，结果如图9-7所示。

从图9-7可以得出，小红和小明对同一张卡同时进行取款后，账户余额为-100000，这样的结果并不是正常结果，而是在多线程编程时，由于编码不当，导致多线程并发修改共享资源造成的线程安全问题。

图9-7　文件9-9的运行结果（1）

4. 线程同步

多线程可以提高程序的执行效率，提高用户体验。程序员在编写多线程的程序时，需要将团队协作的思想融入代码中，加强线程之间的协作，避免某些线程长时间占用资源，影响其他线程的执行。同时需要程序员以严谨细致的态度，分析场景需求，避免产生线程安全问题，以编写出高效、安全的程序。

在多线程程序中，并发修改共享资源可能造成线程安全问题。因此，如果想避免出现线程安全问题，必须保证在任何时刻只能有一个线程修改共享资源。Java提供了同步机制解决这个问题。使用同步机制保障线程同步的方式有3种，分别是同步代码块、同步方法、Lock锁。

（1）同步代码块

当多个线程使用同一个共享资源时，可以将处理共享资源的代码放在一个使用synchronized关键字修饰的代码块中，这个代码块被称为同步代码块。使用synchronized关键字创建同步代码块的语法格式如下。

```
synchronized(obj){
    ...... 此处编写操作共享资源的代码

}
```

上述语法格式中，obj表示一个同步锁对象，程序将基于obj对象为同步代码加锁。当某一个线程执行同步代码块时，其他线程将无法执行当前同步代码块，进入阻塞状态。当前线程执行完同步代码块后，再与其他线程重新抢夺CPU的执行权，抢到CPU执行权的线程将进入同步代码块，执行其中的代码。以此循环往复，直到共享资源被处理完为止。这个过程就好比一个公用电话亭，只有前一个人打完电话出来后，后面的人才可以进入电话亭打电话。

下面使用同步代码块模拟解决银行取钱案例的线程安全问题，修改文件9-7中的drawMoney()方法，将取钱时修改余额的代码放入同步代码块中，具体如下。

```
public class Account {
// ……成员属性和构造方法
    public void drawMoney(double money) {
```

```
            //先获取是谁来取钱，线程的名字就是人名
            String name = Thread.currentThread().getName();
            //判断账户余额是否足够
            synchronized (this){
                    if(this.money >= money){
                            //取钱
                            System.out.println(name + "来取钱成功，取出："+ money);
                            //更新余额
                            this.money -= money;
                            System.out.println(name + "取钱后剩余："+ this.money);
                    }else {
                            //余额不足
                            System.out.println(name +"来取钱，余额不足！");
                    }
            }
    }
    // ······getter/setter方法
}
```

修改后运行文件 9-9，结果如图 9-8 所示。

从图 9-8 可以看出，账户余额不再出现负数的情况，这是因为将取钱修改余额的代码放入同步代码块中，任何线程在修改余额之前，会先对余额加锁，在加锁期间其他线程无法修改余额，当线程修改完成后，线程释放对余额的锁定，之前出现的线程安全问题得以解决。

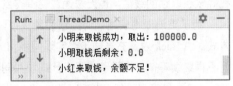

图 9-8 文件 9-9 的运行结果（2）

（2）同步方法

除了修饰代码块，sychronized 关键字还可以修饰方法，被 synchronized 关键字修饰的方法为同步方法。同步方法和同步代码块一样，同一时刻，只允许一个线程调用同步方法。对于实例同步方法默认使用 this 作为锁对象，对于静态同步方法默认使用类名 .class 对象作为锁对象。

同步方法的 synchronized 关键字需要放在方法的返回值类型之前，具体语法格式如下。

```
synchronized 返回值类型 方法名([参数1,...]){}
```

下面通过使用同步方法解决模拟银行取钱案例的线程安全问题，将文件 9-7 中的 drawMoney() 方法修改为同步方法，具体如下。

```
public class Account {
//成员属性和构造方法
    //使用同步方法的取钱方法
    public synchronized void drawMoney(double money) {
            //先获取是谁来取钱，线程的名字就是人名
            String name = Thread.currentThread().getName();
            //判断账户余额是否足够
            if(this.money >= money){
                    //取钱
                    System.out.println(name + "来取钱成功，取出："+ money);
                    //更新余额
                    this.money -= money;
```

```
            System.out.println(name + "取钱后剩余： " + this.money);
        }else {
            //余额不足
            System.out.println(name +"来取钱，余额不足！");
        }
    }
// getter/setter方法
}
```

修改后运行文件9-9，结果如图9-9所示。

从图9-9可以看出，账户余额也不再是负数
的情况，说明同步方法实现了和同步代码块一样的
效果。

（3）Lock 锁

同步代码块和同步方法使用的是封闭式的锁机

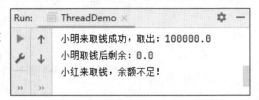

图 9-9　文件 9-9 的运行结果（3）

制，使用起来比较简单，也能够解决线程安全问题，但也存在一些限制，例如，它无法中断一个正
在等候获取锁的线程，也无法通过轮询得到锁对象。

为了更清晰地表达如何加锁和释放锁，从 Java 5 开始，Java 提供了一种功能强大的线程同步
方式：由 Lock 对象充当同步锁实现同步。Lock 对象可以让某个线程在持续获取同步锁失败后返回，
而不再继续等待，提供了比同步代码块和同步方法更广泛的锁操作。

Lock 是接口不能直接实例化，在实现线程安全的控制中，比较常用的是 Lock 接口的实现类
ReentrantLock（可重入锁）。使用 Lock 对象可以显式地加锁、释放锁，其中加锁的方法为 lock()，
释放锁的方法为 unlock()。通常使用 ReentrantLock 的代码格式如下。

```
class 类名 {
    //定义锁对象
    private ReentrantLock reentrantLock = new ReentrantLock();
    //需要保障线程安全的方法
    public void 方法名() {
        //加锁
        reentrantLock.lock();
        try {
            //需要保证线程安全的代码
            ……
        } finally {
            //释放锁
            reentrantLock.unlock();
        }
    }
}
```

下面通过使用 ReentrantLock 解决模拟银行取钱案例的线程安全问题，将文件 9-7 中的
drawMoney() 方法使用 ReentrantLock 进行加锁，具体如下。

```
public class Account {
...成员属性和构造方法
    //final修饰后：锁对象是唯一和不可替换的
    private final Lock lock = new ReentrantLock();
```

```
            public void drawMoney(double money) {
                //先获取是谁来取钱，线程的名字就是人名
                String name = Thread.currentThread().getName();
                //上锁
                lock.lock();
                try {
                    //判断账户余额是否足够
                    if(this.money >= money){
                        //取钱
                        System.out.println(name+"来取钱，取出："+ money);
                        //更新余额
                        this.money -= money;
                        System.out.println(name+"取钱后，余额剩余："+ this.money);
                    }else{
                        //余额不足
                        System.out.println(name+"来取钱，余额不足！");
                    }
                } finally {
                    //释放锁
                    lock.unlock();
                }
            }
    //getter/setter方法
    }
```

修改后运行文件 9-9 的结果如图 9-10 所示。

从图 9-10 可以看出，运行结果与使用 synchronized
的结果是一致的。如果读者需要在此基础上添加多把
锁，只需要调用 lock() 方法即可。需要注意的是，使用
重入锁时，加了几把锁就必须释放几把锁，如果不释
放会导致线程处于阻塞状态。

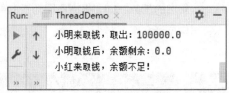

图 9-10 文件 9-9 的运行结果（4）

5. 线程池

在多线程程序中，要使用线程时就去创建一个新线程，这样实现起来非常简便，但是会降低
系统性能。由于启动一个新线程的系统成本比较高，频繁创建线程和销毁线程也需要消耗时间，如
果并发的线程数量很多，并且每个线程都是执行一个时间很短的任务就结束了，频繁创建线程就会
大大影响系统的性能。在 Java 中可以通过线程池解决这个问题。

线程池是一个可以复用线程的技术，其实就是一个容纳多个线程的容器，其中的线程可以反
复使用，无须反复创建线程而消耗过多资源。线程池可以设置在程序启动时创建指定数量的线程，
并设置为空闲状态，当程序将一个 Runnable 对象或者 Callable 对象传给线程池后，线程池就会启动
一个空闲状态的线程来执行 run() 方法或 call() 方法，当 run() 方法或 call() 方法执行结束后，该线程
不会直接销毁，而是再次返回线程池中并设置为空闲状态，等待执行下一个 run() 方法或 call() 方法。

在 Java 中，线程池的顶级接口是 java.util.concurrent.Executor，但是严格意义上讲，Executor
并不是一个线程池，只是一个执行线程的工具，真正的线程池接口是 java.util.concurrent.
ExecutorService。创建线程池对象可以通过使用 ExecutorService 的实现类 ThreadPoolExecutor 创建，

也可以通过 java.util.concurrent.Executors 线程工厂类创建。

（1）使用 ThreadPoolExecutor 类创建线程池对象

ThreadPoolExecutor 类提供了创建线程池对象的 4 个重载的构造方法，但它们之间只是初始参数和默认线程工厂的区别，其中参数最全的构造方法的定义如下。

```
public ThreadPoolExecutor(int corePoolSize,
                          int maximumPoolSize,
                          long keepAliveTime,
                          TimeUnit unit,
                          BlockingQueue<Runnable> workQueue,
                          ThreadFactory threadFactory,
                          RejectedExecutionHandler handler)
```

上述构造方法中的参数所代表的含义如下。

● corePoolSize：线程池的核心线程数量，不能小于 0。

● maximumPoolSize：线程池支持的最大线程数，最小数量应大于或等于核心线程数量。

● keepAliveTime：临时线程的最大存活时间，不能小于 0。

● unit：存活时间的单位，可以是秒、分、时、天。

● workQueue：任务队列，不能为 null。

● threadFactory：创建线程的线程工厂。

● handler：线程都处于非空闲状态，任务队列也被占满时，新增任务的处理策略。在使用线程池且使用有界队列时，如果队列已满，任务添加到线程池时，就需要决定如何处理这些新增的任务。Java 根据不同场景的需求提供了几种 RejectedExecutionHandler 处理策略，具体见表 9-5。

表 9-5　RejectedExecutionHandler 处理策略

策略	说明
ThreadPoolExecutor.AbortPolicy	丢弃任务并抛出 RejectedExecutionException 异常，ThreadPoolExecutor 类的默认策略
ThreadPoolExecutor.DiscardPolicy	丢弃任务，但是不抛出异常，不推荐使用
ThreadPoolExecutor.DiscardOldestPolicy	抛弃队列中等待最久的任务，然后把当前任务加入队列中
ThreadPoolExecutor.CallerRunsPolicy	由主线程负责调用任务的 run() 方法，从而绕过线程池直接执行

从上述说明可以知道，线程池支持的最大线程数可以大于线程池的核心线程数量，大于的数量就是线程池可以创建的临时线程数量。需要注意的是，当新任务提交时，如果核心线程都处于执行状态，任务队列也满了，并且正在执行的临时线程数小于可创建的临时线程数量，此时才会创建临时线程。

ExecutorService 提供了操作线程和线程池的方法，其常用的方法见表 9-6。

表 9-6 ExecutorService 常用的方法

方法声明	说明
void execute(Runnable command)	执行任务或命令，没有返回值。一般用来执行 Runnable 任务
Future<T> submit(Callable<T> task)	执行任务或命令，返回一个表示该任务执行结果的 Future，一般用来执行 Callable 任务
void shutdown()	等任务执行完毕后关闭线程池
List<Runnable> shutdownNow()	立刻关闭线程池，停止正在执行的任务，并返回队列中未执行的任务

下面通过案例演示如何使用 ThreadPoolExecutor 创建线程池，并创建 Runnable 任务交由线程池处理，具体步骤如下。

① 定义 Runnable 接口的实现类 MyRunnable02，重写接口中的 run() 方法，具体见文件 9-10。

文件 9-10 MyRunnable02.java

```
1  public class MyRunnable02 implements Runnable {
2      @Override
3      public void run() {
4          System.out.println(Thread.currentThread().getName() +
5              "执行任务！ ");
6      }
7  }
```

② 定义测试类 ThreadPoolDemo1，在类的 main() 方法中创建线程池对象和线程任务对象，并将任务对象交由线程池进行处理，具体见文件 9-11。

文件 9-11 ThreadPoolDemo1 .java

```
1  import java.util.concurrent.*;
2  public class ThreadPoolDemo1 {
3      public static void main(String[] args) {
4          //创建线程池对象
5          ExecutorService pool = new ThreadPoolExecutor(2, 4, 6,
6              TimeUnit.SECONDS,
7              new ArrayBlockingQueue<>(2),
8              Executors.defaultThreadFactory(),
9              new ThreadPoolExecutor.AbortPolicy());
10         //创建线程任务，交由线程池处理
11         Runnable target = new MyRunnable02();
12         for (int i = 0; i < 5; i++) {
13             //执行任务
14             pool.execute(target);
15         }
16     }
17 }
```

上述代码中，第 4 ～ 8 行代码通过 ThreadPoolExecutor 的构造方法创建了线程池对象，其中指定核心线程数为 2 个，任务队列存放线程的数量为 2 个。第 11 ～ 14 行代码执行 5 个 Runnable 任务。

③ 运行文件 9-11，结果如图 9-11 所示。

从图 9-11 可以得出，程序启动了 3 个线程执行任务。因为线程池中只有 2 个核心线程，所以当任务队列满了之后，启动了 1 个临时线程。

（2）使用 Executors 类创建线程池对象

Executors 线程工厂类中提供了一些静态工厂，以创建一些常用的线程池，其常用方法见表 9-7。

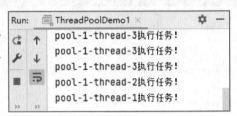

图 9-11　文件 9-11 的运行结果

表 9-7　Executors 创建线程池对象的常用方法

方法声明	说明
static ExecutorService newCachedThreadPool()	创建线程数量随着任务增加而增加的线程池对象，如果线程任务执行完毕且空闲了一段时间则会被回收
static ExecutorService newFixedThreadPool(int nThreads)	创建固定线程数量的线程池，如果某个线程因为执行异常而结束，那么线程池会补充一个新线程替代它
static ExecutorService newSingleThreadExecutor ()	创建只有一个线程的线程池对象，如果该线程出现异常而结束，那么线程池会补充一个新线程
static ScheduledExecutorService newScheduledThread-Pool(int corePoolSize)	创建一个定长线程池，支持定时及周期性任务执行

下面以创建固定线程数量的线程池为例，演示如何使用 Executors 创建线程池，并创建 Runnable 任务交由线程池处理，具体如下。

定义测试类 ThreadPoolDemo2，在类的 main() 方法中创建线程数量固定为 2 的线程池，并将任务对象交由线程池进行处理，具体见文件 9-12。

文件 9-12　ThreadPoolDemo2.java

```
1    import java.util.concurrent.ExecutorService;
2    import java.util.concurrent.Executors;
3    public class ThreadPoolDemo2 {
4        public static void main(String[] args) {
5            //创建固定线程数据的线程池
6            ExecutorService pool = Executors.newFixedThreadPool(2);
7            //创建线程任务，交由线程池处理
8            Runnable target = new MyRunnable02();
9            for (int i = 0; i < 5; i++) {
10               //执行任务
11               pool.execute(target);
12           }
13       }
14   }
```

文件 9-12 的运行结果如图 9-12 所示。

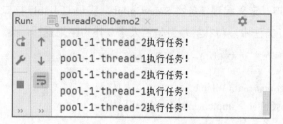

图 9-12　文件 9-12 的运行结果

从图 9-12 可以得出，程序启动了 2 个线程，完成了 5 个任务的执行。

■ 任务分析

根据任务描述得知，本任务的目标是模拟所有顾客秒杀"霸王餐"礼券。这里可以把"霸王餐"礼券看成共享资源，顾客看成处理资源线程，把"霸王餐"秒杀活动转换为多线程问题，使用下列思路实现。

① 定义表示顾客的类，该类只有姓名属性。

② 定义一个实现"霸王餐"秒杀功能的类。因为顾客抢购的礼券是共享的，所以在类中创建一个线程，用于实现礼券分配。

③ 为了模拟多个顾客，程序启动时，不断地为不同的顾客同时执行"霸王餐"礼券的抢购，并获取顾客抢购的结果。如果礼券被抢购完，则停止抢购。可以创建一个线程池，不断使用 Callable 和 FutureTask 创建线程任务提交到线程池进行处理，直到有线程的执行结果为礼券发放完成的状态。

■ 任务实现

结合任务分析的思路，下面根据所学的知识实现多个顾客同时抢购"霸王餐"礼券的秒杀活动。为了提高线程的复用，可以在程序中将线程任务交给线程池处理，具体实现步骤如下。

（1）定义顾客类

在 IDEA 中创建名称为 chapter09 的 Java 项目，在项目的 src 目录下创建顾客类 Customer，该类中包含顾客姓名的属性，具体见文件 9-13。

文件 9-13　Customer.java

```
1   public class Customer {
2       //顾客姓名
3       private String name;
4       public String getName() {
5           return name;
6       }
7       public void setName(String name) {
8           this.name = name;
9       }
10  }
```

（2）定义线程任务类

在项目的 src 目录下，定义线程任务类 SalesCallable 实现 Callable 接口，在该类中实现礼券抢购任务，在重写的 call() 方法中，将礼券数量是否大于 0 作为结果返回，具体见文件 9-14。

文件 9-14　SalesCallable.java

```java
1    import java.util.concurrent.Callable;
2    public class SalesCallable implements Callable<Boolean>{
3        // "霸王餐" 礼券数量
4        private int n=5;
5        private Customer customer;
6        public SalesCallable(Customer customer ) {
7            this.customer=customer;
8        }
9        @Override
10       public Boolean call() throws Exception {
11           synchronized (this) {
12               //如果当前礼券尚未被抢完，则给当前线程分配一个礼券
13               if (n > 0) {
14                   System.out.println(customer.getName()+
15                       "在"+Thread.currentThread().getName()
16                       +"抢到了霸王餐的礼券，礼券编号为: " + (n--));
17                   Thread.sleep(50);
18                   return true;
19               }
20               else {
21                   System.out.println(customer.getName()+
22                       "在"+Thread.currentThread().getName()
23                       + "没有抢到霸王餐的礼券，礼券已经抢光! ");
24                   return false;
25               }
26           }
27       }
28   }
```

上述代码中，第 2 行代码的泛型中声明了线程任务执行完毕后返回结果的数据类型。第 10 ～ 24 行代码将抢购礼券的代码放入同步代码块中，以防止顾客抢购时出现线程安全问题。其中，第 12 ～ 18 行代码判断当前礼券的数量是否大于 0，如果大于 0，则提示抢购成功，且礼券数量减 1，返回 true；如果不大于 0，则提示抢购失败，返回 fasle。

（3）定义 main() 方法

在项目的 src 目录下创建 SalesDemo 类，在类中创建 main() 方法，在 main() 方法中创建线程池对象，并将顾客抢购礼券的任务对象交由线程池进行处理，具体见文件 9-15。

文件 9-15 SalesDemo.java

```
1   import java.util.concurrent.*;
2   public class SalesDemo {
3       public static void main(String[] args) throws Exception {
4           //创建线程池对象
5           ExecutorService pool = new ThreadPoolExecutor(3, 5,6,
6                   TimeUnit.SECONDS, new ArrayBlockingQueue<>(2),
7                   Executors.defaultThreadFactory(),
8                   new ThreadPoolExecutor.AbortPolicy());
9           //创建顾客对象
10          Customer customer = new Customer();
11          //创建任务对象
12          SalesCallable myCallable = new SalesCallable(customer);
13          int count = 1;
14          //标记礼券是否还存在
15          boolean flag = true;
16          while (flag) {
17              try {
18                  //设置当前抢购的顾客姓名
19                  customer.setName("顾客" + (count++));
20                  //将任务交给线程池处理
21                  Future<Boolean> f = pool.submit(myCallable);
22                  //如果当前线程执行完成，则设置礼券是否还存在
23                  if (f.isDone()) {
24                      flag = f.get();
25                  }
26              } catch (Exception e) {
27                  System.out.println("当前排队人数过多，请稍等！");
28                  Thread.sleep(50);
29              }
30          }
31      }
32  }
```

上述代码中，第 15 ～ 29 行代码不断地将顾客信息封装在线程任务对象中交由线程池处理，其中，第 22 ～ 24 行代码等当前顾客抢购的任务执行完成后，将线程执行体返回的结果设置为循序条件，如果当前礼券的数量小于 0，则不让顾客继续提交抢购任务。

（4）测试"霸王餐"秒杀活动

运行文件 9-15，结果如图 9-13 所示。

从图 9-13 可以得出，程序实现了多个顾客同时抢购礼券的功能。

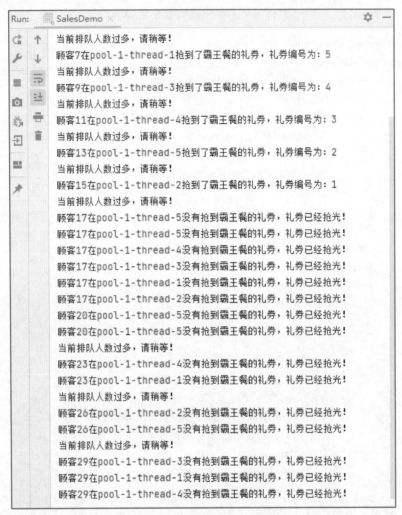

图 9-13 文件 9-15 的运行结果

知识拓展 9.1 线程的生命周期及状态转换

知识拓展 9.2 线程的调度

单元小结

本单元主要讲解了多线程的相关知识，包括线程概述、线程的创建、线程安全、线程同步、线程池等，并通过一个任务对多线程相关知识进行巩固。读者通过本单元的学习，能够对多线程技术有较深入的了解。

单元测试

请扫描二维码，查看本单元测试题目。

单元测试 单元 9

单元实训

请扫描二维码，查看本单元实训题目。

单元实训 单元 9

单元10

网络编程

PPT：单元10 网络编程

教学设计：单元10 网络编程

知识目标	● 了解 IP 地址和端口号，能够说出 IP 地址和端口号的作用及表示形式 ● 了解网络通信协议，能够说出 TCP/IP 参考模型划分的 4 个层次 ● 了解 UDP 与 TCP，能够说出 UDP 与 TCP 各自的特点
技能目标	● 熟悉 InetAddress 类，能够正确使用 InetAddress 类的常用方法 ● 掌握 TCP 程序设计，能够使用 ServerSocket 和 Socket 类编写 TCP 通信程序 ● 掌握 UDP 程序设计，能够使用 DatagramPacket 和 DatagramSocket 类编写 UDP 通信程序

如今，计算机网络已经成为人们日常生活的必需品，无论是工作时收发邮件，还是在休闲时和朋友网上聊天都离不开计算机网络。计算机网络通过某种方式将多台计算机进行连接，从而实现多台计算机彼此之间的互连和数据交换。位于同一个网络中的计算机若想实现彼此间的通信，必须通过编写网络程序实现。本单元将针对网络编程的相关知识进行讲解。

任务10-1 "趣味餐吧"聊天室

■ 任务描述

为了减缓顾客等餐的焦急情绪，餐厅助手提供了"趣味餐吧"聊天室功能。商家会通过聊天室发布一些新品和促销活动信息，登录的顾客也可以发布消息。本任务要求编写一个程序实现"趣味餐吧"聊天室，效果如图 10-1 所示。

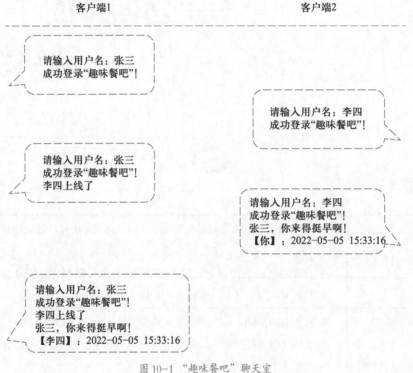

图 10-1 "趣味餐吧"聊天室

■ 知识储备

1. 网络通信协议

通过计算机网络可以使多台计算机实现连接，但是位于同一个网络中的计算机在进行连接和通信时必须要遵守一定的规则，这就好比在道路中行驶的汽车要遵守交通规则。在计算机网络中，这些连接和通信的规则被称为网络通信协议，它对数据的传输格式、传输速率、传输步骤等做了统一规定，通信双方必须同时遵守才能完成数据交互。

现有的网络通信协议有两套参考模型，分别为 OSI 参考模型和 TCP/IP 参考模型。其中，OSI 参考模型是由国际标准化组织在 20 世纪 80 年代早期制定的一套普遍适用的规范集合，使全球范围内计算机可以进行开放式通信，是一个具有 7 层协议结构的开放系统互连模型。OSI 参考模型层次过多，但划分意义不大，且增加了复杂性。TCP/IP 参考模型是将 OSI 参考模型基于 TCP/IP（Transmission Control Protocol/Internet Protocol，传输控制协议 / 因特网互联协议）重新划分成 4 个层次的参考模型。由于 Internet 体系结构以 TCP/IP 为核心，所以 TCP/IP 参考模型得到广泛应用。

TCP/IP 参考模型划分的 4 个层次，具体如图 10-2 所示。

在图 10-2 中，TCP/IP 参考模型划分的层次分别是应用层、传输层、网际互联层和网络接入层，每层分别负责不同的通信功能。

① 应用层：主要为互联网中的各种网络应用提供服务。

② 传输层：主要为应用层实体提供端到端的通信功能，保证了数据包的顺序传送及数据的完整性。

图 10-2 TCP/IP 参考模型划分的 4 个层次

③ 网际互联层：主要用于将传输的数据进行分组，将分组数据发送到目标计算机或者网络。

④ 网络接入层：主要负责监视数据在主机和网络之间的交换。事实上，TCP/IP 参考模型本身并未定义该层的协议，而由参与互联的各网络使用自己的物理层和数据链路层协议。

本单元所学的网络编程，主要涉及传输层的 TCP、UDP 和网络层的 IP，这些协议将在后面详细讲解。

2. IP 地址和端口号

要想使网络中的计算机能够通信，必须为每台计算机指定一个标识号，通过这个标识号来指定接收数据的计算机或者发送数据的计算机。在 TCP/IP 中，这个标识号就是 IP 地址，它可以唯一标识一台计算机。目前，IP 地址广泛使用的版本是 IPv4 和 IPv6，其中，IPv4 由 4 字节大小的二进制数表示，如 00001010000000000000000000000001。由于二进制形式表示的 IP 地址不便于记忆和处理，因此通常会将 IP 地址写成十进制形式，每字节用一个十进制数字（0 ～ 255）表示，数字之间用符号 . 分隔，如 10.0.0.1。

随着计算机网络规模的不断扩大，对 IP 地址的需求越来越多，IPv4 这种用 4 字节表示的 IP 地址面临枯竭，IPv6 应运而生。IPv6 使用 16 字节表示 IP 地址，它所拥有的地址容量约是 IPv4 的 8×10^{28} 倍，达到 2^{128} 个，这样就解决了网络地址资源数量不足的问题。

通过 IP 地址可以连接到指定计算机，但是如果想访问目标计算机中的某个应用程序，还需要指定端口号。在计算机中，不同的应用程序通过端口号区分。端口号由 2 字节表示，其取值范围是 0 ～ 65535，其中，0 ～ 1023 的端口号用于一些知名的网络服务和应用，用户的普通应用程序需要使用 1024 以上的端口号，从而避免端口号被另外一个应用或者服务所占用。

下面通过图 10-3 描述 IP 地址和端口号的作用。

3. InetAddress 类

Java 中的 InetAddress 类用于封装 IP 地址，该类还提供了一系列与 IP 地址相关的方法，表 10-1 罗列了 InetAddress 类的一些常用方法。

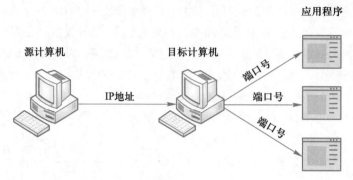

图 10-3 IP 地址与端口号的作用

表 10-1 InetAddress 类的常用方法

方法声明	功能描述
static InetAddress getByName(String host)	获取给定主机名的 IP 地址对象，参数 host 表示指定的主机
static InetAddress getLocalHost()	创建一个表示本地主机的 InetAddress 对象
String getHostName()	获取当前 IP 地址对象的主机名
boolean isReachable(int timeout)	判断指定时间内地址是否可以连通
String getHostAddress()	获取字符串格式的 IP 地址

表 10-1 中，列举了 InetAddress 的 5 个常用方法。其中，前 2 个方法用于获得该类的实例对象。通过 InetAddress 对象便可获取指定主机名、IP 地址等，下面通过案例来演示 InetAddress 类常用方法的基本使用，见文件 10-1。

文件 10-1　Example01.java

```
1   import java.net.InetAddress;
2   public class Example01{
3       public static void main(String[] args) throws Exception {
4           //获取本地主机InetAddress对象
5           InetAddress localAddress = InetAddress.getLocalHost();
6           //获取主机名为"www.itcast.cn"的InetAddress对象
7           InetAddress remoteAddress =
8                       InetAddress.getByName("www.itcast.cn");
9           System.out.println("本机的IP地址："
10                      + localAddress.getHostAddress());
11          System.out.println("itcast的IP地址："
12                      + remoteAddress.getHostAddress());
13          System.out.println("3秒内是否可以访问："
14                      + remoteAddress.isReachable(3000));
15          System.out.println("itcast的主机名为："
16                      + remoteAddress.getHostName());
17      }
18  }
```

文件 10-1 的运行结果如图 10-4 所示。

图 10-4 中，控制台输出了 itcast 的主机名是域名形式，原因是该 InetAddress 实例是使用主机的域名作为参数创建的。如果创建的 InetAddress 对象使用主机名创建，会返回主机名，否则将根据 IP 地址反向查找对应的主机名，如果找到就将其返回，否则返回 IP 地址。

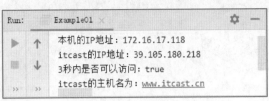

图 10-4 文件 10-1 的运行结果

4. UDP 和 TCP

传输层是整个网络体系结构中的关键层之一，主要负责向两个主机中进程之间的通信提供服务，该层定义了两个主要的协议：UDP（User Datagram Protocol，用户数据报协议）和 TCP（Transmission Control Protocol，传输控制协议），其特点如下。

（1）UDP

UDP 是无连接通信协议，即在数据传输时，数据的发送端和接收端不建立逻辑连接。简单而言，当一台计算机向另外一台计算机发送数据时，发送端不会确认接收端是否存在，就会发出数据，同样接收端在收到数据时，也不会向发送端反馈是否收到数据。

由于使用 UDP 消耗资源小、通信效率高、延迟小，所以通常都会用于音频、视频和普通数据的传输，如视频会议都使用 UDP，因为这种情况即使偶尔丢失几个数据包，也不会对接收结果产生太大影响。但是在使用 UDP 传送数据时，不能保证数据的完整性，因此在传输重要数据时不建议使用 UDP。

（2）TCP

TCP 是面向连接的通信协议，即在传输数据前先在发送端和接收端建立逻辑连接，然后再传输数据，它保证了两台计算机之间可靠无差错的数据传输。

在 TCP 连接中必须要明确客户端与服务器端，先由客户端向服务端发出连接请求，每次连接的创建都需要经过"三次握手"。第一次握手，客户端向服务器端发出连接请求，等待服务器确认；第二次握手，服务器端向客户端返回一个响应，通知客户端收到了连接请求；第三次握手，客户端再次向服务器端发送确认信息，确认连接。TCP"三次握手"的过程如图 10-5 所示。

相对 UDP 来说，TCP 传送速度较慢，但传送的数据比较可靠，它可以保证传输数据的安全性和完整性，所以是一个被广泛采用的协议，如文件传输、金融产品等数据通信。

UDP 和 TCP 是计算机传输层中重要的协议，程序员基于 UDP 和 TCP 传输数据时，在注重数据传输的安全性和可靠性的同时，也应秉持高度的社会责任，恪守职业纪律和与职业活动相关的法律法规，保护个人隐私和敏感信息的安全，杜绝损害他人合法权益的行为。

5. UDP 通信

UDP 是无连接通信协议，即在数据传输时，数据的发送端和接收端不建立逻辑连接。简单而言，当一台计算机向另外一台计算机发送数据时，发送端不会确认接收端是否存在，就会发出数据，同样接收端在收到数据时，也不会向发送端反馈是否收到数据。

UDP 通信的过程就像货运公司在两个码头间发送货物一样，在码头发送和接收货物时都需要使用集装箱来装载货物。JDK 提供了一个 DatagramPacket 类，该类的实例对象就相当于一个集装箱，用于封装 UDP 通信中发送或者接收的数据。然而运输货物只有"集装箱"是不够的，还需要有码头。JDK 提供了与之对应的 DatagramSocket 类，该类的作用类似于码头，使用这个类的实例对象就可以发送和接收 DatagramPacket 数据报。UDP 通信的过程如图 10-6 所示。

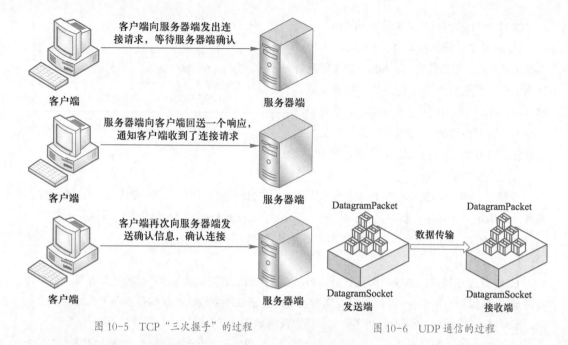

图 10-5　TCP"三次握手"的过程　　　　　　　图 10-6　UDP 通信的过程

了 解 了 DatagramPacket、DatagramSocket 在 UDP 通 信 过 程 中 的 作 用 后，下 面 针 对 DatagramPacket 和 DatagramSocket 进行讲解。

（1）DatagramPacket

DatagramPacket 用于封装 UDP 通信中的数据，在创建发送端和接收端的 DatagramPacket 对象时，使用的构造方法有所不同，接收端的 DatagramPacket 对象只需要接收 1 个字节数组来存放接收到的数据，而发送端的 DatagramPacket 对象不但要存放被发送的数据，还需要指定数据的目标 IP 地址和端口号。DatagramPacket 类常用的构造方法如下。

① DatagramPacket(byte[] buf,int length)：该构造方法在创建 DatagramPacket 对象时，需要指定封装数据的字节数组和数据的大小，但没有指定接收端的 IP 地址和端口号。由于发送端的 DatagramPacket 对象一定要明确指出数据的目标 IP 地址和端口号，所以该构造方法不适用于在发送端创建 DatagramPacket 对象。

② DatagramPacket(byte[] buf,int offset,int length)：该构造方法与第一个构造方法类似，只不过在第一个构造方法的基础上，增加了一个 offset 参数，该参数用于指定一个数组中发送数据的偏移量为 offset，即从 offset 位置开始发送数据。

③ DatagramPacket(byte[] buf,int length,InetAddress addr,int port)：该构造方法在创建 DatagramPacket 对象时，不仅指定了封装数据的字节数组和数据的大小，还指定了数据的目标 IP 地址为 addr、端口号为 port。由于发送端的 DatagramPacket 对象一定要明确指出数据的 IP 地址和端口号，所以该构造方法适用于在发送端创建对象。

④ DatagramPacket(byte[] buf,int offset,int length,InetAddress addr,int port)：该构造方法与第 3 个构造方法类似，只不过在第 3 个构造方法的基础上，增加了一个 offset 参数，该参数用于指定一个数组中发送数据的偏移量为 offset，即从 offset 位置开始发送数据。

下面对 DatagramPacket 类中的常用方法进行讲解，见表 10-2。

表 10-2 DatagramPacket 类中的常用方法

方法声明	功能描述
InetAddress getAddress()	该方法用于返回发送端或者接收端的 IP 地址,如果是发送端的 DatagramPacket 对象,就返回接收端的 IP 地址;反之,就返回发送端的 IP 地址
int getPort()	该方法用于返回发送端或者接收端的端口号,如果是发送端的 DatagramPacket 对象,就返回接收端的端口号;反之,就返回发送端的端口号
byte[] getData()	该方法用于返回将要接收或者将要发送的数据,如果是发送端的 DatagramPacket 对象,就返回将要发送的数据;反之,就返回接收到的数据
int getLength()	该方法用于返回接收或者将要发送数据的长度,如果是发送端的 DatagramPacket 对象,就返回将要发送的数据长度;反之,就返回接收到数据的长度

通过这 4 个方法,可以得到发送或者接收到的 DatagramPacket 对象中的信息。

（2）DatagramSocket

DatagramSocket 用于创建发送端和接收端对象,然而在创建发送端和接收端的 DatagramSocket 对象时,使用的构造方法有所不同。下面对 DatagramSocket 类中常用的构造方法进行讲解。

① DatagramSocket():该构造方法用于创建发送端的 DatagramSocket 对象,在创建 DatagramSocket 对象时,并没有指定端口号,此时,系统会分配一个没有被其他网络程序所使用的端口号。

② DatagramSocket(int port):该构造方法既可以创建接收端的 DatagramSocket 对象,也可以创建发送端的 DatagramSocket 对象,在创建接收端的 DatagramSocket 对象时,必须指定一个端口号,这样就可以监听指定的端口。

③ DatagramSocket(int port,InetAddress addr):使用该构造方法在创建 DatagramSocket 时,不仅指定了端口号还指定了相关的 IP 地址,这种情况适用于计算机上有多块网卡的情况,可以明确规定数据通过哪块网卡向外发送和接收哪块网卡的数据。由于计算机中针对不同的网卡会分配不同的 IP,因此在创建 DatagramSocket 对象时需要通过指定 IP 地址来确定使用哪块网卡进行通信。

下面对 DatagramSocket 类中的常用方法进行讲解,见表 10-3。

表 10-3 DatagramSocket 类中的常用方法

方法声明	功能描述
void receive(DatagramPacket p)	该方法用于接收 DatagramPacket 数据报,在接收到数据之前会一直处于阻塞状态,如果发送消息的长度比数据报长,则消息将会被截取
void send(DatagramPacket p)	该方法用于发送 DatagramPacket 数据报,发送的数据报中包含将要发送的数据、数据的长度、远程主机的 IP 地址和端口号
void close()	关闭当前的 Socket,通知驱动程序释放为这个 Socket 保留的资源

表 10-3 中,针对 DatagramSocket 类中的常用方法及其功能进行了介绍,其中前两个方法可以

完成数据的发送或者接收的功能。

下面通过案例来介绍 UDP 通信。首先编写接收端程序，具体见文件 10-2。

文件 10-2　Server_UDP.java

```
1   import java.net.DatagramPacket;
2   import java.net.DatagramSocket;
3   public class Server_UDP {
4       public static void main(String[] args) throws Exception {
5           System.out.println("=====服务端启动=====");
6           //1.创建接收端对象：注册端口
7           DatagramSocket socket = new DatagramSocket(8888);
8           //2.创建一个数据包对象接收数据
9           byte[] buffer = new byte[1024 * 64];
10          DatagramPacket packet = new DatagramPacket(buffer, buffer.length);
11          //3.等待接收数据
12          socket.receive(packet);
13          //4.取出数据，读取多少就输出多少
14          int len = packet.getLength();
15          String rs = new String(buffer,0, len);
16          System.out.println("收到了：" + rs);
17          socket.close();
18      }
19  }
```

文件 10-2 创建了一个接收端程序，用于接收发送端发送的数据。程序运行后，接收端程序已经打开了监听端口，等待服务器端向客户端发送信息。其中，第 9 行代码定义了一个用于接收数据的字节数组。第 10 行代码定义了一个 DatagramPacket 对象，在对象初始化时传入了 buf 数组用于接收数据。第 12 行代码通过 DatagramPacket 对象 ds 调用 receive() 方法用于接收数据，如果没有接收到数据，程序会处于阻塞状态，等待数据的接收；如果接收到数据，数据 DatagramSocket 对象会将数据填充到 DatagramPacket 中。第 14 ～ 15 行代码通过调用 DatagramPacket 的相关方法获取接收到发送端的数据。

文件 10-2 的运行结果如图 10-7 所示。

从图 10-7 可以看出，文件 10-2 运行后，程序一直处于阻塞状态，这是因为 DatagramSocket 的 receive() 方法在等待接收发送端发送过来的数据，只有接收到发送端发送的数据，该方法才会结束这种阻塞状态，程序才能继续向下执行。

图 10-7　文件 10-2 的运行结果

实现了接收端程序后，下面编写发送端程序，用于给接收端发送数据，具体见文件 10-3。

文件 10-3　Client_UDP.java

```
1   import java.net.DatagramPacket;
2   import java.net.DatagramSocket;
3   import java.net.InetAddress;
4   public class Client_UDP {
5       public static void main(String[] args) throws Exception {
```

```
6              System.out.println("=====客户端启动======");
7              //创建发送端对象：发送端自带默认的端口号
8              DatagramSocket socket= new DatagramSocket(7777);
9              //创建一个数据包对象封装数据
10             byte[] buffer = "我是发送端的信息！".getBytes();
11             DatagramPacket packet = new DatagramPacket( buffer, buffer.length,
12                    InetAddress.getLocalHost() , 8888);
13             // 发送数据出去
14             socket.send(packet);
15             System.out.println("数据已经发出！");
16             socket.close();
17      }
18 }
```

文件 10-3 创建了一个发送端程序，用来发送数据。其中，第 5 行代码创建了一个 DatagramSocket 对象 ds，并指定了监听的端口号为 7777。第 7 ~ 9 行代码定义了要发送的字符串数据并创建了一个要发送的数据报对象 DatagramPacket，数据报包含数据的内容、数据的长度、接收端的 IP 地址以及端口号。第 11 行代码调用 DatagramSocket 的 send() 方法发送数据。

文件 10-3 的运行结果如图 10-8 所示。

运行发送端程序，接收端程序就会收到发送端发送的数据而结束阻塞状态，并输出接收的数据，如图 10-9 所示。

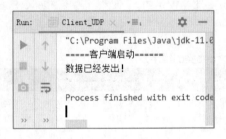

图 10-8　文件 10-3 的运行结果

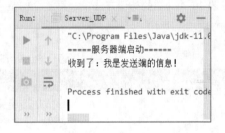

图 10-9　接收端输出接收到的数据

至此，简单的 UDP 通信案例完成。

6. TCP 通信

TCP 通信是严格区分客户端与服务器端的，在通信时，必须先由客户端去连接服务器端才能实现通信，服务器端不可以主动连接客户端。JDK 中提供了两个用于实现 TCP 程序的类：一个是 ServerSocket 类，用于表示服务器端；另一个是 Socket 类，用于表示客户端。通信时，首先要创建代表服务器端的 ServerSocket 对象，该对象相当于开启一个服务，并等待客户端的连接；然后创建代表客户端的 Socket 对象，并向服务器端发出连接请求，服务器端响应请求，两者建立连接后可以正式进行通信。Socket 和 ServerSocket 通信过程如图 10-10 所示。

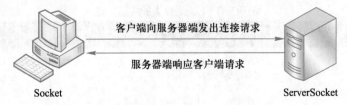

图 10-10　Socket 和 ServerSocket 通信过程

　　了解 Socket、ServerSocket 在服务器端与客户端的通信过程后，本节将针对 ServerSocket 和 Socket 进行详细讲解。

　　（1）ServerSocket 类

　　ServerSocket 类在 java.net 包中，继承自 java.lang.Object 类。ServerSocket 类的主要作用是接收客户端的连接请求。ServerSocket 类提供了多种构造方法，具体见表 10-4。

表 10-4　ServerSocket 类的构造方法

构造方法	功能描述
ServerSocket()	通过该方法创建的 ServerSocket 对象不与任何端口绑定，这样的 ServerSocket 对象创建的服务器端没有监听任何端口，不能直接使用，还需要继续调用 bind(SocketAddress endpoint) 方法将其绑定到指定的端口号上，才可以正常使用
ServerSocket(int port)	该方法的作用是以端口 port 创建 ServerSocket 对象，并等待客户端的连接请求
ServerSocket(int port, int backlog)	该构造方法在第 2 个构造方法的基础上，增加了一个 backlog 参数，该参数用于指定最大连接数，即可以同时连接的客户端数量
ServerSocket(int port, int backlog, InetAddress bindAddr)	该构造方法在第 3 个构造方法的基础上，增加了一个 bindAddr 参数，该参数用于指定相关的 IP 地址

　　在表 10-4 介绍的构造方法中，第 2 个构造方法是最常使用的。下面接着学习 ServerSocket 类的常用方法，见表 10-5。

表 10-5　ServerSocket 类的常用方法

方法名称	功能描述
Socket accept()	该方法用于等待客户端的连接，在客户端连接之前会一直处于阻塞状态，如果有客户端连接，就会返回一个与之对应的 Socket 对象
InetAddress getInetAddress()	该方法用于返回一个 InetAddress 对象，该对象中封装了 ServerSocket 绑定的 IP 地址
boolean isClosed()	该方法用于判断 ServerSocket 对象是否为关闭状态，如果是关闭状态，返回 true；反之，则返回 false
void bind(SocketAddress endpoint)	该方法用于将 ServerSocket 对象绑定到指定的 IP 地址和端口号，其中参数 endpoint 封装了 IP 地址和端口号

　　（2）Socket 类

　　Socket 类在 java.net 包中定义，java.net.Socket 继承自 java.lang.Object 类。Socket 类的构造方法见表 10-6。

表 10-6　Socket 类的构造方法

方法声明	功能描述
Socket()	使用该构造方法在创建 Socket 对象时，并没有指定 IP 地址和端口号，也就意味着只创建了客户端对象，并没有去连接任何服务器
Socket(String host, int port)	该构造方法用于在客户端以指定的服务器地址 host 和端口号 port 创建一个 Socket 对象，并向服务器端发出连接请求

续表

方法声明	功能描述
Socket(InetAddress address, int port)	创建一个流套接字，并将其连接到指定 IP 地址的指定端口
Socket(InetAddress address, int port,boolean stream)	该构造方法在使用上与第 2 个构造方法类似，但 IP 地址由 host 指定

在表 10-6 列举的构造方法中，最常用的是第一个构造方法。下面继续学习 Socket 类的常用方法，见表 10-7。

表 10-7　Socket 类的常用方法

方法声明	功能描述
int getPort()	该方法用于获取 Socket 对象与服务器端连接的端口号
InetAddress getLocalAddress()	该方法用于获取 Socket 对象绑定的本地 IP 地址，并将 IP 地址封装成 InetAddress 类型的对象返回
InetAddress getInetAddress()	该方法用于获取创建 Socket 对象时指定服务器的 IP 地址
void close()	该方法用于关闭 Socket 连接，结束本次通信。在关闭 Socket 之前，应将与 Socket 相关的所有输入输出流全部关闭，因为一个良好的程序应该在执行完毕时释放所有的资源
InputStream getInputStream()	该方法返回一个 InputStream 类型的输入流对象，如果该输入流对象是由服务器端的 Socket 返回，就用于读取客户端发送的数据，反之，用于读取服务器端发送的数据
OutputStream getOutputStream()	该方法返回一个 OutputStream 类型的输出流对象，如果该输出流对象是由服务器端的 Socket 返回，就用于向客户端发送数据，反之，用于向服务器端发送数据

表 10-7 列举了 Socket 类的常用方法，其中 getInputStream() 方法和 getOutputStream() 方法分别用于获取输入流和输出流。当客户端和服务器端建立连接后，数据以 IO 流的形式进行交互，从而实现通信。客户端和服务器端的数据传输如图 10-11 所示。

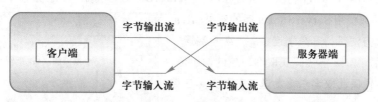

图 10-11　客户端和服务器端的数据传输

为了让读者更好地掌握这两个类的使用，下面通过简单的 TCP 通信案例进一步学习。

要实现 TCP 通信需要创建一个服务器端程序和一个客户端程序，下面首先实现服务器端程序，见文件 10-4。

文件 10-4   Server_TCP.java

```java
1   import java.io.BufferedReader;
2   import java.io.InputStream;
3   import java.io.InputStreamReader;
4   import java.net.ServerSocket;
5   import java.net.Socket;
6   public class Server_TCP {
7       public static void main(String[] args) {
8           try {
9               System.out.println("===服务器端启动成功===");
10              //注册端口
11              ServerSocket serverSocket = new ServerSocket(7777);
12              /*
13              调用accept()方法：
14              等待接收客户端的Socket连接请求，建立Socket通信管道
15              */
16              Socket socket = serverSocket.accept();
17              //从Socket通信管道中得到1字节输入流
18              InputStream is = socket.getInputStream();
19              //把字节输入流包装成缓冲字符输入流进行消息的接收
20              BufferedReader br =
21                      new BufferedReader(new InputStreamReader(is));
22              //按照行读取消息
23              String msg;
24              if ((msg = br.readLine()) != null){
25                  System.out.println(socket.getRemoteSocketAddress() +
26                          "说了：" + msg);
27              }
28          } catch (Exception e) {
29              e.printStackTrace();
30          }
31      }
32  }
```

在文件 10-4 中，第 11 行代码创建了一个 ServerSocket 对象代表服务器并指定端口号为 7777；第 16 代码使用 ServerSocket 类的对象 client 调用 accept() 方法等待客户端连接；当客户端连接到服务器端后，第 18 行代码获取客户端的输出流；第 24 ～ 27 行代码读取客户端发送过来数据并在控制台输出。

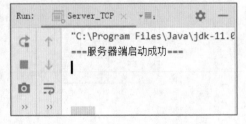

文件 10-4 的运行结果如图 10-12 所示。

从图 10-12 可以看出，服务器端已经启动，但

图 10-12   文件 10-4 的运行结果

控制台中的光标一直在闪动，这是因为 accept() 方法在执行时发生阻塞，直到客户端连接之后才会结束这种阻塞状态。

下面编写客户端程序，并通过客户端访问服务器端。客户端程序的具体实现见文件 10-5。

文件 10-5　Client_TCP.java

```java
1   import java.io.OutputStream;
2   import java.io.PrintStream;
3   import java.net.Socket;
4   public class Client_TCP {
5       public static void main(String[] args) {
6           try {
7               System.out.println("====客户端启动===");
8               //创建Socket通信管道请求服务器端的连接
9               //public Socket(String host, int port)
10              //参数一：服务器端的IP地址
11              //参数二：服务器端的端口
12              Socket socket = new Socket("127.0.0.1", 7777);
13              //从Socket通信管道中得到字节输出流，负责发送数据
14              OutputStream os = socket.getOutputStream();
15              //把低级的字节流包装成打印流
16              PrintStream ps = new PrintStream(os);
17              //发送消息
18              ps.println("我是TCP的客户端信息！");
19              ps.flush();
20              System.out.println("数据已经发出！");
21          } catch (Exception e) {
22              e.printStackTrace();
23          }
24      }
25  }
```

在文件 10-5 中，第 9 行代码声明了一个 Socket 对象，第 15 行代码往服务器端发送信息。

文件 10-5 的运行结果如图 10-13 所示。

客户端往服务器端发送信息后，客户端创建的 Socket 对象与服务器端建立连接，通过 Socket 对象获得输入流读取服务器端发来的数据。此时，服务器端控制台输出结果如图 10-14 所示。

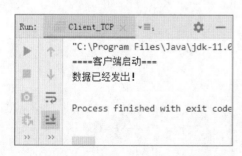

图 10-13　文件 10-5 的运行结果

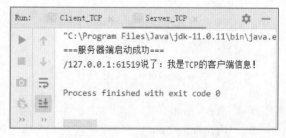

图 10-14　服务器端控制台输出结果

至此，简单的 TCP 通信案例完成。

■ 任务分析

根据任务描述得知，本任务要实现即时通信的聊天室，需要满足如下需求。

① 客户端把消息发出去，其他客户端可以接收到。

② 客户端可以不断向服务器端发送信息，服务器端可以不断获取客户端发送的信息。

根据上述需求实现即时通信的聊天室，具体思路如下。

① 使用 ServerSocket 创建聊天室服务器端，服务器端循环监听客户端的连接，客户端连接到服务器端后，为每个连接的客户端 Socket 启动一个线程，每个线程独立维护一个客户端，循环获取客户端发过来的消息。创建一个 HashMap 集合用户存储在线的用户，当客户端发过来的信息是用户登录时，将登录用户存放在 HashMap 集合，并向该集合中的其他用户发送用户上线的提示；当客户端发送过来的是群发消息时，向 HashMap 集合中的其他用户发送该消息。

② 创建聊天室客户端时，首先在控制台获取用户信息，如果用户信息合法，就使用 Socket 创建聊天室客户端。如果用户信息合法，默认视为登录成功，每个用户登录成功后都可以不断向服务器端发送消息和接收消息。对此，可以在客户端中开启一个线程用于不断获取服务器端发送过来的消息，同时在主线程中开启一个循环，实现可以不断向服务器端发送消息。

■ 任务实现

结合任务分析的思路，下面根据学习的相关知识，实现多人在聊天室进行即时通信，具体实现步骤如下。

（1）定义服务端线程类

在 IDEA 中创建项目 chapter10，在项目的 src 目录下创建类包 task，在 task 下创建服务器端线程类 ServerReader，在该类中实现和客户端进行交互。当客户端发送消息到服务器端时，读取客户端的消息，并转发送到其他客户端，具体见文件 10-6。

文件 10-6　ServerReader.java

```java
1  import java.io.DataInputStream;
2  import java.io.DataOutputStream;
3  import java.net.Socket;
4  import java.text.SimpleDateFormat;
5  import java.util.Set;
6  public class ServerReader extends Thread {
7      private Socket socket;
8      public ServerReader(Socket socket) {
9          this.socket = socket;
10     }
11     @Override
12     public void run() {
13         DataInputStream dis = null;
14         try {
15             dis = new DataInputStream(socket.getInputStream());
16             //循环等待客户端发送的消息
17             while (true) {
```

```
18                            //读取当前的消息类型，1：登录，2：群发
19                            int flag = dis.readInt();
20                            if (flag == 1) {
21                            //读取到登录的用户名
22                                String name = dis.readUTF();
23                                //将当前登录的客户端socket存到在线人数的socket集合中
24                                ServerChat.onLineSockets.put(socket, name);
25                                //通知所有在线客户端，新增上线人员
26                                sendMsgToAll(socket, name + "上线了");
27                            } else {
28                                //读取到客户端发送出的消息
29                                String newMsg = dis.readUTF();
30                                //获取发送消息客户端的用户名
31                                String sendName = ServerChat.onLineSockets.get(socket);
32                                StringBuilder msgFinal = new StringBuilder();
33                                //转发客户端发送过来的消息之前，添加时间和用户名等信息
34                                msgFinal.append(" " + newMsg).append("\r\n");
35                                SimpleDateFormat sdf =
36                                        new SimpleDateFormat("yyyy-MM-dd HH:mm:ss");
37                                msgFinal.append(" 【" + sendName + "】：")
38                                        .append(sdf.format(System.currentTimeMillis()))
39                                        .append("\r\n");
40                                //将客户端发送过来的信息转发给在线的其他客户端
41                                sendMsgToAll(socket, msgFinal.toString());
42                            }
43                        }
44            } catch (Exception e) {
45                //从在线客户端中将当前socket移出去
46                ServerChat.onLineSockets.remove(socket);
47            }
48        }
49        private void sendMsgToAll(Socket socket, String msg) throws Exception {
50            //拿到所有的在线socket管道，给这些管道写出消息
51            Set<Socket> allOnLineSockets = ServerChat.onLineSockets.keySet();
52            for (Socket sk : allOnLineSockets) {
53            //将客户端发送过来的信息，转发给其他客户端
54                if (sk != socket) {
55                    DataOutputStream dos =
56                            new DataOutputStream(sk.getOutputStream());
57                    dos.writeUTF(msg);
58                    dos.flush();
59                }
60            }
61        }
62 }
```

上述代码中，第 17 ~ 43 行代码循环等待客户端发送信息。其中第 20 ~ 27 行代码，当客户端发送过来的信息为用户登录时，将当前进行用户登录的客户端存放在集合中，以便后续服务器端向客户端转发信息；第 27 ~ 42 行代码，当客户端向其他客户端发送信息时，服务器端将这些信息转发到其他客户端。第 49 ~ 61 行代码定义了一个向其他客户端转发信息的方法。

（2）定义聊天室服务端类

在 task 类包下创建聊天室服务端类 ServerChat，在该类中实现聊天室服务端。服务器端启动后一直循环等待客户端的连接，客户端连接服务器端后，为每一个客户端的 socket 管道单独配置一个线程来处理，为了向所有客户端推送信息，将每个在线的客户端存放在集合中，具体见文件 10-7。

文件 10-7　ServerChat.java

```
1    import java.net.ServerSocket;
2    import java.net.Socket;
3    import java.util.*;
4    public class ServerChat {
5        //定义一个集合存放所有在线的socket
6        public static Map<Socket,String> onLineSockets = new HashMap<>();
7        public static void main(String[] args) {
8            try {
9                //注册端口
10               ServerSocket serverSocket = new ServerSocket(7778);
11               //循环等待客户端连接
12               while(true){
13                   //监听客户端连接
14                   Socket socket = serverSocket.accept();
15                   //客户端连接服务器端后，把客户端的socket管道单独配置一个线程来处理
16                   new ServerReader(socket).start();
17               }
18           } catch (Exception e) {
19               e.printStackTrace();
20           }
21       }
22   }
```

上述代码中，第 10 行代码注册了端口 7778，第 12 ~ 17 行代码循环等待客户端的连接。其中，第 14 行代码调用 accept() 方法阻塞等待接收客户端连接，客户端和服务器端连接上时得到 socket 对象，第 16 行代码为每个连接上的客户端 socket 对象分配一个线程进行处理。

（3）定义客户端线程类

在 task 类包下创建客户端线程类 ClientReader，在该类中不断读取服务器端发送过来的信息，具体见文件 10-8。

文件 10-8　ClientReader.java

```
1    import java.io.DataInputStream;
2    import java.net.Socket;
```

```
3    public class ClientReader extends Thread {
4        private Socket socket;
5        public ClientReader(Socket socket) {
6            this.socket = socket;
7        }
8        @Override
9        public void run() {
10           try {
11               DataInputStream dis =
12                               new DataInputStream(socket.getInputStream());
13               //一直循环等待服务器端的消息
14               while (true) {
15                   //读取服务器端转发的信息
16                   String msg = dis.readUTF();
17                   System.out.println(msg);
18               }
19           } catch (Exception e) {
20               e.printStackTrace();
21           }
22       }
23   }
```

（4）定义聊天室客户端类

在 task 类包下创建聊天室客户端类 ClientChat，在该类中实现聊天室客户端。用户输入合法账号后，可以不断向服务器端发送信息，并开启读取服务器端返回信息的线程。具体见文件 10-9。

文件 10-9　ClientChat.java

```
1    import java.io.DataOutputStream;
2    import java.net.InetAddress;
3    import java.net.Socket;
4    import java.text.SimpleDateFormat;
5    import java.util.Scanner;
6    public class ClientChat {
7        public static void main(String[] args) throws Exception {
8            ClientChat clientChat = new ClientChat();
9            //启动聊天室客户端
10           clientChat.start();
11       }
12       private void start() throws Exception {
13           Scanner sc = new Scanner(System.in);
14           System.out.print("请输入用户名：");
15           String name = sc.nextLine();
16           Socket socket = null;
17           String msg = "";
18           //判断用户名是否合法
19           if (name == null || !name.matches("\\S{1,}")) {
```

```
20              msg = "用户名必须1个字符以上";
21          } else {
22              System.out.println("成功登录"趣味餐吧"！ ");
23              socket = new Socket(InetAddress.getLocalHost(), 7778);
24              DataOutputStream dos =
25                      new DataOutputStream(socket.getOutputStream());
26              //登录成功，发送登录成功的标志信息
27              dos.writeInt(1);
28              dos.writeUTF(name.trim());
29              dos.flush();
30              //开启读取服务器端返回信息的线程
31              new ClientReader(socket).start();
32              //客户端可以一直向服务器端发送信息
33              while (true) {
34                  //往服务器端发送的信息
35                  String msgSend = sc.nextLine();
36                  SimpleDateFormat sdf =
37                          new SimpleDateFormat("yyyy-MM-dd HH:mm:ss");
38                  System.out.println(" 【你】： " +
39                          sdf.format(System.currentTimeMillis()) + ("\r\n"));
40                  if (!"".equals(msgSend.trim())) {
41                      //发消息给服务器端
42                      dos.writeInt(2);
43                      dos.writeUTF(msgSend);
44                      dos.flush();
45                  }
46              }
47          }
48      }
49  }
```

上述代码中，第 31 行代码，在登录成功后可以不断地读取服务器端转发过来的消息。第 33 ～ 46 行代码，客户端可以不断地向服务器端发送消息。

（5）启动聊天室

依次启动服务器端和客户端程序，此时客户端程序控制台如图 10-15 所示。

在图 10-15 的光标处输入用户名，然后按 Enter 键，此时客户端程序控制台如图 10-16 所示。

（6）设置多个客户端同时启动

为了测试多个客户端聊天的效果，需要再次启动一个客户端程序。默认情况下每个程序只能同时启动一个，不过可以通过在 IntelliJ IDEA 中设置允许程序并行运行，以实现同时启动多个客户端。单击工具栏上的"Edit Configuration"进入"Run/Debug Configurations"对话框，如图 10-17 所示。

在图 10-17 的左侧，选中需要并行运行的程序，然后在右侧的"Modify options"下拉列表中选择"Allow multiple instances"选项，最后单击"OK"按钮，关闭对话框并让设置生效。

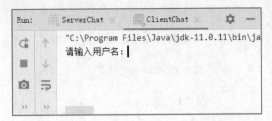

图 10-15　客户端程序控制台（1）

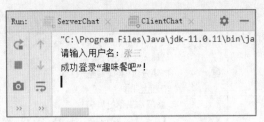

图 10-16　客户端程序控制台（2）

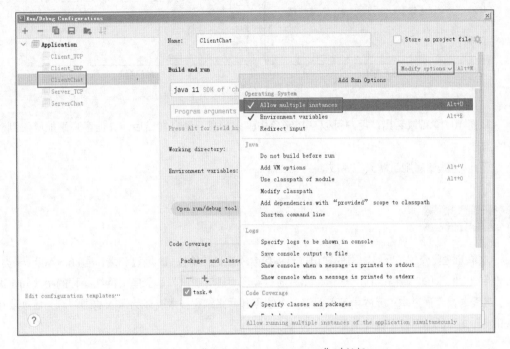

图 10-17　"Run/Debug Configurations"对话框

（7）启动新的客户端

启动一个新的客户端程序，并在对应程序的控制台中输入用户名，2 个客户端程序控制台如图 10-18 所示。

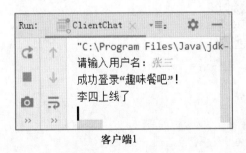

图 10-18　2 个客户端程序控制台

从图 10-18 可以看到，当李四登录成功后，张三所在的客户端可以看到李四上线的信息。

（8）测试聊天效果

分别在客户端 1 和客户端 2 的控制台中输入聊天内容，效果如图 10-19 所示。

| 客户端1 | 客户端2 |

图 10-19　聊天效果

从图 10-19 可以看出，用户可以在控制台中输入消息，消息发出后，其他客户端能够看到对应的消息。

至此，"趣味餐吧"聊天室完成。

单元小结

本单元主要介绍了网络编程的知识，具体包含网络通信协议、IP 地址和端口号、InetAddress 类、UDP 和 TCP、UDP 通信、TCP 通信，然后通过实现"趣味餐吧"聊天室对网络编程的相关知识进行了巩固。读者通过本单元的学习，能够对多线程和网络编程技术有较为深入的理解，为后续项目的开发和知识的学习打下良好的基础。

单元测试

请扫描二维码，查看本单元测试题目。

单元测试　单元 10

单元实训

请扫描二维码，查看本单元实训题目。

单元实训　单元 10

单元 11

数据库编程

PPT：单元 11　数
据库编程

教学设计：单元 11
数据库编程

知识目标	● 了解 JDBC，能够说出 JDBC 的概念及优点 ● 掌握 JDBC 的常用 API，能够说出 JDBC 常用 API 的作用 ● 熟悉 DBUtils 中 QueryRunner 的作用，能够说出 QueryRunner 中执行查询、插入、更新和删除操作的方法 ● 熟悉 DBUtils 中 ResultSetHandler 的作用，能够说出 ResultSetHandler 常用实现类封装结果集的特点
技能目标	● 熟悉数据库连接池，能够在 JDBC 程序中使用数据库连接池 ● 掌握 JDBC 入门程序的编写，能够独立编写 JDBC 程序操作数据库中的数据 ● 掌握 DBUtils 的使用，能够使用 DBUtils 进行数据的增删改查

任何应用程序都离不开数据的处理，出于高效方便的考虑，现在几乎所有应用程序都会选择将数据存储在数据库中，这也要求应用程序能够访问和处理数据库中存储的数据。本单元将讲解如何使用 Java 结合数据库进行编程。

任务11-1 菜品管理

任务描述

菜单是顾客和餐厅之间相互了解的桥梁。餐厅通过统计和分析菜品的点菜率，可以了解大部分顾客的口味特点，进一步分析菜单设计是否合理，从而及时调整对菜品的优化和营销工作。餐厅助手对餐厅管理人员提供了菜品管理的功能，餐厅管理人员可以对菜单中的菜品进行新增、查询、编辑和删除操作。本任务要求根据上述需求完成菜品管理功能，具体效果如图 11-1 所示。

```
------------菜品管理------------
1.添加菜品 2.查询菜品 3.编辑菜品 4. 删除菜品
请输入你要做的操作：2
请输入需要查询的菜品名称,输入0则查询所有菜品：0
Food{id=1, name='麻婆豆腐', price=15.0, depict='川菜，主料：豆腐，辅料：蒜苗、牛肉沫', state=0}
Food{id=2, name='鱼香肉丝', price=13.0, depict='川菜，主料：猪里脊肉丝，辅料：泡辣椒、子姜、大蒜', state=0}
Food{id=3, name='臭鳜鱼', price=52.0, depict='徽州菜，主料：鳜鱼，辅料：生姜，新鲜红辣椒', state=0}
Food{id=4, name='油焖大虾', price=45.0, depict='鲁菜，主料：对虾，辅料：青蒜段、姜丝', state=0}
```

查询所有菜品

```
------------菜品管理------------
1.添加菜品 2.查询菜品 3.编辑菜品 4. 删除菜品
请输入你要做的操作：1
请输入菜品信息
菜品名称：辣子鸡
菜品价格：56
菜品描述：川菜，主料：鸡肉，辅料：干辣椒、花椒
菜品状态：1
新增菜品成功！
```

添加菜品

```
------------菜品管理------------
1.添加菜品 2.查询菜品 3.编辑菜品 4. 删除菜品
请输入你要做的操作：3
请输入需要编辑的菜品的编号：5
请输入菜品信息
菜品名称：辣子鸡
菜品价格：34
菜品描述：川菜，主料：鸡肉，辅料：干辣椒、花椒
菜品状态：0
编辑菜品成功！
```

编辑菜品

```
------------菜品管理------------
1.添加菜品 2.查询菜品 3.编辑菜品 4. 删除菜品
请输入你要做的操作：4
请输入需要删除的菜品的编号：1
删除菜品成功！
```

删除菜品

```
------------菜品管理------------
1.添加菜品 2.查询菜品 3.编辑菜品 4. 删除菜品
请输入你要做的操作：2
请输入需要查询的菜品名称,输入0则查询所有菜品：辣子鸡
Food{id=5, name='辣子鸡', price=34.0, depict='川菜，主料：鸡肉，辅料：干辣椒、花椒', state=0}
```

查询指定菜品

图 11-1 菜品管理

■ 知识储备

1. JDBC 概述

在 JDBC 出现之前，访问和操作不同厂商的数据库都需要使用不同的 API，因此程序员想要操作不同的数据库，需要编写不同的程序，例如，访问 MySQL 数据库需要专门编写一个程序，访问 Oracle 数据库需要专门编写一个程序，从而导致应用程序的可移植性非常差。

针对上述情况，SUN 公司定义了一套标准的访问数据库的 API，即 JDBC（Java DataBase Connectivity），它是一套访问数据库的标准 Java 类库，定义了应用程序访问数据库的 API。不同数据库厂商按照这套 API 提供的统一接口，对接口进行实现（这些实现类称为驱动），作为开发者，只需加载不同数据库的驱动即可实现不同数据库的访问。

Java 应用程序通过 JDBC 访问不同数据库的示例，如图 11-2 所示。

从图 11-2 可以看出，JDBC 在应用程序和数据库之间起到桥梁作用。当应用程序使用 JDBC 访问特定数据库时，需要通过不同数据库驱动程序与不同数据库进行连接，连接后即可对数据库进行相应的操作。

数据库中通常会保存用户或企业的主要信息，通过 JDBC 可以很方便地进行数据库编程。程序员在操作数据时，应严肃谨慎编写相关代码，对权限进行精细化控制，确保用户只能访问到其需要的数据，同时对敏感信息进行加密，保护用户的隐私和数据安全。

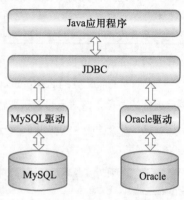

图 11-2　JDBC 访问不同数据库

2. JDBC 常用 API

JDBC 的 API 主要位于 java.sql 包中，该包定义了一系列访问数据库的接口和类，Java 程序开发人员可以利用这些接口和类，编写操作数据库数据的 JDBC 程序。下面针对 java.sql 包中常用的接口和类进行讲解。

（1）Driver 接口

Driver 接口是所有数据库驱动程序必须实现的接口，该接口专门提供给数据库厂商使用。需要注意的是，在编写 JDBC 程序时，必须要把所使用的数据库驱动程序或类库（这里指数据库驱动 JAR 包）加载到项目的 classpath 中。

（2）DriverManager 类

DriverManager 类是用于管理 JDBC 驱动的类，该类中定义了注册驱动及获取数据库连接对象的静态方法，具体见表 11-1。

表 11-1　DriverManager 类的方法

方法声明	功能描述
static void registerDriver(Driver driver)	用于向 DriverManager 中注册给定的 JDBC 驱动
static Connection getConnection (String url,String user,String password)	用于建立和数据库的连接，并返回表示连接的 Connection 对象

虽然 DriverManager 类提供了 registerDriver() 方法可以注册 JDBC 驱动，但是编写代码时，一般不使用这个方法。因为 DriverManager 类中有一个静态代码块，该静态代码块内部会执行

DriverManager 对象的 registerDriver() 方法注册驱动，所以，如果手动使用 registerDriver() 方法注册驱动，相当于注册了两次驱动程序。如果想注册驱动，只需要加载 Driver 类即可实现。

注册驱动的示例代码具体如下。

```
Class.forName("com.mysql.cj.jdbc.Driver");
```

📖 注意：

使用 Class 类的 forName() 方法注册驱动时，参数必须是类的全限定名。

📝 小提示：

如果基于 MySQL 5 之后的驱动包编写操作数据库数据的 JDBC 程序时，可以省略注册驱动的步骤。程序执行时会自动加载驱动包的 META-INF/services/java.sql.Driver 文件中的驱动类。MySQL 5 的驱动类名称为 com.mysql.jdbc.Driver，MySQL 8 的驱动类名称为 com.mysql.cj.jdbc.Driver。

（3）Connection 接口

DriverManager 类的 getConnection() 方法返回了一个 Connection 对象，Connection 对象表示数据库连接的对象，该对象可以获取执行 SQL 的对象和管理事务，只有获得 Connection 对象，才能访问并操作数据库。Connection 接口的常用方法见表 11-2。

表 11-2　Connection 接口的常用方法

方法声明	功能描述
Statement createStatement()	用于创建一个 Statement 对象，Statement 对象可以将 SQL 语句发送到数据库
PreparedStatement prepareStatement(String sql)	用于创建一个 PreparedStatement 对象，该对象可以将参数化的动态 SQL 语句发送到数据库
CallableStatement prepareCall(String sql)	用于创建一个 CallableStatement 对象，以调用数据库的存储过程
void commit()	提交事务，使所有上一次提交 / 回滚后进行的更改成为持久更改，并释放此 Connection 对象当前持有的所有数据库锁
void setAutoCommit(boolean autoCommit)	设置是否关闭自动提交模式
void roolback()	回滚事务，用于取消在当前事务中进行的所有更改，并释放此 Connection 对象当前持有的所有数据库锁
void close()	用于立即释放 Connection 对象的数据库和 JDBC 资源，而不是等它们被自动释放

编写 JDBC 程序时，可以通过 Connection 进行事务的管理，示例如下。

```
Connection conn = DriverManager.getConnection(url, username, password);
//定义sql
String sql = "SELECT * FROM user WHERE id = 1";
//获取执行sql的对象 Statement
Statement stmt = conn.createStatement();
try {
    //关闭事务的自动提交，手动提交事务
```

```
        conn.setAutoCommit(false);
        //执行sql
        stmt.executeQuery(sql);
        //提交事务
        conn.commit();
    } catch (Exception throwables) {
        //回滚事务
        conn.rollback();
        throwables.printStackTrace();
    }
    //释放资源
    stmt.close();
    conn.close();
```

（4）Statement 接口

Statement 接口用于执行静态的 SQL 语句，并返回一个结果对象。Statement 接口对象可以通过 Connection 实例的 createStatement() 方法获得，该对象会把静态的 SQL 语句发送到数据库中编译执行，然后返回数据库的处理结果。Statement 接口提供了 3 个常用的执行 SQL 语句的方法，见表 11-3。

表 11-3　Statement 接口的常用方法

方法	功能描述
boolean execute(String sql)	用于执行 SQL 语句，该方法执行 SQL 语句后可能会返回多个结果，如果执行后第一个结果为 ResultSet 对象，则返回 true；如果执行后第一个结果为受影响的行数或没有任何结果，则返回 false
int executeUpdate(String sql)	用于执行 SQL 中的 INSERT、UPDATE 和 DELETE 语句。该方法返回一个 int 类型的值，表示数据库中受该 SQL 语句影响的条数
ResultSet executeQuery(String sql)	用于执行 SQL 中的 SELECT 语句，该方法返回一个表示查询结果的 ResultSet 对象

（5）PreparedStatement 接口

Statement 接口封装了 JDBC 执行 SQL 语句的方法，可以完成 Java 程序执行 SQL 语句的操作。然而在实际开发过程中，往往需要将程序中的变量传入 SQL 语句，而使用 Statement 接口操作这些 SQL 语句会过于烦琐，且存在安全方面的问题。针对这一问题，JDBC API 提供了扩展的 PreparedStatement 接口。

PreparedStatement 是 Statement 的子接口，用于执行预编译的 SQL 语句。PreparedStatement 接口扩展了带有参数 SQL 语句的执行操作，该接口中的 SQL 语句可以使用问号（?）进行占位，然后通过 setter 方法为 SQL 语句中的占位符赋值。

PreparedStatement 接口提供的常用方法见表 11-4。

表 11-4　PreparedStatement 接口的常用方法

方法声明	功能描述
int executeUpdate()	在 PreparedStatement 对象中执行 SQL 语句，SQL 语句必须是一个 DML 语句或者是无返回内容的 SQL 语句，如 DDL 语句
ResultSet executeQuery()	在 PreparedStatement 对象中执行 SQL 查询，该方法返回的是 ResultSet 对象

方法声明	功能描述
void setInt(int parameterIndex, int x)	将指定参数设置为给定的 int 值
void setFloat(int index,float f)	将指定位置的参数设置为 float 值
void setLong(int index,long l)	将指定位置的参数设置为 long 值
void setDouble(int index,double d)	将指定位置的参数设置为 double 值
void setBoolean(int index,boolean b)	将指定位置的参数设置为 boolean 值
void setString(int parameterIndex,String x)	将指定参数设置为给定的 String 值

在表 11-4 中，DML（Data Manipulation Language，数据操作语言）语句指的是操作数据库、表、列等的语句，使用的关键字为 CREATE、ALTER、DROP。DDL（Data Definition Language，数据定义语言）语句指的是对表中的数据进行增、删、改操作的语句，使用的关键字为 INSERT、UPDATE、DELETE。

通过 setter 方法为 SQL 语句中的占位符赋值时，如果知道 PreparedStatement 预编译 SQL 语句中参数的类型，可以使用相应的 setter 方法来传入参数值；如果不清楚预编译 SQL 语句参数的类型，则可以使用 setObject() 方法来传入参数值，由 PreparedStatem 来负责类型转换。例如，SQL 语句中占位符参数类型为 Integer，那么应该使用 setInt() 方法或 setObject() 方法设置输入的参数值，具体示例如下。

```
String sql = "INSERT INTO user(id,name) VALUES(?,?)";
PreparedStatement    preStmt = conn.prepareStatement(sql);
preStmt.setInt(1, 1);                    //为第1个占位符赋值int类型的1
preStmt.setString(2, "zhangsan");        //为第2个占位符赋值String类型的zhangsan
preStmt.executeUpdate();                 //执行SQL语句
```

（6）ResultSet 接口

ResultSet 接口用于保存 JDBC 执行查询时返回的结果集，该结果集封装在一个逻辑表格中。在 ResultSet 接口内部有一个指向表格数据行的游标（或指针），ResultSet 对象初始化时，游标在表格第一行之前，调用 next() 方法可以将游标移动到下一行。如果下一行没有数据，则 next() 方法返回 false。在应用程序中，经常使用 next() 方法作为 while 循环的条件来迭代 ResultSet 结果集。ResultSet 接口的常用方法见表 11-5。

表 11-5 ResultSet 接口的常用方法

方法声明	功能描述
String getString(int columnIndex)	用于获取指定字段的 String 类型的值，参数 columnIndex 代表字段的索引
String getString(String columnName)	用于获取指定字段的 String 类型的值，参数 columnName 代表字段的名称
int getInt(int columnIndex)	用于获取指定字段的 int 类型的值，参数 columnIndex 代表字段的索引

方法声明	功能描述
int getInt(String columnName)	用于获取指定字段的 int 类型的值，参数 columnName 代表字段的名称
boolean absolute(int row)	将游标移动到结果集的第 row 条记录
boolean relative(int row)	按相对行数（整或负）移动游标
boolean previous()	将游标从结果集的当前位置移动到上一条记录
boolean next()	将游标从结果集的当前位置移动到下一条记录
void beforeFirst()	将游标移动到结果集开头（第一条记录之前）
void afterLast()	将游标指针移动到结果集末尾（最后一条记录之后）
boolean first()	将游标移动到结果集的第一条记录
boolean last()	将游标移动到结果集的最后一条记录
int getRow()	返回当前记录的行号
Statement getStatement()	返回生成结果集的 Statement 对象
void close()	释放此 ResultSet 对象的数据库和 JDBC 资源

从表 11-5 中可以看出，ResultSet 接口中定义了一些 getter 方法，而采用哪种 getter 方法获取数据取决于字段的数据类型。程序既可以通过字段名称来获取指定数据，也可以通过字段索引来获取指定数据，字段索引从 1 开始编号。例如，数据表的第 1 列字段名为 id，字段类型为 int，那么既可以使用 getInt(1) 获取该列的值，也可以使用 getInt("id") 获取该列的值。

ResultSet 移动结果集的游标和获取结果集数据的示例如下。

```
//执行sql获取结果集
ResultSet rs = stmt.executeQuery(sql);
//光标向下移动一行，并判断当前行是否有数据
while (rs.next()){
    //根据字段名称获取结果集中的数据
    int id = rs.getInt("id");
    String name = rs.getString("username");
    //根据字段索引获取结果集中的数据
    String pwd = rs.getString(3);
}
//释放资源
rs.close();
```

3. JDBC 编程

通过上述讲解，读者对 JDBC 及常用 API 已经有了大致了解。使用 JDBC 的常用 API 编写 JDBC 程序的步骤如下。

① 加载并注册数据库驱动。

② 通过 DriverManager 获取数据库连接。

③ 通过 Connection 对象获取 Statement 对象。

④ 使用 Statement 执行 SQL 语句。

⑤ 操作 ResultSet 结果集。

⑥ 关闭连接，释放资源。

下面根据上述步骤编写一个 JDBC 程序查询数据库中的数据。需要说明的是，Java 中的 JDBC 是用来连接数据库从而执行相关操作，因此在使用 JDBC 时，读者一定要确保已经拥有可以正常使用的数据库。常用的关系数据库有 MySQL 和 Oracle，其中 MySQL 相对体积较小，本书 JDBC 相关的案例都将基于 MySQL 数据库实现。

（1）搭建数据库环境

在 MySQL 中创建一个名称为 jdbc_demo 的数据库，然后在 jdbc_demo 数据库中创建一个 tb_user 表用于存储用户信息，创建数据库和表的 SQL 语句如下。

```
CREATE DATABASE IF NOT EXISTS jdbc_demo CHARACTER SET utf8mb4;
USE jdbc_demo;
CREATE TABLE tb_user(
    id INT PRIMARY KEY AUTO_INCREMENT,
    username VARCHAR(40),
    sex VARCHAR(2),
    email VARCHAR(60),
    birthday DATE
);
```

上述创建 tb_user 表时添加了 id、username、sex、email 和 birthday 共 5 个字段。

数据库和表创建成功后，再向 tb_user 表中插入 3 条数据，插入的 SQL 语句如下。

```
INSERT INTO tb_user(username,sex,email,birthday)
        VALUES ('张三','男','zhsan@126.com','1990-01-04'),
               ('李四','男','lisi@126.com','1991-02-14'),
               ('王五','女','wangwu@126.com','1999-12-28');
```

为了查看数据是否添加成功，使用 SELECT 语句查询 tb_user 表中的数据，执行结果如图 11-3 所示。

图 11-3　tb_user 表中的数据

（2）创建项目，导入数据库驱动

在 IDEA 中创建一个名称为 chapter11 的 Java 项目，在项目的根目录创建文件夹 lib，在 lib 文

件夹中导入数据库驱动的 JAR 包，数据库驱动 JAR 包读
者可以自行在网络上下载，也可以在本书配套资源中获
取。然后选中 lib 文件夹并右击，在弹出的快捷菜单中选择
"Add as Library..." 命令，此时会弹出 "Create Library" 对
话框，如图 11-4 所示。

单击 "OK" 按钮，使 lib 文件夹中的 JAR 包在项目中
生效。

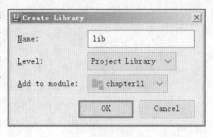

图 11-4 "Create Library" 对话框

（3）编写 JDBC 程序

在项目 chapter11 的 src 目录下，新建一个名称为 com.itheima.jdbc 的包，并在该包中创建类
Example01。在该类中读取 jdbc_demo 数据库下 tb_user 表中的所有数据，将读取结果输出到控制
台，见文件 11-1。

文件 11-1 Example01.java

```
1    import java.sql.*;
2    public class Example01 {
3        public static void main(String[] args) throws SQLException {
4            Connection conn =null;
5            Statement stmt =null;
6            ResultSet rs =null;
7            try {
8                //1. 加载数据库驱动
9                Class.forName("com.mysql.cj.jdbc.Driver");
10               //2.通过DriverManager获取数据库连接
11               String url = "jdbc:mysql://localhost:3306/jdbc_demo";
12               //登录MySQL数据库的用户名和密码
13               String username = "root";
14               String password = "root";
15               conn = DriverManager.getConnection(url,username, password);
16               //3.通过Connection对象获取Statement对象
17               stmt = conn.createStatement();
18               //4.使用Statement执行SQL语句
19               String sql = "select * from tb_user";
20               rs = stmt.executeQuery(sql);
21               //5. 操作ResultSet结果集
22               System.out.println("id   |   userame   |      sex "
23                       +"|          email           |         birthday ");
24               while (rs.next()) {
25                   int id = rs.getInt("id");        //通过列名获取指定字段的值
26                   String name = rs.getString("username");
27                   String sex = rs.getString("sex");
28                   String email = rs.getString("email");
29                   Date birthday = rs.getDate("birthday");
30                   System.out.println(id + "   |   " + name + "   |   "
31                       + scx + "   |   " + email + "   |   " + birthday);
32               }
```

```
33          } catch (Exception e) {
34              e.printStackTrace();
35          } finally {
36              //6.关闭连接，释放资源
37              if(rs !=null){ rs.close(); }
38              if(stmt !=null){ stmt.close(); }
39              if(conn !=null){ conn.close(); }
40          }
41      }
42  }
```

上述代码中，第 9 行代码加载并注册 MySQL 数据库驱动；第 11 ～ 14 行代码定义变量设置了数据库的连接信息；第 15 行代码通过 DriverManager 获取数据库连接；第 17 行代码通过 Connection 对象获取 Statement 对象；第 19 ～ 20 行代码定义查询数据的 SQL 语句并使用 Statement 执行 SQL 语句；第 24 ～ 32 行代码操作 ResultSet 结果集，并将结果集中的数据输出在控制台中；第 37 ～ 39 行代码关闭数据库连接释放资源。

运行文件 11-1，结果如图 11-5 所示。

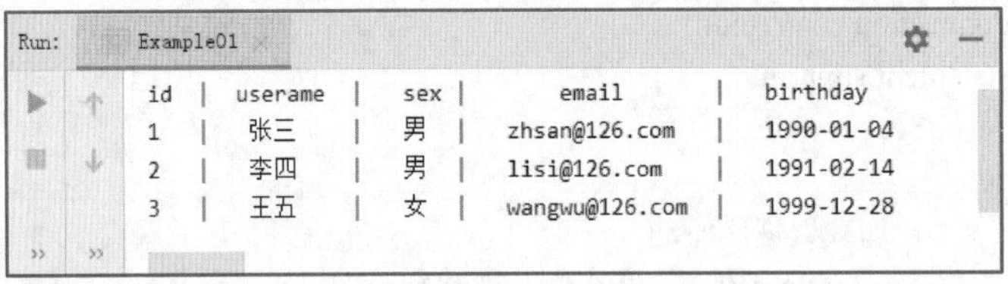

图 11-5　文件 11-1 的运行结果

从图 11-5 可以看出，控制台中输出了 jdbc_demo 数据库下 tb_user 表中的所有数据。

至此，通过 JDBC 程序实现了对数据库中数据的查询。

4. 数据库连接池

在前面的讲解中，每次连接数据库都会创建一个 Connection 对象，使用完毕就会将其销毁。每一个数据库连接对象都对应一个物理的数据库连接，这样重复创建与销毁的过程会造成系统的性能低下，对此，可以使用数据库连接池。

数据库连接池是个容器，负责分配、管理数据库连接（Connection）。下面通过图 11-6 描述使用数据库连接池操作数据库的过程。

从图 11-6 可以得出，程序启动时，就会创建一批数据库连接（Connection）存放在数据库连接池，当用户需要 Connection 时，就从数据库连接池中获取一个 Connection，使用完毕后，不需要关闭 Connection，而是将 Connection 归还数据库连接池。这样，数据库连接池中的 Connection 实现了复用，减少了 Connection 创建和关闭的次数，从而提高程序执行的效率。

Java 中 javax.sql.DataSource 通常被称为数据源，它包含连接池和连接池管理 2 个部分，一般习惯将它称为数据库连接池。DataSource 是一个接口，该接口通常由一些公司和组织进行实现。常见实现好的数据库连接池有 DBCP、C3P0、Druid，这些连接池的底层实现有所差异，但使用连接池的方法基本类似，下面以 Druid 为例讲解数据库连接池的使用。

Druid 是阿里巴巴开源的数据库连接池项目，功能强大，性能优秀，是当前 Java 语言最好的数据库连接池之一，使用步骤如下。

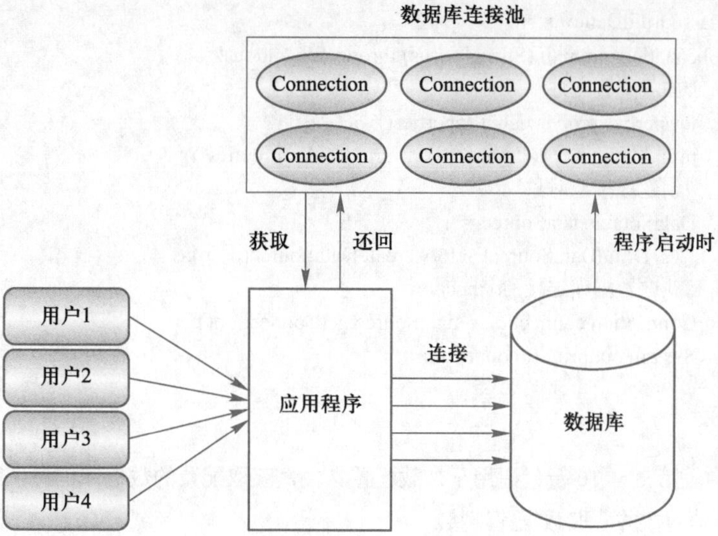

图 11-6　采用数据库连接池操作数据库

（1）导入 JAR 包

在项目 chapter11 中的 lib 文件夹中添加数据库驱动的 JAR 包和 Druid 的 JAR 包，并使 lib 文件夹中的 JAR 包在项目中生效。让 JAR 包在项目中生效的具体操作，可以参考上一个知识点 JDBC 编程中的演示。

（2）创建配置文件

在项目的 src 下创建配置文件 druid.properties，用于存放数据库连接的信息，具体见文件 11-2。

文件 11-2　druid.properties

```
1  driverClassName=com.mysql.cj.jdbc.Driver
2  url=jdbc:mysql://localhost:3306/jdbc_demo?useSSL=true&serverTimezone=UTC
3  username=root
4  password=root
5  # 初始化连接数量
6  initialSize=5
7  # 最大连接数
8  maxActive=10
9  # 最大等待时间
10 maxWait=3000
```

（3）测试数据库连接池

创建一个测试类 DruidDemo，并在该类的 main() 方法中加载连接池的配置文件，根据配置文件的信息创建连接池对象，并通过连接池对象获取数据库连接对象，具体见文件 11-3。

文件 11-3　DruidDemo.java

```
1  import com.alibaba.druid.pool.DruidDataSourceFactory;
2  import javax.sql.DataSource;
3  import java.io.FileInputStream;
4  import java.sql.Connection;
5  import java.util.Properties;
```

```
6    public class DruidDemo {
7        public static void main(String[] args) throws Exception {
8            //加载配置文件
9            Properties prop = new Properties();
10           prop.load(new FileInputStream("src/druid.properties"));
11           //创建连接池对象
12           DataSource dataSource =
13               DruidDataSourceFactory.createDataSource(prop);
14           //获取数据库连接 Connection
15           Connection connection = dataSource.getConnection();
16           System.out.println(connection);
17       }
18   }
```

上述代码中，第 9 ～ 10 行代码用于加载配置文件，获取配置的数据库信息；第 12 ～ 15 行代码用于创建连接池对象并获取数据库连接。

文件 11-3 的运行结果如图 11-7 所示。

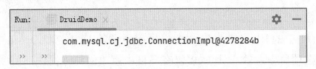

图 11-7　文件 11-3 的运行结果

从图 11-7 可以看出，控制台输出了一个 com.mysql.cj.jdbc.ConnectionImpl 对象，该对象就是从数据库连接池中获取到的一个数据库连接对象。

5. DbUtils

JDBC 规范了 Java 程序如何来访问数据库，它提供了查询和更新数据库中数据的方法，但是直接使用 JDBC 进行开发时，向 SQL 中传递参数值，以及处理结果集时比较繁琐，导致冗余代码较多。可以将 JDBC 常用的一些功能进行封装，提高使用 JDBC 编程的效率。

Apache 软件基金会提供了一个开源的 JDBC 工具类库 Commons DbUtils（本书后续简称 DbUtils）。DbUtils 对 JDBC 进行了简单的封装，学习成本较低，使用它能极大简化 JDBC 编码的工作量，同时也不会影响程序的性能。本单元将使用 DbUtils 进行程序开发，下面对 DbUtils 的相关知识进行详细讲解。

DbUtils 中封装并简化了 JDBC 进行数据查询和记录读取操作，下面对 DbUtils 提供的核心接口和类进行讲解。

（1）QueryRunner 类

QueryRunner 类提供了对 SQL 语句操作的 API，QueryRunner 类包含了执行查询、插入、更新和删除操作的方法。其常用的构造方法和方法具体见表 11-6。

表 11-6　QueryRunner 类常用的构造方法和方法

方法	功能描述
QueryRunner()	使用该构造方法可以创建一个与数据库无关的 QueryRunner 对象，后期再操作数据库时，需要手动提供一个 Connection 对象

方法	功能描述
QueryRunner(DataSource ds)	使用该构造方法可以创建一个与数据库关联的 QueryRunner 对象，后期再操作数据库时，不需要 Connection 对象。
int update(Connection conn,String sql, Object... params)	用于完成表数据的增加、删除、更新操作
int update(String sql, Object... params)	用于完成表数据的增加、删除、更新操作，和上一行的区别在于，它不将 Connection 对象提供给方法，而是从构造方法的数据源 DataSource 中获得 Connection 对象
query(Connection conn, String sql, ResultSetHandler<T> rsh, Object... params)	用于完成表数据的查询操作
query(String sql, ResultSetHandler<T> rsh, Object... params)	用于完成表数据的查询操作，和上一行的区别在于，它不将 Connection 对象提供给方法，而是从构造方法的数据源 DataSource 中获得 Connection 对象

（2）ResultSetHandler 接口

ResultSetHandler 接口定义了查询操作后如何封装结果集，为了满足对结果集多种形式的封装，Dbutils 类库中提供了很多 ResultSetHandler 接口的实现类，常用实现类如下。

- ArrayHandler：将结果集中的第一条记录封装到一个 Object[] 数组中，数组中的每一个元素就是这条记录中每个字段的值。
- ArrayListHandler：将结果集中的每一条记录都封装到一个 Object[] 数组中，再将这些数组封装到 List 集合中。
- BeanHandler：将结果集中第一条记录封装到一个指定 JavaBean 中。
- BeanListHandler：将结果集中每一条记录封装到指定 JavaBean 中，再将这些 JavaBean 封装到 List 集合中。
- ColumnListHandler：将结果集中指定列的字段值，封装到一个 List 集合中。
- ScalarHandler：将结果集的第一行第一列封装到一个 Object 对象中。

■ 任务分析

根据任务描述得知，本任务的目标是要实现菜品管理，根据所学的知识，可以使用下列思路实现。

① 菜品的数据存放在 MySQL 中，对此可以编写 JDBC 程序对数据库中的菜品进行新增、查询、编辑和删除操作。为了提高开发效率，可以在程序中使用 DbUtils。

② 定义菜品类，在类中定义和数据表中字段相同名称的属性。

③ 新增菜品时，将输入的菜品信息封装在菜品对象中，使用 DbUtils 将该菜品对象保存至数据库。

④ 查询菜品时，根据输入的菜品名称，使用 DbUtils 查询出数据库中对应的菜品信息。

⑤ 编辑菜品时，将编辑后的菜品信息封装在菜品对象中，使用 DbUtils 将该菜品信息更新至数据库。

⑥ 删除菜品时，根据菜品名称，使用 DbUtils 将数据库中对应的菜品信息删除。

■ 任务实现

结合任务分析的思路，下面根据所学的知识，编写 JDBC 程序实现菜品管理，具体实现步骤如下。

（1）搭建数据库环境

在 MySQL 中创建一个名称为 jdbc 的数据库，然后在 jdbc 数据库中创建一个 food 表用于存储菜品信息，创建数据库和表的 SQL 语句如下。

```
CREATE DATABASE jdbc;
USE jdbc;
CREATE TABLE food(
    id INT PRIMARY KEY AUTO_INCREMENT,
    name VARCHAR(40),
    price VARCHAR(40),
    depict VARCHAR(255),
    state INT
);
```

jdbc 数据库和 food 表创建成功后，为了方便程序测试，向 food 表中插入 4 条测试数据，具体的插入语句如下。

```
INSERT INTO food VALUES (1, '麻婆豆腐', 15, '川菜，主料：豆腐，
辅料：蒜苗、牛肉沫', 0);
INSERT INTO food VALUES (2, '鱼香肉丝', 13, '川菜，主料：猪里脊肉丝，
辅料：泡辣椒、子姜、大蒜', 0);
INSERT INTO food VALUES (3, '臭鳜鱼', 52, '徽州菜，主料：鳜鱼，
辅料：生姜，新鲜红辣椒', 0);
INSERT INTO food VALUES (4, '油焖大虾', 45, '鲁菜，主料：对虾，
辅料：青蒜段、姜丝', 0);
```

（2）创建项目和配置 JDBC 编程环境

在项目 chapter11 的 lib 文件夹中导入数据库驱动的 JAR 包、Druid 的 JAR 包，以及 Dbutils 的 JAR 包，并将这 3 个 JAR 包应用于当前项目。在 src 目录下创建名称为 druid.properties 的配置文件，用于存放数据库连接的信息，内容可参考文件 11-2。

（3）定义菜品类

在项目 chapter11 的 src 目录下创建类包 task，在 task 类包下创建菜品类 Food，该类中包含的属性有菜品编号、菜品名称、菜品价格、菜品描述和菜品状态，具体见文件 11-4。

文件 11-4　Food.java

```
1    public class Food {
2        private int id;              //菜品编号
3        private String name;         //菜品名称
4        private double price;        //菜品价格
5        private String depict;       //菜品描述
```

```
6          private int state;                        //菜品状态，0：上架，1：下架
7          public Food() {
8          }
9          public Food(int id, String name, double price, String depict, int state)
10    {
11              this.id = id;
12              this.name = name;
13              this.price = price;
14              this.depict= depict;
15              this.state = state;
16         }
17         //...setter/getter方法
18         //...重写的toString()方法
19  }
```

（4）定义 JDBC 工具类

在类包 task 下创建 JDBCUtils 类，在该类中使用数据库连接池管理数据库连接对象等资源，并在该类中创建连接池对象、在连接池中获取数据库连接对象，以及释放资源等方法，具体见文件 11-5。

文件 11-5　JDBCUtils.java

```
1    import com.alibaba.druid.pool.DruidDataSourceFactory;
2    import javax.sql.DataSource;
3    import java.util.Properties;
4    import java.io.FileInputStream;
5    import java.sql.Connection;
6    import java.sql.ResultSet;
7    import java.sql.SQLException;
8    import java.sql.Statement;
9    public class JDBCUtils {
10        //声明连接池对象
11        private static DataSource dataSource;
12        //初始化连接池容器
13        static {
14             try {
15                  //加载druid.properties配置文件
16             Properties properties = new Properties();
17             properties.load(new FileInputStream("src/druid.properties"));
18                  //通过Druid的工厂，创建连接池对象
19             dataSource =
20                       DruidDataSourceFactory.createDataSource(properties);
21             } catch (Exception e) {
22                  throw new RuntimeException("druid连接池初始化失败...");
23             }
24        }
25        //获取连接池对象的静态方法
26        public static DataSource getDataSource() {
```

```
27          return dataSource;
28      }
29      //获取数据库连接对象的静态方法
30      public static Connection getConnection() throws Exception {
31          return dataSource.getConnection();
32      }
33      //释放资源的方法（Connection对象不是销毁，而是归还连接池）
34      public static void release(ResultSet resultSet, Statement statement,
35                                  Connection connection) {
36          //关闭ResultSet
37          if (resultSet != null) {
38              try {
39                  resultSet.close();
40              } catch (SQLException e) {
41                  e.printStackTrace();
42              }
43          }
44          //关闭Statement
45          if (statement != null) {
46              try {
47                  statement.close();
48              } catch (SQLException e) {
49                  e.printStackTrace();
50              }
51          }
52          //关闭Connection
53          if (connection != null) {
54              try {
55                  connection.close();
56              } catch (SQLException e) {
57                  e.printStackTrace();
58              }
59          }
60      }
61  }
```

上述代码中，第 13 ～ 24 行代码定义了一个静态代码块，该静态代码块中加载包含数据库连接信息的配置文件，并根据该信息创建了 Druid 连接池对象；第 34 ～ 60 行代码定义了释放资源的方法，调用该方法时，会释放 ResultSe 和 Statement 所连接的资源，并将数据库连接对象归还数据库连接池。

（5）定义菜品管理类

在类包 task 下创建 FoodManagement 类，用于实现菜品管理。在该类中定义新增、查询、编辑、删除菜品信息的方法，通过控制台输入的操作编号对菜品进行管理。

首先，在 FoodManagement 类中定义输入菜品信息的方法 insertFoodInfo()，用于新增和编辑菜品信息时收集新增或者编辑后的菜品信息，具体见文件 11-6。

文件 11-6　FoodManagement.java

```
1   import org.apache.commons.dbutils.QueryRunner;
```

```
2    import org.apache.commons.dbutils.handlers.BeanListHandler;
3    import java.util.List;
4    import java.util.Scanner;
5    public class FoodManagement {
6        private   Food insertFoodInfo(){
7            Food food = new Food();
8            System.out.println("请输入菜品信息");
9            Scanner sc = new Scanner(System.in);
10           System.out.print("菜品名称：");
11           food.setName(sc.next());
12           System.out.print("菜品价格：");
13           food.setPrice(sc.nextDouble());
14           System.out.print("菜品描述：");
15           food.setDepict(sc.next());
16           System.out.print("菜品状态：");
17           food.setState(sc.nextInt());
18           return   food;
19       }
20   }
```

上述代码中，将用户输入到控制台的菜品信息封装在 Food 类的实例 food 中，并返回给方法的调用者。

然后，实现新增菜品信息。在文件 11-6 中定义新增菜品信息的方法 insertFoodInfo()，具体如下。

```
1    private void addFood(Food food) throws Exception {
2        //创建QueryRunner对象
3        QueryRunner qr = new QueryRunner(JDBCUtils.getDataSource());
4        //定义插入菜品的sql
5        String sql = "INSERT INTO food (name,price,depict,state)" +
6            " VALUES(?,?,?,?)";
7        //设置传入sql中的参数值
8        Object[] parms={food.getName(),food.getPrice(),
9          food.getDepict(),food.getState()};
10       //执行插入菜品的sql
11       int count = qr.update(sql, parms);
12       //输出插入结果
13       if(count<1){
14           System.out.println("新增失败！");
15       }else{
16           System.out.println("新增菜品成功！");
17       }
18   }
```

上述代码中，第 3 行代码根据 JDBCUtils 工具类获取的数据源创建 QueryRunner 对象；第 5 ～ 6 行代码定义了插入菜品信息的 sql，并通过占位符 ? 对 sql 中的参数进行占位；第 8 行代码设置传入 sql 中的参数值；第 11 行代码传入参数到 sql 中，并执行插入菜品信息的 sql；第 13 ～ 17 行代码根据执行结果进行提示。

接着，实现查询菜品信息。在文件 11-6 中定义查询菜品信息的方法 getFood()，在该方法中根据输入的菜品名称查询菜品信息，如果输入菜品名称是 0，则查询数据库中所有的菜品信息，具体如下。

```
1    private void getFood(String name) throws Exception {
2        //创建QueryRunner对象
3        QueryRunner qr = new QueryRunner(JDBCUtils.getDataSource());
4        //定义sql
5        String sql ;
6        List<Food> foodList;
7        if("0".equals(name)){
8            sql = "SELECT * FROM food ";
9            foodList=qr.query(sql, new BeanListHandler<Food>(Food.class));
10       }else{
11           sql = "SELECT * FROM food WHERE name=?";
12         foodList=qr.query(sql, new BeanListHandler<Food>(Food.class),name);
13       }
14       //输出查询结果
15       if(foodList!=null){
16           for (Food f:foodList){
17               System.out.println(f);
18           }
19       }else{
20           System.out.println("查询失败！");
21       }
22   }
```

上述代码中，第 7 ~ 13 行代码根据传入的菜品名称执行不同的 sql，如果输入是 0，查询所有菜品信息，否则根据输入的菜品名称查询菜品信息。第 15 ~ 21 行代码将查询到的结果输出在控制台。

接着，实现编辑菜品信息。在文件 11-6 中定义编辑菜品信息的方法 editFood()，该方法根据菜品编号将原有的菜品信息进行更新，具体如下。

```
1    private void editFood(Food food,int fid) throws Exception {
2        //创建QueryRunner对象
3        QueryRunner qr = new QueryRunner(JDBCUtils.getDataSource());
4        //定义编辑菜品的sql
5        String sql = "UPDATE food SET name=?,price=?,depict=?," +
6                "state=? WHERE id=?";
7        Object[] parms={food.getName(),food.getPrice(),
8                food.getDepict(),food.getState(),fid};
9        int count = qr.update(sql, parms);
10       //输出编辑结果
11       if(count<1){
12           System.out.println("编辑菜品失败！");
13       }else{
14           System.out.println("编辑菜品成功！");
15       }
16   }
```

上述代码中，第 5 ～ 6 行代码定义了根据菜品编号编辑菜品信息的 sql；第 7 行代码设置传入 sql 的参数值；第 9 行代码将设置好的参数值赋值给 sql 中的占位符，并执行编辑菜品的 sql；第 11 ～ 25 行代码将编辑菜品信息的结果在控制台输出。

接着，实现删除菜品信息。在文件 11-6 中定义删除菜品信息的方法 delFood()，该方法根据菜品编号删除数据库中对应的菜品信息，具体如下。

```
1    private void delFood(int fid) throws Exception {
2        //创建QueryRunner对象
3        QueryRunner qr = new QueryRunner(JDBCUtils.getDataSource());
4        //定义根据id删除菜品的sql
5        String sql = "DELETE FROM food WHERE id=?";
6        int count = qr.update(sql, fid);
7        //输出删除结果
8        if(count<1){
9            System.out.println("删除菜品失败！");
10       }else{
11           System.out.println("删除菜品成功！");
12       }
13   }
```

上述代码中，第 5 行代码定义了根据菜品编号删除菜品信息的 sql；第 6 行代码设置菜品 id 到 sql 的占位符中，并执行根据 id 删除菜品信息；第 8 ～ 12 行代码将删除菜品信息的结果在控制台输出。

最后，定义 main() 方法。在文件 11-6 中定义 main() 方法，在 main() 方法中完成菜品管理的输入提示，并通过获取控制台的输入调用菜品管理的新增、查询、编辑和删除操作，具体如下。

```
1    public static void main(String[] args) throws Exception {
2        while (true){
3            System.out.println("------------菜品管理------------");
4            System.out.println("1.添加菜品 2.查询菜品 3.编辑菜品 4. 删除菜品 ");
5            Scanner sc = new Scanner(System.in);
6            System.out.print("请输入你要做的操作：");
7            int i = sc.nextInt();
8            FoodManagement fm = new FoodManagement();
9            switch (i){
10               case 1:
11                   Food food = fm.insertFoodInfo();
12                   fm.addFood(food);
13                   break;
14               case 2:
15                   System.out.print("请输入需要查询的菜品名称," +
16                       "输入0则查询所有菜品：");
17                   fm.getFood(sc.next());
18                   break;
19               case 3:
20                   System.out.print("请输入需要编辑的菜品编号: ");
21                   int fid = sc.nextInt();
```

```
22                Food    f= fm.insertFoodInfo();
23                fm.editFood(f,fid);
24                break;
25            case 4:
26                System.out.print("请输入需要删除的菜品编号：");
27                int id = sc.nextInt();
28                fm.delFood(id);
29                break;
30            default:
31                System.out.println("请输入正确的操作编号！");
32                break;
33        }
34    }
35 }
```

上述代码中，第 2 ~ 34 行代码定义了一个 while 循环，程序运行时，用户可以一直在该循环中选择需要执行的菜品管理操作；如果需要添加菜品信息，在控制台中输入 1 后，执行第 10 ~ 13 行代码；如果需要查询菜品信息，在控制台中输入 2 后，执行第 14 ~ 18 行代码；如果需要编辑菜品信息，在控制台中输入 3 后，执行第 19 ~ 24 行代码；如果需要删除菜品信息，在控制台中输入 4 后，执行第 25 ~ 29 行代码。

（6）测试菜品管理

运行文件 11-6，结果如图 11-8 所示。

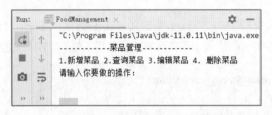

图 11-8　文件 11-6 的运行结果

此时，在控制台中输入 2 查询菜品，如图 11-9 所示。

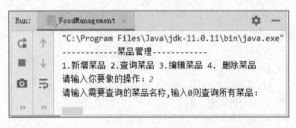

图 11-9　查询菜品

在创建数据库时，数据表 food 中已经插入了 4 条数据，为了测试查询所有菜品信息的功能，在控制台输入 0 查询所有菜品，如图 11-10 所示。

对比插入到数据表的信息，可以得出图 11-10 中查询出了所有菜品。

下面在图 11-10 的控制台中输入 1 新增菜品，这里以新增辣子鸡为例，依次输入辣子鸡的菜品信息后，效果如图 11-11 所示。

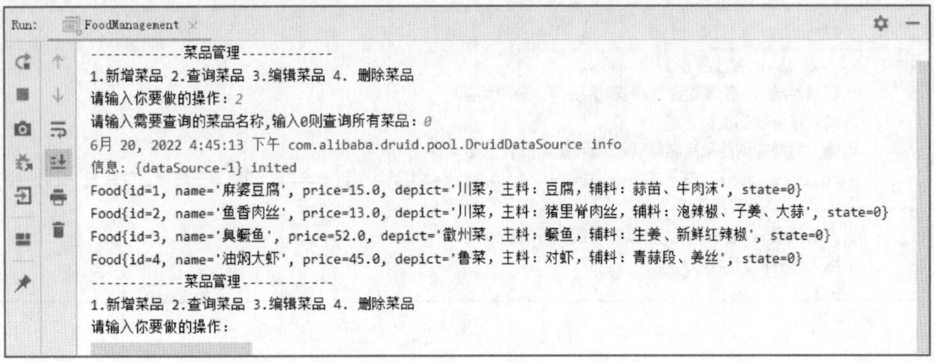

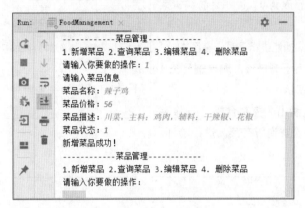

图 11-10　查询所有菜品（1）

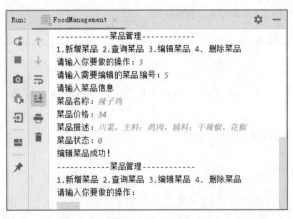

图 11-11　新增菜品

从图 11-11 可以看出，新增辣子鸡后，控制台提示新增菜品成功。

下面在图 11-11 的控制台中输入 3 编辑菜品，这里以编辑辣子鸡的信息为例，依次输入编辑后的辣子鸡信息，效果如图 11-12 所示。

图 11-12　编辑菜品

从图 11-12 可以看出，控制台提示编辑菜品成功。此时可以通过查询菜品进行验证，查询辣子鸡的结果如图 11-13 所示。

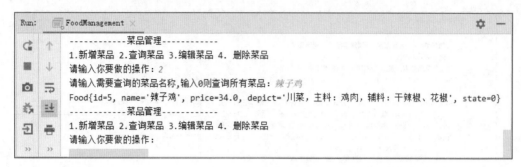

图 11-13　查询辣子鸡

从图 11-13 可以看出，查询出的辣子鸡价格变为 34.0，状态也修改为 0，说明之前编辑菜品的功能成功实现。

最后对删除菜品的功能进行测试，在图 11-13 的控制台中输入 4 之后再输入 1，删除编号为 1 的菜品，如图 11-14 所示。

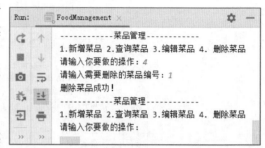

图 11-14　删除编号为 1 的菜品

从图 11-14 可以看出，控制台提示删除菜品成功。此时可以再次查询所有菜品进行验证，如图 11-15 所示。

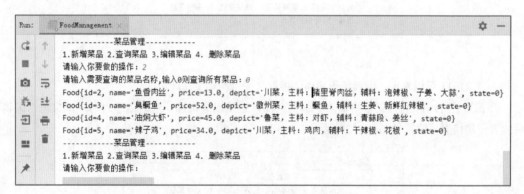

图 11-15　查询所有菜品（2）

从图 11-15 可以看出，查询出的菜品信息中没有编号为 1 的菜品信息，说明删除菜品功能成功实现。

至此，菜品管理功能完成。

单元小结

本单元主要介绍了 JDBC 的一些知识，包括 JDBC 概述、JDBC 常用 API、JDBC 编程、数据库连接池和 DBUtils，并通过一个菜品管理任务对数据库编程的相关内容进行了巩固。读者通过本单元的学习，能够对 JDBC 有较为深入的了解，为后续项目的开发和知识的学习打下良好的基础。

单元测试

请扫描二维码，查看本单元测试题目。

单元测试　单元 11

单元实训

请扫描二维码，查看本单元实训题目。

单元实训　单元 11

单元 12 >>>>

图形用户界面

PPT: 单元 12 图
形用户界面

教学设计: 单元 12
图形用户界面

知识目标	● 了解 Swing, 能够说出 Swing 的作用 ● 了解 Swing 顶级容器, 能够说出 JFrame 和 JDialo 的作用及使用方法 ● 了解 Swing 中间容器, 能够说出 JPanel 和 JScrollPane 的作用和使用方法 ● 了解 Swing 常用基本组件, 能够说出 Jlabel、JButton、JTextField、JCheckBox 和 JRadioButton 的作用及使用方法 ● 了解布局管理器, 能够说出布局管理器的作用 ● 了解事件处理机制, 能够描述事件处理的工作流程
技能目标	● 掌握 Swing 顶级容器的使用, 能够通过 JFrame 和 JDialog 创建窗口和对话框 ● 掌握 Swing 中间容器的使用, 能够通过 JPanel 和 JScrollPane 创建面板 ● 掌握 Swing 常用基本组件的使用, 能够通过 Jlabel、JButton、JTextField、JCheckBox 和 JRadioButton 创建标签、按钮、文本框、多选框和单选框 ● 掌握事件监听器, 能够为组件注册事件监听器

对程序的使用者来说，他们更喜欢使用界面友好的应用程序，而不是命令行这样的界面。图形用户界面（Graphics User Interface，GUI）使用图形的方式，借助窗口中的菜单、按钮等界面元素和鼠标操作，实现用户与计算机的交互。为了便于用户开发图形用户界面，Java 提供了生成各种图形界面元素和处理图形界面事件的类库，本单元将针对图形用户界面开发进行详细讲解。

任务12-1　会员充值窗口

■ 任务描述

为了提高顾客的回头率，传智餐厅长期推出会员充值活动。这样顾客不仅可以享受价格优惠，而且还可以获得一些充值回馈。本任务要求开发一个"会员充值"窗口，效果如图 12-1 所示。

为了增加用户充值的安全性，以及服务员操作用户充值的便利性，"会员充值"窗口中输入的手机号和充值金额都会按照下列规则进行校验。

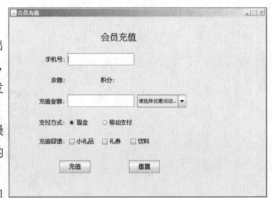

图 12-1　"会员充值"窗口

① 输入的手机号不能为空，且必须符合手机号的正确格式。如果输入的手机号符合要求，则会根据手机号查询对应账户的余额和积分，并在"会员充值"窗口中显示。

② 充值金额不能为空，且需要大于 0，如果选择了充值优惠活动，充值金额需要大于或等于优惠活动的起点线。例如，选择"充 300 送 20"优惠活动，则充值金额需要大于或等于 300。

③ 如果充值的手机号在系统中不存在，充值时将该手机号作为新会员的信息存入系统数据库。

■ 知识储备

1. Swing 概述

在 JDK1.0 发布时，Sun 公司提供了一套基本的 GUI 类库，这套基本类库称为 AWT，即抽象窗口工具集（Abstract Window Toolkit）。最初，Sun 公司希望使用 AWT 创建的图形界面应用和所有运行平台保持相同界面风格，例如，在 Windows 操作系统上表现为 Windows 风格，在 UNIX 操作系统上表现为 UNIX 风格。但实际应用中，用 AWT 创建的图形用户界面在平台的呈现效果并不美观，功能也非常有限，且 AWT 为了适应所有主流操作系统的界面设计，只能使用这些操作系统中图形界面组件的交集，不能使用特定操作系统的复杂图形界面组件，为此，Sun 公司在 AWT 基础上提出了 Swing，用于满足图形用户界面的设计需求。

使用 Swing 开发图形界面比 AWT 更加优秀，因为 Swing 是一种轻量级组件，它使用 Java 语言实现，不再依赖本地平台的图形界面，可以在所有平台呈现相同的效果，跨平台性能较好。同 AWT 相比，实际开发图形用户界面时，大部分使用 Swing 开发。但是，Swing 并没有完全替代 AWT，而是建立在 AWT 基础上。Swing 基本上为所有 AWT 组件提供了对应的实现，绝大部分 Swing 组件的名称都是在对应 AWT 组件名称前增加"J"，如 AWT 的 Frame 组件和 Swing 的 JFrame。

在 Java 中，Swing 组件都保存在 javax.swing 包中，为了加深读者对 Swing 组件的认识，下面通过图 12-2 描述 Swing 组件主要类的继承关系。

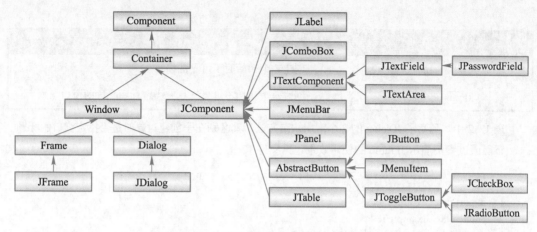

图 12-2 Swing 组件主要类的继承关系

在图 12-2 中，Component 是 AWT 的抽象类，它封装了 AWT 组件的通用功能。Container 类是 Component 的子类，它同时具有容器和组件的特征。JComponent 是 Container 的子类，它是 AWT 和 Swing 的联系之一，绝大多数的 Swing 组件是 JComponent 的直接或间接子类。

Component 作为 AWT 组件的基类，提供了设置组件大小、位置和可见性等方法，而 Container 类作为容器父类，提供了访问容器的方法。Swing 组件作为 Component 和 Container 子类，自动拥有这两个类的方法。下面罗列 Swing 组件的常用方法，见表 12-1。

表 12-1 Swing 组件的常用方法

方法声明	功能描述
setLocation(int x, int y)	设置组件的位置，通过参数 x 和 y 设置组件左上角的坐标
setSize(int width, int height)	设置组件的大小，width 为组件的宽度，height 为组件的高度，单位为像素
setBounds(int x, int y, int width, int height)	同时设置组件的位置和大小
setVisible(boolean b)	设置组件的可见性，参数 b 为 true 时表示可见
add(Component comp)	向容器中添加其他组件，被添加的组件既可以是普通组件，也可以是容器
Component[] getComponents()	返回容器内的所有组件

Swing 提供了非常广泛的标准组件，可以编写出优秀的图形用户界面。程序员使用 Swing 开发时，需要注重以人为本，以高度的创新和改进意识开展任务。不能仅仅关注技术实现，还需要考虑用户的需求和习惯，从用户的角度出发来设计用户界面，提高用户的使用体验。

2. Swing 顶级容器

使用 Swing 实现图形用户界面至少要有一个顶级 Swing 容器，顶级 Swing 容器为其他 Swing 组件在屏幕上的绘制和处理事件提供支持。Swing 中常用的顶级容器有两个，分别是 JFrame 和 JDialog，下面针对这两个顶级容器进行介绍。

（1）JFrame

Swing 中的 JFrame 是一个独立存在的顶级容器，也称为窗口，它不能放在其他容器中。JFrame 支持通用窗口所有的基本功能，如窗口最小化、设置窗口大小等。JFrame 常用构造方法见表 12-2。

表 12-2　JFrame 常用构造方法

方法声明	功能描述
JFrame()	创建一个初始时不可见的窗口
JFrame(String title)	创建一个初始不可见、具有指定标题 title 的窗口

表 12-2 中，列举了 JDialog 的 2 个常用构造方法，其区别在于创建对象时是否指定窗口的标题。下面通过案例演示 JFrame 的使用效果，见文件 12-1。

文件 12-1　Example01.java

```
1    import javax.swing.*;
2    public class Example01 {
3        public static void main(String[] args) {
4            //创建并设置JFrame窗口的标题
5            JFrame frame = new JFrame("JFrameDemo");
6            //设置关闭窗口时的默认操作
7            frame.setDefaultCloseOperation(JFrame.EXIT_ON_CLOSE);
8            //设置窗口尺寸
9            frame.setSize(350, 200);
10           //设置JFrame为可见
11           frame.setVisible(true);
12       }
13   }
```

文件 12-1 中，第 5 行代码通过 JFrame 类创建了一个窗口对象，在创建窗口对象的同时指定了窗口对象的标题为 JFrameDemo；第 7 行代码设置了窗口对象关闭时的操作，该参数表示单击窗口关闭按钮时退出程序；第 9 行代码设置了窗口尺寸大小；第 11 行代码设置了窗口对象可见。

运行文件 12-1，结果如图 12-3 所示。

图 12-3　文件 12-1 的运行结果

（2）JDialog

JDialog 是 Swing 的另一个顶级容器，它用来表示对话框。JDialog 对话框可分为模态对话框和非模态对话框。其中，模态对话框是指用户需要等到处理完当前对话框后才能继续与其他窗口交互，而非模态对话框允许用户在处理当前对话框的同时与其他窗口交互。

对话框是模态或者非模态，可以在创建 JDialog 对象时为构造方法传入参数来设置，也可以在创建 JDialog 对象后调用其 setModal() 方法来进行设置。JDialog 常用构造方法见表 12-3。

表 12-3　JDialog 常用构造方法

方法声明	功能描述
JDialog(Frame owner)	构造方法，用来创建一个非模态的对话框，owner 为对话框所有者（顶级窗口 JFrame）
JDialog(Frame owner,String title)	构造方法，创建一个具有指定标题的非模态对话框
JDialog(Frame owner,boolean modal)	创建一个有指定模式的无标题对话框

表 12-3 中，列举了 JDialog 的 3 个常用构造方法，这 3 个构造方法都需要接收一个 Frame 类型的对象，表示对话框所有者。在第 3 个构造方法中，参数 modal 用来指定 JDialog 窗口是模态还是非模态，如果 modal 值设置为 true，对话框就是模态对话框，反之则是非模态对话框，如果不设置 modal 值，其默认值为 false，也就是非模态对话框。下面通过案例来学习 JDialog 对话框的创建，见文件 12-2。

文件 12-2　Example02.java

```
1    import javax.swing.*;
2    public class Example02 {
3        public static void main(String[] args) {
4            //创建并设置JFrame容器窗口
5            JFrame frame = new JFrame("JFrameDemo");
6            //设置关闭窗口时的默认操作
7            frame.setDefaultCloseOperation(JFrame.EXIT_ON_CLOSE);
8            //设置窗口尺寸
9            frame.setSize(350, 200);
10           //展示JFrame容器窗口
11           frame.setVisible(true);
12           //在JFrame容器窗口基础上创建并设置JDialog容器窗口
13           JDialog jDialog = new JDialog(frame, "JDialog对话框", true);
14           //设置关闭窗口时的默认操作
15           jDialog.setDefaultCloseOperation(JDialog.HIDE_ON_CLOSE);
16           //设置对话框尺寸
17           jDialog.setBounds(40,40,200, 150);
18           //展示对话框
19           jDialog.setVisible(true);
20       }
21   }
```

文件 12-2 中，先后创建并设置了 JFrame 和 JDialog 两个容器对象，从代码中可以看出两种容器的创建方式基本相同，在第 13 行代码中，创建 JDialog 容器对象并设置模态参数 modal 为 true。

运行文件 12-2，结果如图 12-4 所示。

从图 12-4 可以看出，虽然 JFrame 和 JDialog 都可以创建窗体，但 JDialog 创建的窗体右上角没有放大和缩小的功能。由于创建的为模态对话框，关闭对话框之前，无法操作 JFrameDemo 窗口。

图 12-4　文件 12-2 运行结果

3. Swing 面板

Swing 中的面板好比绘图面板，可以将图形用户界面的组件添加到面板中。Swing 中的面板组件主要有两种，分别是 JPanel 和 JScrollPane，具体介绍如下。

（1）JPanel

JPanel 是面板类，一般情况下使用 JPanel 创建一个面板，向面板中添加组件，然后再将这个面板添加到其他容器中。JPanel 类提供的常用构造方法见表 12-4。

表 12-4　JPanel 中常用的构造方法

方法声明	功能描述
JPanel()	使用默认的布局管理器创建新面板，默认布局管理器是 FlowLayout
JPanel(LayoutManagerLayout layout)	创建指定布局管理器的 JPanel 对象

JPanel 类中还提供了一些操作容器的常用方法，具体见表 12-5。

表 12-5　JPanel 类中的常用方法

方法声明	功能描述
remove(Component comp)	从容器中移除指定的组件
setFont(Font f)	设置 JPanel 容器的字体
setLayout(LayoutManager mgr)	设置 JPanel 容器的布局管理器
setBackground(Color c)	设置 JPanel 容器的背景色

（2）JScrollPane

JScrollPane 是一个带有滚动条的面板，它只能添加一个组件。如果想在 JScrollPane 面板中添加多个组件，应该先将组件添加到 JPanel 中，然后将 JPanel 添加到 JScrollPane 中。

JScrollPane 常用的构造方法见表 12-6。

表 12-6　JScrollPane 常用构造方法

方法声明	功能描述
JScrollPane()	创建一个空的 JScrollPane 面板
JScrollPane(Component view)	创建一个显示指定组件的 JScrollPane 面板，只要组件的内容超过视图大小就会显示水平和垂直滚动条
JScrollPane(Component view, int vsbPolicy,int hsbPolicy)	创建一个显示指定容器，该 JScrollPane 可以指定滚动条策略，其中参数 vsbPolicy 和 hsbPolicy 分别表示垂直滚动条策略和水平滚动条策略。应指定为 ScrollPaneConstants 的静态常量，具体如下。 ●HORIZONTAL_SCROLLBAR_AS_NEEDED：表示水平滚动条只在需要时显示，是默认策略。 ●HORIZONTAL_SCROLLBAR_NEVER：表示水平滚动条永远不显示。 ●HORIZONTAL_SCROLLBAR_ALWAYS：表示水平滚动条一直显示

表 12-6 中，列出了 JScrollPane 的 3 个构造方法，其中，第 1 个构造方法用于创建一个空的 JScrollPane 面板，第 2 个构造方法用于创建显示指定组件的 JScrollPane 面板，第 3 个构造方法可以指定滚动条策略。

如果在构造方法中没有指定显示组件和滚动条策略，也可以使用 JScrollPane 提供的方法进行设置，见表 12-7。

表 12-7　JScrollPane 的方法

方法声明	功能描述
void setHorizontalBarPolicy(int policy)	指定水平滚动条策略，即水平滚动条何时显示在滚动面板上
void setVerticalBarPolicy(int policy)	指定垂直滚动条策略，即垂直滚动条何时显示在滚动面板上
void setViewportView(Component view)	设置在滚动面板上显示的组件

下面通过案例来演示向中间容器添加按钮，见文件 12-3。

文件 12-3　Example03.java

```
1   import javax.swing.*;
2   public class Example03 extends JFrame {
3       public Example03() {
4           this.setTitle("PanelDemo");
5           //创建滚动面板
6           JScrollPane scrollPane = new JScrollPane();
7           //设置水平滚动条策略--滚动条一直显示
8           scrollPane.setHorizontalScrollBarPolicy
9                   (ScrollPaneConstants. HORIZONTAL_SCROLLBAR_AS_NEEDED);
10          //设置垂直滚动条策略--滚动条需要时显示
11          scrollPane.setVerticalScrollBarPolicy
12                  (ScrollPaneConstants. VERTICAL_SCROLLBAR_ALWAYS);
13          //定义一个JPanel面板
14          JPanel panel = new JPanel();
15          //在JPanel面板中添加4个按钮
16          panel.add(new JButton("按钮1"));
17          panel.add(new JButton("按钮2"));
18          panel.add(new JButton("按钮3"));
19          panel.add(new JButton("按钮4"));
20          //设置JPanel面板在滚动面板中显示
21          scrollPane.setViewportView(panel);
22          //将滚动面板添加到窗口中
23          this.add(scrollPane);
24          //窗口关闭时退出程序
25          this.setDefaultCloseOperation(JFrame.EXIT_ON_CLOSE);
26          this.setSize(400, 250);
27          this.setVisible(true);
28      }
29      public static void main(String[] args) {
30          new Example03();
31      }
32  }
```

上述代码中，第 7 ~ 13 行代码创建了一个 JScrollPane 滚动面板，并设置面板区域中水平方向无法完整显示其内部放置的组件时，才会显示出水平滚动条，垂直方向的滚动条一直显示。第 15 ～ 20 行代码创建了一个 JPanel 面板和 4 个按钮，并将这 4 个按钮添加到 JPanel 面板中。第 22 行代码将 JPanel 面板添加到 JScrollPane 面板中显示。第 24 行代码将 JScrollPane 面板添加到窗口中。

运行文件 12-3，结果如图 12-5 所示。

图 12-5　文件 12-3 的运行结果

4. Swing 基本组件

Swing 中继承自 JComponent 的组件基本都是 Swing 的基本组件，下面介绍几种常用的基本组件。

（1）JLabel

JLabel 是一种标签组件，用于显示文字或者图形图标，从而起到信息说明的作用。由于 JLabel 是不能获取键盘焦点，所以不具有交互功能。在 Swing 中通过 JLabel 类创建 JLabel 组件，JLabel 类的常用构造方法见表 12-8。

表 12-8　JLabel 类的常用构造方法

方法声明	功能描述
JLabel()	创建无图像且标题为空字符串的 JLabel 标签
JLabel(Icon image)	创建具有指定图形图标的 JLabel 标签
JLabel(String text)	创建具有指定文本的 JLabel 标签
JLabel(String text,Icon image,int horizontal-Alignment)	创建具有指定文本、图形图标和对齐方式的 JLabel 标签，默认的对齐方式是垂直居中，图形图标在前，文本在后

表 12-9 中，最后一个构造方法的参数 horizontalAlignment 的取值有 3 个，即 SwingConstants. LEFT、SwingConstants.RIGHT 和 SwingConstants.CENTER，分别用于设置沿 X 轴的对齐方式为左对齐、右对齐和居中对齐。

JLabel 类还提供了一些操作标签的常用方法，具体见表 12-9。

表 12-9　JLabel 类中操作标签的常用方法

方法声明	功能描述
void setText(Stxing text)	定义 JLabel 将要显示的单行文本
void setIcon(Icon image)	定义 JLabel 将要显示的图形图标
void setIconTextGap(int iconTextGap)	如果 JLabel 同时显示图形图标和文本，则此属性定义它们之间的间隔
void setHorizontalAlignment(int alignment)	设置标签水平对齐方式
int getText()	返回 JLabel 所显示的文本字符串

表 12-9 中，列举了 JLabel 类操作标签的常用方法。下面通过案例演示 JLabel 的使用，首先

使用 JFrame 容器创建一个窗口，然后向窗口中添加 3 个标签，这 3 个标签分别使用不同的创建方法。实现代码见文件 12-4。

文件 12-4 Example04.java

```
1    import javax.swing.*;
2    public class Example04 {
3        public static void main(String[] agrs) {
4            //创建Frame窗口
5            JFrame frame = new JFrame("JLabel标签");
6            //创建面板
7            JPanel jp = new JPanel();
8            //创建标签
9            JLabel label1 = new JLabel("普通标签");
10           JLabel label2 = new JLabel();
11           label2.setText("调用setText()方法");
12           //创建一个图形图标
13           ImageIcon img = new ImageIcon("src\\java.png");
14           //创建既含有文本又含有图形图标的JLabel对象
15           JLabel label3 = new JLabel("Java", img,SwingConstants.LEFT);
16           //添加标签到面板
17           jp.add(label1);
18           jp.add(label2);
19           jp.add(label3);
20           frame.add(jp);
21           frame.setBounds(300, 200, 500, 200);
22           frame.setVisible(true);
23           frame.setDefaultCloseOperation(JFrame.EXIT_ON_CLOSE);
24       }
25   }
```

文件 12-4 中，第 7 行代码创建了一个 jp 面板，第 9 ～ 10 行代码创建了 2 个 JLabel 标签 label1 和 label2，第 11 行代码调用 JLabel 类的 setText() 方法为 label2 设置标签的文本内容，第 15 行代码调用 JLabel 类的 JLabel(String text,Icon image,int horizontalAlignment) 构造方法创建了一个既有文本又有图标的 JLabel 标签，第 17 ～ 20 行代码表示分别将创建的标签添加到 jp 面板中。

运行文件 12-4，运行结果如图 12-6 所示。

图 12-6 文件 12-9 运行结果

从图 12-6 可以得出，标签中可以包含文本和图形图标，文本可以在 JLabel 的构造方法中或者

setText() 方法中指定。

（2）JButton

JButton 是最简单的一种按钮组件，它允许用户通过单击进行交互。在 Swing 中通过 JButton 类创建 JButton 组件的对象，其常用构造方法见表 12-10。

表 12-10 JButton 类常用构造方法

方法声明	功能描述
JButton()	创建一个无标签文本、无图标的按钮
JButton(Icon icon)	创建一个无标签文本、有图标的按钮
JButton(String text)	创建一个有标签文本、无图标的按钮
JButton(Stirng text,Icon icon)	创建一个有标签文本、有图标的按钮

在 JButton 类中还提供了设置按钮的常用方法，具体见表 12-11。

表 12-11 JButton 类的常用方法

方法声明	功能描述
addActionListener(ActionListener listener)	为按钮注册 ActionListener 监听
void setIcon(Icon icon)	设置按钮的默认图标
void setText(String text)	设置按钮的文本
void setMargin(Insets m)	设置按钮边框和标签之间的空白
void setEnable(boolean flag)	启用或禁用按扭

下面通过案例学习这些方法的使用。用 JFrame 容器创建一个窗口，然后创建 4 个不同类型的按钮，再分别添加到窗口上显示。实现代码见文件 12-5。

文件 12-5 Example05.java

```
1   import javax.swing.*;
2   import java.awt.*;
3   public class Example05 {
4       public static void main(String[] args) {
5           //创建Frame窗口
6           JFrame frame = new JFrame("JButton按钮组件示例");
7           //创建JPanel对象
8           JPanel jp = new JPanel();
9           //创建JButton对象
10          JButton btn1 = new JButton("我是普通按钮");
11          JButton btn2 = new JButton("我是不可用按钮");
12          jp.add(btn1);
13          //设置按钮不可用
14          btn2.setEnabled(false);
15          jp.add(btn2);
16          frame.add(jp);
```

```
17              frame.setBounds(300, 200, 300, 100);
18              frame.setVisible(true);
19              frame.setDefaultCloseOperation(JFrame.EXIT_ON_CLOSE);
20      }
21  }
```

文件 12-10 中，第 8 行代码创建了一个 JPanel 对象 jp，第 10 ~ 15 行代码分别创建了 2 个按
钮，并将 2 个按钮添加在 jp 中，其中，第 14 行代码调
用 JButton 类的 setEnabled() 方法将按钮 btn2 设置为禁
用状态。

运行文件 12-5，结果如图 12-7 所示。

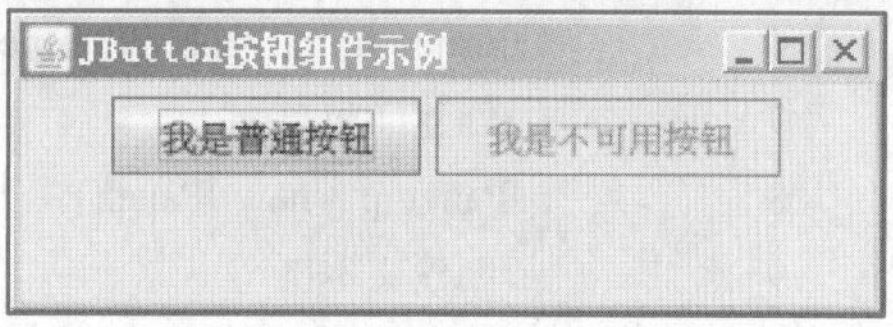

从图 12-7 可以看出，窗口中分别显示了 2 个不同

图 12-7　文件 12-5 的运行结果

类型的按钮，其中一个为普通按钮，可以正常单击按下，一个为禁用状态的按钮，该按钮无法单击
按下。

（3）JTextField

JTextField 表示单行文本框，它允许用户输入单行的文本信息。JTextField 类的常用构造方法
见表 12-12。

表 12-12　JTextField 类的常用构造方法

方法声明	功能描述
JTextField ()	创建一个默认的文本框
JTextField (String text)	创建一个指定初始化文本信息的文本框
JTextField (int columns)	创建一个指定列数的文本框
JTextField(Stirng text,int columns)	创建一个既指定初始化文本信息，又指定列数的文本框

JTextField 类中还提供了一些常用方法，见表 12-13。

表 12-13　JTextField 类的常用方法

方法声明	功能描述
Dimension getPreferredSize()	获得文本框的首选大小
void scrollRectToVisible(Rectangle r)	向左或向右滚动文本框中的内容
void setColumns(int columns)	设置文本框最多可显示内容的列数
void setFont(Font f)	设置文本框的字体
void setScrollOffset(int scrollOffset)	设置文本框的滚动偏移量（以像素为单位）
void setHorizontalAlignment(int alignment)	设置文本框内容的水平对齐方式

下面通过案例学习这些方法的使用。用 JFrame 容器创建一个窗口，然后向窗口中添加 3 个
JTextField 文本框。实现代码见文件 12-6。

文件 12-6　Example06.java

```java
1   import javax.swing.*;
2   import java.awt.*;
3   public class Example06 {
4       public static void main(String[] agrs) {
5           //创建Frame窗口
6           JFrame frame = new JFrame("JTextField文本框组件示例");
7           //创建面板
8           JPanel jp = new JPanel();
9           //创建文本框
10          JTextField txtfield1 = new JTextField();
11          //设置文本框的内容
12          txtfield1.setText("普通文本框");
13          JTextField txtfield2 = new JTextField(28);
14          //设置字体样式
15          txtfield2.setFont(new Font("楷体", Font.BOLD, 16));
16          txtfield2.setText("指定长度和字体的文本框");
17          JTextField txtfield3 = new JTextField(30);
18          txtfield3.setText("居中对齐");
19          //居中对齐
20          txtfield3.setHorizontalAlignment(JTextField.CENTER);
21          jp.add(txtfield1);
22          jp.add(txtfield2);
23          jp.add(txtfield3);
24          frame.add(jp);
25          frame.setBounds(300, 200, 400, 100);
26          frame.setVisible(true);
27      frame.setDefaultCloseOperation(JFrame.EXIT_ON_CLOSE);
28      }
29  }
```

文件 12-6 中，第 10 行代码使用 JTextField 的默认构造方法创建了第 1 个文本框，第 13 行代码在创建第 2 个文本框 txtfield2 时指定了文本框的长度，第 15 行代码设置了文本框 txtfield2 中文本字体的样式，第 20 行代码将第 3 个文本框 txtfield3 的文本设置为居中对齐。

图 12-8　文件 12-6 的运行结果

运行文件 12-6，结果如图 12-8 所示。

从图 12-8 可以看出，窗口中分别显示了 3 个不同样式的文本框。

（4）JCheckBox

JCheckBox 组件被称为复选框组件，它有选中和未选中两种状态，通常复选框会有多个，用户可以选中其中一个或者多个。表 12-14 列举了 JCheckBox 类的常用构造方法。

表 12-14　JcheckBox 常用构造方法

方法声明	功能描述
JCheckBox()	创建一个没有文本信息，初始状态未被选中的复选框
JCheckBox(String text)	创建一个带有文本信息，初始状态未被选中的复选框
JCheckBox(String text,boolean selected)	创建一个带有文本信息，并指定初始状态（选中 / 未选中）的复选框

表 12-14 中，列出了用于创建 JCheckBox 对象的 3 个构造方法。其中，第 1 个构造方法没有指定复选框的文本信息以及状态，如果想设置文本信息，可以通过调用 JCheckBox 从父类继承的方法来进行设置。例如，调用 setText(String text) 来设置复选框文本信息，调用 setSelected(boolean b) 方法来设置复选框状态（是否被选中），也可以调用 isSelected() 方法来判断复选框是否被选中。第 2 和第 3 个构造方法都指定了复选框的文本信息，且第 3 个构造方法还指定了复选框初始化状态是否被选中。

下面通过案例演示 JCheckBox 的基本用法，见文件 12-7。

文件 12-7　Example07.java

```
1    import javax.swing.*;
2    import java.awt.*;
3    public class Example07 {
4        public static void main(String[] agrs) {
5            //创建Frame窗口
6            JFrame frame = new JFrame("JCheckBox复选框示例");
7            //创建面板
8            JPanel jp = new JPanel();
9            JLabel label = new JLabel("流行编程语言有：");
10           //修改字体样式
11           label.setFont(new Font("楷体", Font.BOLD, 16));
12           //创建指定文本和状态的复选框
13           JCheckBox chkbox1 = new JCheckBox("C#", true);
14           //创建指定文本的复选框
15           JCheckBox chkbox2 = new JCheckBox("C++");
16           JCheckBox chkbox3 = new JCheckBox("Java");
17           JCheckBox chkbox4 = new JCheckBox("Python");
18           JCheckBox chkbox5 = new JCheckBox("PHP");
19           JCheckBox chkbox6 = new JCheckBox("Perl");
20           jp.add(label);
21           jp.add(chkbox1);
22           jp.add(chkbox2);
23           jp.add(chkbox3);
24           jp.add(chkbox4);
25           jp.add(chkbox5);
26           jp.add(chkbox6);
27           frame.add(jp);
28           frame.setBounds(300, 200, 400, 100);
29           frame.setVisible(true);
```

```
30              frame.setDefaultCloseOperation(JFrame.EXIT_ON_CLOSE);
31      }
32 }
```

文件 12-7 中，第 13 行代码使用 JCheckBox 类的 JCheckBox() 构造方法创建并指定了 "C#" 复选框为选中状态，第 15 ~ 19 行代码分别创建了指定文本的复选框，第 21 ~ 26 行代码将创建出的复选框分别添加到 jp 面板中。

运行文件 12-10，结果如图 12-9 所示。

在图 12-9 中，JCheckBox 复选框示例窗口分别显示了 6 个复选框，"C#" 复选框为选中状态，其他复选框在单击后也会变为选中状态。

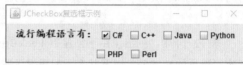

图 12-9　文件 12-10 的运行结果

（5）JRadioButton

JRadioButton 被称为单选按钮，与 JCheckBox 不同的是，单选按钮只能选中一个，就像收音机上的电台选择按钮，当按下一个，先前按下的按钮就会自动弹起。对于 JRadioButton 按钮来说，当一个按钮被选中时，先前被选中的按钮就会自动取消选中。

JRadioButton 组件本身并不具备只能选中一个单选按钮的功能，因此若想实现 JRadioButton 按钮之间的互斥，需要使用 javax.swing.ButtonGroup 类，它是一个不可见的组件，不需要将其增加到容器中显示，只是在逻辑上表示一个单选按钮组。将多个 JRadioButton 按钮添加到同一个单选按钮组对象中，就能实现按钮的单选功能。JRadioButton 类常用构造方法见表 12-15。

表 12-15　JRadioButton 类常用构造方法

方法声明	功能描述
JRadioButton()	创建一个初始化为未选择的单选按钮，其文本未设定
JRadioButton(Icon icon)	创建一个初始化为未选择的单选按钮，具有指定的图像但无文本
JRadioButton(Icon icon,boolean selected)	创建一个具有指定图像和选择状态的单选按钮，但无文本
JRadioButton(String text)	创建一个具有指定文本但未选择的单选按钮
JRadioButton(String text,boolean selected)	创建一个具有指定文本和选择状态的单选按钮
JRadioButton(String text,Icon icon)	创建一个具有指定的文本和图像并初始化为未选择的单选按钮
JRadioButton(String text,Icon icon,boolean selected)	创建一个具有指定的文本、图像和选择状态的单选按钮

下面通过案例学习 JRadioButton 单选按钮的用法，见文件 12-8。

文件 12-8　Example08.java

```
1  import javax.swing.*;
2  import java.awt.*;
3  public class Example08 {
4      public static void main(String[] agrs) {
```

```
5              //创建Frame窗口
6              JFrame frame = new JFrame("JRadioButton单选按钮组示例");
7              //创建面板
8              JPanel panel = new JPanel();
9              JLabel label1 = new JLabel("现在是哪个季节：");
10             //创建JRadioButton对象
11             JRadioButton rb1 = new JRadioButton("春天");
12             JRadioButton rb2 = new JRadioButton("夏天");
13             JRadioButton rb3 = new JRadioButton("秋天", true);
14             JRadioButton rb4 = new JRadioButton("冬天");
15             //修改字体样式
16             label1.setFont(new Font("黑体", Font.BOLD, 16));
17             ButtonGroup group = new ButtonGroup();
18             //添加JRadioButton到ButtonGroup中
19             group.add(rb1);
20             group.add(rb2);
21             group.add(rb3);
22             group.add(rb4);
23             panel.add(label1);
24             panel.add(rb1);
25             panel.add(rb2);
26             panel.add(rb3);
27             panel.add(rb4);
28             frame.add(panel);
29             frame.setBounds(300, 200, 400, 100);
30             frame.setVisible(true);
31             frame.setDefaultCloseOperation(JFrame.EXIT_ON_CLOSE);
32         }
33 }
```

文件 12-8 中，第 11 ～ 12 行代码使用 JRadioButton 类的 JRadioButton(String text) 构造方法分别创建了 rb1、rb2 单选按钮，第 13 行代码使用 JRadioButton 类的 JRadioButton(String text,boolean selected) 构造方法创建了一个具有指定文本和选择状态的单选按钮，第 16 行代码为标签 label1 的字体设置了黑体样式，第 19 ～ 23 行代码分别将按钮 rb1、rb2、rb3、rb4 单选按钮添加到 ButtonGroup 按钮组中。

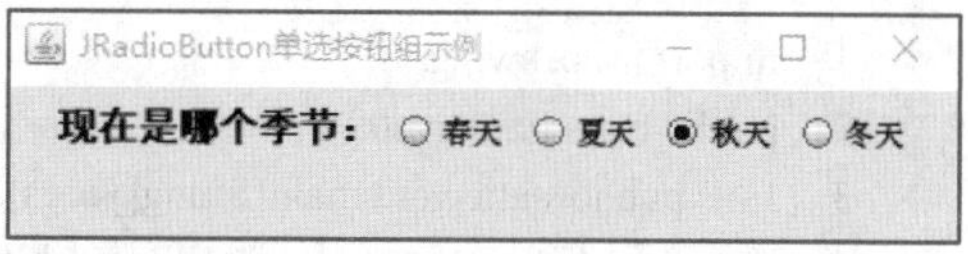

运行文件 12-8，运行结果如图 12-10 所示。

从图 12-10 可以看出，窗口中分别显示 4 个单选按钮，"秋天"单选按钮为选中状态。此时，单击其他单选按钮时，被单击的按钮变为选中状态，之前选中的单选按钮变为未选中状态。

图 12-10　文件 12-8 运行结果

（6）JComboBox

JComboBox 被称为下拉框或者组合框，它将所有选项折叠在一起，默认显示的是第一个添加的选项。当用户单击下拉框时，会出现下拉式的选择列表，用户可以从中选择其中一项并显示。

JComboBox 下拉框组件分为可编辑和不可编辑两种形式，对于不可编辑的下拉框，用户只能选择现有的选项列表；对于可编辑的下拉框，用户既可以选择现有的选项列表，也可以输入新的内容。需要注意的是，输入的内容只能作为当前项显示，并不会添加到下拉框的选项列表中。下面列举 JComboBox 类的常用构造方法，见表 12-16。

表 12-16   JComboBox 常用构造方法

方法声明	功能描述
JComboBox()	创建一个没有可选项的下拉框
JComboBox(Object[] items)	创建一个下拉框，将 Object 数组中的元素作为下拉框的下拉列表选项
JComboBox(Vector items)	创建一个下拉框，将 Vector 集合中的元素作为下拉框的下拉列表选项

使用 JComboBox 下拉框组件时，需要用到它的一些常用方法，具体见表 12-17。

表 12-17   JComboBox 常用方法

方法声明	功能描述
void addItem(Object anObject)	为下拉框添加选项
void insertItemAt(Object anObject, int index)	在指定索引处插入选项
Object getItemAt(int index)	返回指定索引处选项，第一个选项的索引为 0
int getItemCount()	返回下拉框中选项的数目
Object getSelectedItem()	返回当前所选项
void removeAllItems()	删除下拉框中所有的选项
void removeItem(Object object)	从下拉框中删除指定选项
void removeItemAt(int index)	移除指定索引处的选项
void setEditable(boolean aFlag)	设置下拉框的选项是否可编辑，aFlag 为 true 表示可编辑，反之则不可编辑

下面通过案例学习这些方法的使用，具体见文件 12-9。

文件 12-9   Example09.java

```
1    import javax.swing.*;
2    public class Example09 {
3        public static void main(String[] args) {
4            JFrame frame = new JFrame("JComboBox下拉列表示例");
5            //创建面板
6            JPanel jp = new JPanel();
7            //创建标签
8            JLabel label1 = new JLabel("证件类型：");
9            //创建JComboBox下拉组件
10           JComboBox cmb = new JComboBox();
11           //向下拉列表中添加一项
12           cmb.addItem("--请选择--");
13           cmb.addItem("身份证");
```

```
14          cmb.addItem("驾驶证");
15          cmb.addItem("军官证");
16          jp.add(label1);
17          jp.add(cmb);
18          frame.add(jp);
19          frame.setBounds(300, 200, 400, 150);
20          frame.setVisible(true);
21          frame.setDefaultCloseOperation(JFrame.EXIT_ON_CLOSE);
22      }
23  }
```

文件 12-9 中，第 10 ～ 15 行代码创建了 1 个下拉列表组件 cmb，然后调用 JComboBox 类的 addItem() 方法向下拉列表中添加 4 个选项，第 17 行代码将下拉组件添加到面板中。

运行文件 12-9，结果如图 12-11 所示。

从图 12-11 可以看出，下拉组件默认显示下拉列表中第一项的内容。

在图 12-11 中，单击下拉组件右侧的三角按钮后，结果如图 12-12 所示。

图 12-11　文件 12-9 的运行结果　　　　图 12-12　显示下拉列表的全部列表项

从图 12-12 可以得出，单击下拉组件中的三角按钮会显示下拉组件中所有列表项。

5. 布局管理器

Swing 组件不能单独存在，必须放置于容器中，在容器中添加组件时，需要考虑组件的位置和大小，如果不使用布局管理器，则需要先在纸上画好各个组件的位置并计算组件间的距离，再向容器中添加。这样虽然能够灵活控制组件的位置，却非常麻烦。为了加快开发速度，Swing 工具在 AWT 的基础上提供了布局管理器，使用布局管理器可以将组件进行统一管理，这样开发人员就不需要考虑组件是否会重叠等问题。

常见的布局管理器有边界布局管理器（BorderLayout）、流式布局管理器（FlowLayout）、网格布局管理器（GridLayout），下面分别进行说明。

（1）边界布局管理器

边界布局管理器是 Window、JFrame 和 JDialog 的默认布局管理器，通过 BorderLayout 类实现。边界布局管理器将窗口分为 5 个区域：上、下、左、右和中，其布局效果如图 12-13 所示。

BorderLayout 类的常用构造方法如下。

● BorderLayout()：创建一个边界布局管理器，该管理器所管理的组件之间没有间隙。

● BorderLayout(int hgap,int vgap)：创建一个边界布局管理器，其中 hgap 参数表示组件之间的横向间隔，vgap 参数表示组件的纵向间隔，单位是像素。

当向使用边界布局管理器的容器中添加组件时，需要使用 add(Component comp,Object constraints) 方法，其中参数 constraints 是 Object 类型，在传参时可以使用 BorderLayout 类提供的 5 个常量，它们分别是 BorderLayout.EAST、BorderLayout.SOUTH、BorderLayout.WEST、BorderLayout.NORTH 和 BorderLayout.CENTER。

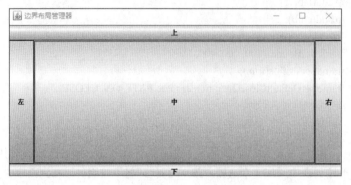

图 12-13　边界布局管理器的布局效果

（2）流式布局管理器

流式布局管理器是将组件按照从左到右的规则排列的布局管理器，是 JPanel 的默认布局管理器，通过 FlowLayout 类实现。FlowLayout 会将组件从左到右放置，当达到容器边界时，自动将组件放在下一行的开始位置，这些组件可以按左对齐、居中对齐或右对齐的方式排列。与其他布局管理器不同的是，FlowLayout 布局管理器不限制它所管理组件的大小，允许它们有自己的最佳大小。

FlowLayout 类常用的构造方法如下。

● FlowLayout()：创建一个流式布局管理器，组件水平，垂直间隔默认为 5 像素。

● FlowLayout(int align)：创建一个布局管理器，align 参数表示组件的对齐方式，组件水平，垂直间隔默认为 5 像素。

● FlowLayout(int align,int hgap,int vgap)：创建一个布局管理器，align 参数表示组件的对齐方式，hgap 参数表示组建的横向间隔，vgap 表示组件的纵向间隔，单位是像素。

FlowLayout(int align) 构造方法中，用于设置对齐方式的常量值可以是 FlowLayout.LEFT、FlowLayout.RIGHT 和 FlowLayout.CENTER，分别表示左对齐、右对齐和居中对齐。

（3）网格布局管理器

网格布局管理器通过 GridLayout 类实现，以网格形式管理容器中组件的布局。GridLayout 使用纵横线将容器分成行（rows）和列（columns）大小相等的网格，每个网格放置一个组件，添加到容器的组件首先放置在第 1 行第 1 列的网格中，然后在第 1 行的网格中从左到右依次放置其他组件。一行放满后，继续在下一行从左到右放置组件。GridLayout 管理方式与 FlowLayout 类似，但与 FlowLayout 不同的是，使用 GridLayout 管理的组件将自动占据网格的整个区域。

GridLayout 类常用的构造方法如下。

● GridLayout(int rows,int cols)：创建一个指定行（rows）和列（cols）的网格布局，布局中所有组件大小一样，组件之间没有间隔。

● GridLayout(int rows,int cols,int hgap,int vgap)：创建一个指定行（rows）和列（cols）的网格布局，并且可以指定组件之间横向（hgap）和纵向（vgap）的间隔，单位是像素。

布局管理器的使用相对比较简单，只需根据对应的构造方法创建布局管理器，然后在创建容器时添加该布局管理器即可。下面以使用边界布局管理器为例，演示布局管理器的使用，具体如下。

　　创建一个窗口，通过 BorderLayout 的构造方法将窗口分为 5 个区域，并在每个区域添加一个标签按钮，实现代码见文件 12-10。

文件 12-10　Example10.java

```java
1    import javax.swing.*;
2    import java.awt.*;
3    public class Example10{
4        public static void main(String[] agrs) {
5            //创建Frame窗口
6            JFrame frame = new JFrame("边界布局管理器");
7            frame.setSize(400, 200);
8            //为Frame窗口设置布局为BorderLayout
9            frame.setLayout(new BorderLayout());
10           JButton button1 = new JButton("上");
11           JButton button2 = new JButton("左");
12           JButton button3 = new JButton("中");
13           JButton button4 = new JButton("右");
14           JButton button5 = new JButton("下");
15           frame.add(button1, BorderLayout.NORTH);
16           frame.add(button2, BorderLayout.WEST);
17           frame.add(button3, BorderLayout.CENTER);
18           frame.add(button4, BorderLayout.EAST);
19           frame.add(button5, BorderLayout.SOUTH);
20           frame.setBounds(300, 200, 600, 300);
21           frame.setVisible(true);
22           frame.setDefaultCloseOperation(JFrame.EXIT_ON_CLOSE);
23       }
24   }
```

　　文件 12-10 中，分别指定了 BorderLayout 布局的各个区域中要填充的按钮，其中，第 6 和第 7 行代码创建了边界布局管理器窗口，第 9 行代码为窗口设置了 BorderLayout 布局，第 10～14 行代码分别创建了名为"上""左""中""右""下"的按钮（这里为了看清区域的划分，使用了按钮组件，后面会详细讲解），第 15～19 行代码分别指定了布局管理器的区域，第 20 行代码设置了容器的大小。

　　运行文件 12-10，结果如图 12-14 所示。

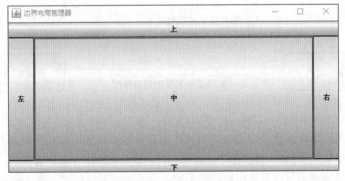

图 12-14　文件 12-10 运行结果

在文件 12-10 中，如果未指定布局管理器的 NORTH 区域，即注释掉第 15 行代码，则 WEST、
CENTER 和 EAST 这 3 个区域将会填充 NORTH 区域，如图 12-15 所示。

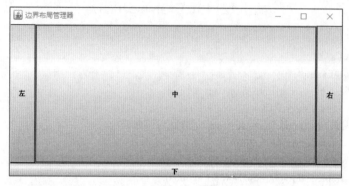

图 12-15　缺少 NORTH 区域

边界布局管理器并不要求所有区域都必须有组件，如果四周的区域没有组件，则由中间区域
填充。如果单个区域中添加的不只一个组件，那么后来添加的组件将会覆盖原来的组件，导致区域
中只显示最后添加的一个组件。

6. 事件处理机制

Swing 组件中的事件处理专门用于响应用户的操作，例如，响应用户的单击鼠标、按下键盘等
操作。在 Swing 事件处理的过程中，主要涉及以下 3 类对象。

- 事件源（Event Source）：事件发生的场所，通常就是产生事件的组件，如窗口、按钮、菜单等。
- 事件对象（Event）：封装了 GUI 组件上发生的特定事件（通常就是用户的一次操作）。
- 监听器（Listener）：负责监听事件源上发生的事件，并对各种事件做出相应处理的对象（对象中包含事件处理器）。

上述事件源、事件对象、监听器在整个事件处理过程中都起着非常重要的作用，它们彼此之
间有着非常紧密的联系。下面用图 12-16 来描述事件处理的工作流程。

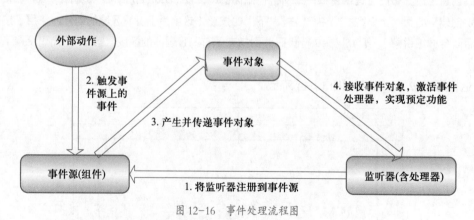

图 12-16　事件处理流程图

在图 12-16 中，事件源是一个组件，当用户进行一些操作时，如按下鼠标或者释放键盘等，
都会触发相应的事件，如果事件源注册了监听器，则触发的相应事件将会被处理。

不同的事件需要使用不同的监听器进行监听，不同的监听器需要实现不同的监听器接口，监

听接口中定义了一个或者多个抽象的事件处理方法，每个方法处理的事件和触发的时机都不相同，通常将监听器中重写监听器接口的方法称为事件处理器。当指定事件发生后，监听器就会调用所包含的事件处理器来处理事件。下面展示常见的事件、监听器接口和处理器之间的对应关系，具体见表 12-18。

表 12-18　事件、监听器接口和处理器之间的对应关系

事件	监听器接口	事件处理器	触发时机
ActionEvent	ActionListener	actionPerformed()	按钮、文本框、菜单项被单击时触发
MouseEvent	MouseListener	mouseClicked()	在某个组件上单击鼠标键时触发
		mouseEntered()	鼠标进入某个组件时触发
		mouseExited()	鼠标离开某个组件时触发
		mousePressed()	在某个组件上按下鼠标键时触发
		mouseReleased()	在某个组件上松开鼠标键时触发
	MouseMntionListener	mouseDragged()	在某个组件上移动鼠标，且按下鼠标键时触发
		mouseMoved()	在某个组件上移动鼠标，且没有按下鼠标键时触发
KeyEvent	KevListener	keyPressed()	按下某个按键时触发
		keyReleased()	松开某个按键时触发
		keyType()	单击某个按键时触发
FocusEvent	FocusListener	focusGained()	组件得到焦点时触发
		focusLost()	组件失去焦点时触发

需要给指定的组件（事件源）注册监听器时，可以通过 addXxx() 方法实现，其中 Xxx 为监听器接口的名称。例如，btn 为按钮对象，btn.addActionListener() 即为按钮 btn 注册动作监听器。当事件源发生特定事件时，被注册到该组件事件监器中的事件处理器（对应方法）将被触发。

为了让读者更好理解事件处理机制，下面以按钮的单击事件为例讲解动作事件监听器的应用，具体代码见文件 12-11。

文件 12-11　Example11.java

```
1    import javax.swing.*;
2    import java.awt.event.ActionEvent;
3    import java.awt.event.ActionListener;
4    public class Example11 extends JFrame {
5        JLabel label;
6        JButton btn;
7        int clicks = 0;
8        public Example11() {
9            setTitle("动作事件监听器示例");
```

```
10              setDefaultCloseOperation(JFrame.EXIT_ON_CLOSE);
11              setBounds(100, 100, 400, 100);
12              JPanel panel = new JPanel();
13              this.add(panel);
14              label = new JLabel("");
15              panel.add(label);
16              //创建JButton对象
17              btn = new JButton("点我");
18          panel.add(btn);
19              btn.addActionListener(new ActionListener() {
20                  @Override
21                  public void actionPerformed(ActionEvent e) {
22                      label.setText("按钮被单击了 " + (++clicks) + " 次");
23                  }
24              });
25          }
26      public static void main(String[] args) {
27              Example11 frame = new Example11();
28              frame.setVisible(true);
29          }
30  }
```

文件 12-11 中, 第 12、13 行代码创建了一个面板对象 panel, 并将该面板对象添加在窗口中。第 14 ～ 18 行代码创建了 1 个标签对象 label 和 1 个按钮对象 btn, 并将这 2 个对象添加到 panel。第 19 ～ 24 行代码为按钮 btn 添加动作监听器, 当单击 btn 按钮后, 会执行重写的 actionPerformed() 方法, 其中, 重写的 actionPerformed() 方法中对 label 的内容进行重新设置。

运行文件 12-15, 结果如图 12-17 所示。

在图 12-17 中, 单击"点我"按钮, 结果如图 12-18 所示。

图 12-17   文件 12-15 的运行结果   图 12-18   单击"点我"按钮

从图 12-18 可以看出, 在单击"点我"按钮后, 面板中多了一行标签, 且每次单击"点我"按钮后, 标签的内容都会变化, 说明单击该按钮后, 执行了动作监听器中重写的 actionPerformed() 方法。

■ 任务分析

根据任务描述得知, 本任务的目标是开发"会员充值"窗口, 并对用户输入的手机号和充值金额进行校验, 根据校验结果给予不同提示, 关于手机号校验和充值金额的校验过程, 如图 12-19 所示。

关于"会员充值"窗口的开发, 可以使用下列思路实现。

① 由于需要存储会员的充值记录, 以及查询会员的余额和积分, 可以创建一个数据库, 将会

员的信息及充值记录信息存储在对应的数据表中。

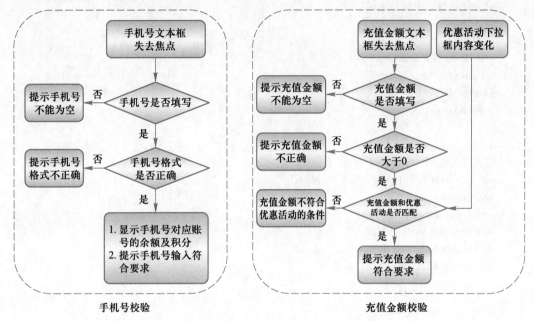

图 12-19 校验过程

② 定义充值记录类，该类包含会员手机号、余额和积分属性。

③ 定义会员类，该类包含充值记录编号、充值金额、充值时间、充值类型和充值时选择的回馈礼品属性。

④ 定义会员充值窗口类，该类继承自 JFrame，并包含"会员充值"窗口的所有组件。

⑤ 为组件添加事件监听器。当手机号和充值金额文本框失去焦点时，认为数据输入完毕，对手机号和充值金额进行校验。为优惠活动下拉框添加动作事件监听器，当下拉框内容发生变化时，根据设置的优惠活动对充值金额进行校验。为"充值"按钮和"重置"按钮添加动作事件监听器，当单击这两个按钮时，触发充值和重置相关的操作。

⑥ 定义会员充值处理类，该类用于处理会员充值相关的业务，并对充值结果在"会员充值"窗口中进行相应提示。

⑦ 定义会员信息持久化类，用于和数据库交互，执行会员信息的查询、添加、更新等操作。

⑧ 定义充值记录持久化类。充值成功后，将充值时间、充值方式、充值回馈、充值金额等信息保存在数据库中。

■ 任务实现

下面结合任务分析的思路，实现"会员充值"窗口。具体步骤如下。

（1）搭建数据库环境

在 MySQL 中创建一个名称为 recharge 的数据库，并在该数据库中创建数据表 user 和 rechrecord，分别用于存储会员信息和充值记录，创建数据库和表的 SQL 语句如下。

```
-- 创建recharge数据库
```

```
CREATE DATABASE recharge;
-- 选择使用数据库recharge
USE recharge;
-- 会员表
CREATE TABLE user (
    tel varchar(255),
    balance decimal(10, 0),
    point double(255, 0)
);
-- 充值记录表
CREATE TABLE rechrecord    (
    id int(0) NOT NULL AUTO_INCREMENT,
    rechTime datetime(0) ,
    rechType varchar(255) ,
    rechFeedback varchar(255) ,
    rechNumber decimal(10, 0) ,
    PRIMARY KEY (id) USING BTREE
);
```

（2）配置 JDBC 编程环境

在项目的根目录创建文件夹 lib，在 lib 文件夹中导入数据库驱动的 JAR 包、Druid 的 JAR 包，以及 DBUtils 的 JAR 包，并将这 3 个 JAR 包应用于当前项目。在 src 目录下创建名称为 druid. properties 的配置文件，用于存放数据库连接的信息，druid.properties 的配置信息见文件 12-12。

文件 12-12　druid.properties

```
driverClassName=com.mysql.cj.jdbc.Driver
url=jdbc:mysql://localhost:3306/recharge?useSSL=true&serverTimezone=UTC
username=root
password=root
# 初始化连接数量
initialSize=5
# 最大连接数
maxActive=10
# 最大等待时间
maxWait=3000
```

创建一个可以更便捷获取数据源，以及获取数据连接对象等信息的工具类。读者可以选择使用单元 11 中创建的文件 11-4，也可以在配套资源中获取。这里不重复进行创建。

（3）定义会员类

在 src 目录下新建 task 包，在 task 包中创建会员类 User，该类中包含属性有手机号、余额、积分，具体代码见文件 12-13。

文件 12-13　User.java

```
1    public class User {
2        //手机号
3        private String tel ;
```

```
4        //余额
5        private Double balance;
6        //积分
7        private Double point;
8        //...setter/getter方法
9    }
```

（4）定义充值记录类

在 task 包中创建充值记录类 RechRecord，该类包含的属性有充值记录编号、充值金额、充值时间、充值类型、充值时选择的回馈礼品，具体代码见文件 12-14。

文件 12-14　RechRecord.java

```
1    public class RechRecord {
2        //充值记录编号
3        private int id;
4        //充值金额
5        private double rechNumber;
6        //充值时间
7        private    String rechTime;
8        //充值类型
9        private    String rechType;
10       //充值时选择的回馈礼品
11       private    String    rechFeedback;
12       //...setter/getter方法
13   }
```

（5）定义会员充值窗口类

在 task 包中创建会员充值窗口类 RechargeFrame，在 RechargeFrame 类中创建"会员充值"窗口中的所有组件，并将组件添加在窗口中，具体代码见文件 12-15。

文件 12-15　RechargeFrame.java

```
1    import javax.swing.*;
2    import java.awt.*;
3    import java.awt.event.*;
4    import java.util.ArrayList;
5    import java.util.Enumeration;
6    public abstract class RechargeFrame extends JFrame {
7        protected JTextField telText;              //手机号文本框
8        protected JLabel telMes;                   //手机号提示信息
9        protected JLabel balance;                  //余额
10       protected JRadioButton rdBtn1;             //现金支付单选按钮
11       protected JRadioButton rdBtn2;             //移动支付单选按钮
12       protected ButtonGroup bg;                  //支付方式按钮组
13       protected JTextField rechargeText;         //充值金额文本框
14       protected JComboBox comboBox;              //优惠活动下拉框
15       protected JLabel rechargeMes;              //充值金额提示信息
16       protected JLabel point;                    //积分
```

```
17      protected JCheckBox feedback1;              //充值回馈1
18      protected JCheckBox feedback2;              //充值回馈2
19      protected JCheckBox feedback3;              //充值回馈3
20      private JButton submitBtn;                  //充值按钮
21      private JButton resetBtn;                   //重置按钮
22      private ArrayList<JCheckBox> checkBoxes=new ArrayList<>();
23      public RechargeFrame( ) {
24          this.init();                           //初始化操作
25          this.addComponent();                   //添加组件
26      }
27      //初始化操作
28      private void init() {
29          this.setTitle("会员充值");             //标题
30          this.setBounds(400, 50, 630, 450);
31          this.setResizable(false);              //窗体大小固定
32      }
33      //添加组件
34      private void addComponent() {
35          JPanel panel = new JPanel();
36          panel.setLayout(null);
37          this.add(panel);
38          JLabel titleLb = new JLabel("会员充值");
39          titleLb.setFont(new Font("Dialog", Font.BOLD, 22));
40          titleLb.setBounds(220, 20, 122, 51);
41          panel.add(titleLb);
42          //手机号
43          JLabel telLab = new JLabel("手机号：");
44          telLab.setFont(new Font("幼圆", Font.BOLD, 14));
45          telLab.setBounds(85, 80, 75, 40);
46          panel.add(telLab);
47          //手机号文本框
48          telText = new JTextField();
49          telText.setFont(new Font("幼圆", Font.BOLD, 14));
50          telText.setBounds(140, 85, 164, 30);
51          panel.add(telText);
52          //手机号提示信息
53          telMes = new JLabel("");
54          telMes.setFont(new Font("Dialog", Font.BOLD, 13));
55          telMes.setBounds(320, 85, 200, 27);
56          panel.add(telMes);
57          //余额
58          JLabel balanceLab = new JLabel("余额：");
59          balanceLab.setFont(new Font("幼圆", Font.BOLD, 14));
60          balanceLab.setBounds(99, 130, 75, 40);
61          panel.add(balanceLab);
62          balance = new JLabel();
63          balance.setFont(new Font("幼圆", Font.BOLD, 14));
64          balance.setBounds(140, 130, 164, 40);
```

```
65          panel.add(balance);
66          //积分
67          JLabel pointLab = new JLabel("积分：");
68          pointLab.setFont(new Font("幼圆", Font.BOLD, 14));
69          pointLab.setBounds(220, 130, 50, 40);
70          panel.add(pointLab);
71          point = new JLabel();
72          point.setFont(new Font("幼圆", Font.BOLD, 14));
73          point.setBounds(263, 130, 164, 40);
74          panel.add(point);
75          //充值金额
76          JLabel rechargeLab = new JLabel("充值金额：");
77          rechargeLab.setFont(new Font("幼圆", Font.BOLD, 14));
78          rechargeLab.setBounds(70, 180, 75, 40);
79          panel.add(rechargeLab);
80          //充值金额文本框
81          rechargeText = new JTextField();
82          rechargeText.setFont(new Font("幼圆", Font.BOLD, 14));
83          rechargeText.setBounds(140, 184, 164, 30);
84          panel.add(rechargeText);
85          //充值金额提示信息
86          rechargeMes = new JLabel("");
87          rechargeMes.setFont(new Font("Dialog", Font.BOLD, 13));
88          rechargeMes.setBounds(440, 184, 200, 27);
89          panel.add(rechargeMes);
90          //优惠活动下拉框
91          comboBox = new JComboBox();
92          comboBox.setBounds(310, 184, 120, 30);
93          comboBox.addItem("请选择优惠活动：");
94          comboBox.addItem("充300送20");
95          comboBox.addItem("充500送40");
96          panel.add(comboBox);
97          //支付方式
98          JLabel sexLab = new JLabel("支付方式：");
99          sexLab.setFont(new Font("幼圆", Font.BOLD, 14));
100         sexLab.setBounds(70, 235, 100, 30);
101         panel.add(sexLab);
102         rdBtn1 = new JRadioButton("现金",true);
103         rdBtn1.setFont(new Font("幼圆", Font.BOLD, 14));
104         rdBtn1.setBounds(140, 235, 58, 30);
105         panel.add(rdBtn1);
106         rdBtn2 = new JRadioButton("移动支付");
107         rdBtn2.setFont(new Font("幼圆", Font.BOLD, 14));
108         rdBtn2.setBounds(220, 235, 100, 30);
109         panel.add(rdBtn2);
110         bg = new ButtonGroup();
111         bg.add(rdBtn1);
112         bg.add(rdBtn2);
```

```
113        //充值回馈
114        JLabel feedbackLab = new JLabel("充值回馈：");
115        feedbackLab.setFont(new Font("幼圆", Font.BOLD, 14));
116        feedbackLab.setBounds(70, 280, 100, 30);
117        panel.add(feedbackLab);
118        feedback1 = new JCheckBox("小礼品");
119        feedback1.setFont(new Font("幼圆", Font.BOLD, 14));
120        feedback1.setBounds(140, 275, 70, 40);
121        feedback2 = new JCheckBox("礼券");
122        feedback2.setFont(new Font("幼圆", Font.BOLD, 14));
123        feedback2.setBounds(220, 275, 70, 40);
124        feedback3 = new JCheckBox("饮料");
125        feedback3.setFont(new Font("幼圆", Font.BOLD, 14));
126        feedback3.setBounds(290, 275, 70, 40);
127        checkBoxes.add(feedback1);
128        checkBoxes.add(feedback2);
129        checkBoxes.add(feedback3);
130        panel.add(feedback1);
131        panel.add(feedback2);
132        panel.add(feedback3);
133        //充值按钮
134        submitBtn = new JButton("充值");
135        submitBtn.setFont(new Font("幼圆", Font.BOLD, 15));
136        submitBtn.setBounds(120, 340, 75, 30);
137        panel.add(submitBtn);
138        //重置按钮
139        resetBtn = new JButton("重置");
140        resetBtn.setFont(new Font("幼圆", Font.BOLD, 15));
141        resetBtn.setBounds(290, 340, 75, 30);
142        panel.add(resetBtn);
143    }
144  }
```

上述代码中，第 7 ~ 21 行代码定义了窗口中所需的组件；第 23 ~ 26 行代码定义了 RechargeFrame 类的构造方法，在构造方法中调用 init() 方法和 addComponent() 方法，分别用于对窗口进行初始化和在窗口中添加所有所需的组件。

第 34 ~ 143 行代码定义的 addComponent() 方法中，第 35 ~ 37 行代码创建了一个面板对象，并将该面板对象添加在窗口中；43 ~ 56 行代码创建了手机号标签、手机号文本框和手机号提示信息的标签；第 58 ~ 74 行代码创建了余额和积分的标签；第 76 ~ 89 行代码创建了充值金额标签、充值金额文本框和充值金额提示信息标签；第 91 ~ 96 行代码创建了优惠活动下拉框；第 95 ~ 110 行代码创建了支付方式标签和支付方式的单选按钮；第 114 ~ 132 行代码创建了充值回馈的标签及多选框；第 134 ~ 142 行代码创建了充值按钮和重置按钮。

（6）定义会员充值校验的方法

在文件 12-15 中，定义方法 checkTel()、checkRechargeText() 和 checkComboBox()，分别用于根据规则校验手机号、校验充值金额和校验优惠活动是否和充值金额匹配，具体代码如下。

```
1   private void checkTel() {
2       //获取手机号文本框中的内容
3       String tel = telText.getText();
4       //如果手机号为空
5       if (tel == null || "".equals(tel.trim())) {
6           telMes.setText("手机号不能为空！");
7           telMes.setForeground(Color.RED);
8       } else {
9           //校验输入的手机号是否符合手机号的格式
10          boolean flag = tel.matches(
11             "^((13[0-9])|(14[5|7])|(15([0-3]|[5-9]))|(18[0,5-9]))\\d{8}$");
12          if (flag) {
13              telMes.setText(" √ ");
14              telMes.setForeground(Color.GREEN);
15              findUserBytTel(tel);
16          } else {
17              telMes.setText("请输入正确格式的手机号！");
18              telMes.setForeground(Color.RED);
19          }
20      }
21  }
22  private void checkRechargeText() {
23      //获取充值金额文本框中的内容
24      String recharge = rechargeText.getText();
25      //如果充值金额文本框中没有内容
26      if (recharge == null ||"".equals(recharge.trim())) {
27          rechargeMes.setText("充值金额不能为空！");
28          rechargeMes.setForeground(Color.RED);
29      } else {
30          //将输入的充值金额转为double类型
31          double number = Double.valueOf(recharge);
32          if(number<1){
33              rechargeMes.setText("充值金额不正确！");
34              rechargeMes.setForeground(Color.RED);
35          }else {
36              //校验充值金额和优惠活动是否匹配
37              checkComboBox(number);
38          }
39      }
40  }
41  private void checkComboBox(double number) {
42      //获取当前选择的优惠活动
43      String cb = (String)comboBox.getSelectedItem();
44      //如果充值金额小于优惠活动的基础金额
45      if ("充300送20".equals(cb)&&number<300) {
46          rechargeMes.setText("充值金额不符合优惠活动的条件！");
47          rechargeMes.setForeground(Color.RED);
48      } else if("充500送40".equals(cb)&&number<500){
```

```
49              rechargeMes.setText("充值金额不符合优惠活动的条件！");
50              rechargeMes.setForeground(Color.RED);
51          } else {
52              rechargeMes.setText(" √ ");
53              rechargeMes.setForeground(Color.GREEN);
54          }
55      }
56  public abstract void findUserBytTel(String tel);
```

上述代码中，第 1 ～ 21 行代码定义用于校验手机号文本框中的内容是否符合规则，其中，第 3 行获取手机号文本框中的内容；第 5 ～ 20 行代码判断内容是否为空，如果不为空，校验是否符合手机号的格式，如果符合手机号的格式，使用 findUserBytTel() 方法获取用户的余额和积分信息在面板中显示。第 22 ～ 40 行代码定义用于校验充值金额文本框中的内容是否符合规则，其中，第 24 行代码获取充值金额文本框中的内容；第 26 ～ 39 行代码判断内容是否为空，如果不为空，接着判断金额是否小于 1，如果不小于 1，则校验充值金额和当前选中的优惠活动是否匹配。

（7）添加监听器

在文件 12-15 中添加定义添加监听器的方法 addListener()，用于为手机号文本框、充值金额文本框、充值按钮、重置按钮添加监听器，具体代码如下。

```
1   private void addListener() {
2       telText.addFocusListener(new FocusListener() {
3           @Override
4           public void focusGained(FocusEvent e) {}
5           @Override
6           public void focusLost(FocusEvent e) {checkTel();}
7       });
8       rechargeText.addFocusListener(new FocusListener() {
9           @Override
10          public void focusGained(FocusEvent e) {}
11          @Override
12          public void focusLost(FocusEvent e) {checkRechargeText();}
13      });
14      comboBox.addItemListener(new ItemListener() {
15          @Override
16          public void itemStateChanged(ItemEvent e) {checkRechargeText();}
17      });
18      resetBtn.addActionListener(new ActionListener() {
19          @Override
20          public void actionPerformed(ActionEvent e) {reset();}
21      });
22      submitBtn.addActionListener(new ActionListener() {
23          @Override
24          public void actionPerformed(ActionEvent e) {
25              //校验手机号
26              checkTel();
27              //校验充值金额
```

```
28          checkRechargeText();
29          if (!"√".equals(telMes.getText())) {
30              JOptionPane.showMessageDialog(null, telMes.getText());
31          } else if(!"√".equals(rechargeMes.getText())){
32              JOptionPane.showMessageDialog(null, rechargeMes.getText());
33          }
34          else {
35              //获取输入的手机号
36              String    tel=telText.getText();
37              //获取输入的充值金额
38              double    number=Double.valueOf(rechargeText.getText());
39              //选择的支付方式
40              String type="";
41              //获取所有的支付方式
42              Enumeration<AbstractButton> elements = bg.getElements();
43              while (elements.hasMoreElements()){
44                  AbstractButton element = elements.nextElement();
45                  if(element.isSelected()){
46                      //获取选中的支付方式
47                      type=element.getText();
48                  }
49              }
50              //当前选中的优惠活动
51              String combo = (String)comboBox.getSelectedItem();
52              if ("充300送20".equals(combo)) {
53                  //如果充300送20，则余额额外加20
54                  number+=20;
55              } else if("充500送40".equals(combo)){
56                  //如果充500送40，则余额额外加40
57                  number+=40;
58              }
59              User user = new User();
60              //设置本次充值用户的手机号
61              user.setTel(tel);
62              //设置本次用户充值的金额
63              user.setBalance(number);
64              RechRecord record = new RechRecord();
65              StringBuffer sb = new StringBuffer();
66              for (JCheckBox cb:checkBoxes){
67                  if (cb.isSelected()){
68                      String cbText = cb.getText();
69                      sb.append(cbText+",");
70                  }
71              }
72              //选中的支付类型
73              record.setRechType(type);
74              //选中的充值回馈
75              record.setRechFeedback(sb.toString().substring(
```

```
76                       0,sb.length()-1));
77                  //充值的金额
78                  record.setRechNumber(Double.valueOf(number));
79                  //充值方法
80                  recharge(user,record);
81              }
82          }
83      });
84  }
85  protected void reset() {
86      rechargeText.setText("");
87      comboBox.setSelectedIndex(0);
88      rechargeMes.setText("");
89      rdBtn1.setSelected(true);
90      feedback1.setSelected(false);
91      feedback2.setSelected(false);
92      feedback3.setSelected(false);
93  }
94  public abstract void recharge(User user,RechRecord record);
```

上述代码中，第 2 ~ 7 行代码为手机号文本框添加焦点监听器，当该文本框失去焦点时，执行第 6 行代码校验手机号是否符合要求。第 8 ~ 13 行代码为充值金额文本框添加焦点监听器，当该文本框失去焦点时，执行第 12 行代码校验输入金额是否符合要求。第 14 ~ 17 行代码为优惠活动下拉框添加项目事件监听器，当下拉框的内容发生改变时，执行第 12 行代码，校验当前选中的优惠活动是否和充值金额匹配。

第 24 ~ 83 行代码为充值按钮添加动作监听器，当单击该按钮时，对手机号和充值金额进行校验，如果存在填写不符合要求的情况，则弹出对话框进行提示；如果符合填写要求，则将窗口中的充值信息封装在 User 对象和 RechRecord 对象中，调用 recharge() 方法执行充值操作。

第 85 ~ 93 行代码定义了重置会员充值窗口信息的方法，将会员充值窗口显示的信息恢复到初始数据。

在 RechargeFrame 类的构造方法中，调用添加监听器的方法，使创建窗口时在对应的组件上进行监听，添加方法后 RechargeFrame 类的构造方法代码如下。

```
public RechargeFrame( ) {
    this.init();                //初始化操作
    this.addComponent();        //添加组件
    this.addListener();         //添加监听器
}
```

（8）定义会员充值处理类

在 task 包中创建会员充值处理类 UserController，UserController 类继承 RechargeFrame 类，用于实例化"会员充值"窗口对象、并处理会员充值的请求和展示会员充值的结果。在 UserController 类中定义根据会员手机号查询会员信息的方法 findUserBytTel()，以及进行会员充值的方法 recharge()，具体代码见文件 12-16。

文件 12-16 UserController.java

```
1   import javax.swing.*;
2   import java.sql.SQLException;
3   import java.time.LocalDateTime;
4   import java.time.format.DateTimeFormatter;
5   public class UserController extends RechargeFrame{
6       //会员信息持久化类
7       private UserDao userDao =new UserDao();
8       //充值记录持久化类
9       private RechDao rechDao =new RechDao();
10      @Override
11      public void findUserBytTel(String tel) {
12          //根据会员手机号查询会员信息
13          try {
14              User user = userDao.findUserBytTel(tel);
15              //如果查询到会员信息，将会员的余额和积分显示在面板上
16              if (user != null) {
17                  balance.setText(user.getBalance()+"");
18                  point.setText(user.getPoint()+"");
19              }
20          } catch (SQLException e) {
21              e.printStackTrace();
22          }
23      }
24      @Override
25      public void recharge(User user,RechRecord record) {
26          try {
27              //根据会员手机号获取会员信息
28              User u = userDao.findUserBytTel(user.getTel());
29              int num;
30              //为新会员设置积分，并保存新会员的信息
31              if(u==null){
32                  user.setPoint(user.getBalance());
33                  num=userDao.addUser(user);
34              }else {
35                  //设置最新的余额和积分
36                  double b=u.getBalance()+user.getBalance();
37                  double p=u.getPoint()+user.getBalance();
38                  u.setBalance(b);
39                  u.setPoint(p);
40                  //根据会员最新的信息进行充值
41                  num=userDao.recharge(u);
42              }
43              if(num==1){
44                  DateTimeFormatter fm = DateTimeFormatter
```

```
45                              .ofPattern("yyyy-MM-dd HH:mm:ss");
46                          String rechTime = fm.format(LocalDateTime.now());
47                          record.setRechTime(rechTime);
48                          //保存充值记录信息
49                          rechDao.addRechRecord(record);
50                          //充值成功，提示充值成功
51                          JOptionPane.showMessageDialog(this, "充值成功!");
52                          //重置窗口组件中的信息
53                          reset();
54                          //充值成功后，根据会员手机号查询会员信息
55                          findUserBytTel(user.getTel());
56                      }else{
57                          //充值失败，提示充值失败
58                          JOptionPane.showMessageDialog(this, "充值失败!");
59                      }
60              } catch (SQLException e) {
61                      //充值失败，提示充值失败
62                      JOptionPane.showMessageDialog(this, "充值失败!");
63                      e.printStackTrace();
64              }
65      }
66 }
```

上述代码中，第 7 和第 9 行代码分别创建了会员信息持久化类和充值记录持久化类。第 11 ～ 23 行代码定义了根据会员手机号查询会员信息的方法，其中，第 14 行代码通过会员信息持久化类的实例对象查询数据库中会员的信息，如果没有查询到会员信息，说明该会员目前还不是会员；如果会员信息已存在，则将会员信息中的余额和积分展示在面板上。

第 25 ～ 65 行代码定义了会员充值的方法，其中，第 29 行代码根据会员手机号获取会员信息，如果没有查询到对应的会员信息，将根据本次的充值金额更新会员余额和积分；如果查询到会员信息，将之前会员的余额和积分，分别累加本次的充值金额作为本次会员充值后的余额和积分。第 43 ～ 64 行代码根据会员充值的结果进行信息提示，其中，第 47 行代码根据系统当前时间设置充值记录的充值时间，将充值记录保存在数据库中，并弹出对话框进行结果提示。

（9）定义会员信息持久化类

在 task 包中创建会员信息持久化类 UserDao，在该类中定义会员信息的查询、添加、更新方法，实现程序和数据库进行数据交互。具体代码见文件 12-17。

文件 12-17　UserDao.java

```
1   import org.apache.commons.dbutils.QueryRunner;
2   import org.apache.commons.dbutils.handlers.BeanHandler;
3   import java.sql.SQLException;
4   public class UserDao {
5       //根据数据源创建QueryRunner对象
6       private QueryRunner qr = new QueryRunner(JDBCUtils.getDataSource());
7       public User findUserBytTel(String tel) throws SQLException {
8           String sql="SELECT * FROM    user WHERE tel=?";
```

```
9            User user = (User)qr.query(sql, new BeanHandler<User>(User.class),
10           tel);
11           return user;
12       }
13     public int addUser(User user) throws SQLException {
14           String sql="INSERT INTO user VALUES(?,?,?)";
15           Object[] parms={user.getTel(),user.getBalance(),user.getPoint()};
16           return qr.update(sql, parms);
17       }
18     public int recharge(User user) throws SQLException {
19           String sql="UPDATE user SET balance=?, point=? WHERE tel=?";
20           Object[] parms={user.getBalance(),user.getPoint(),user.getTel()};
21           return qr.update(sql, parms);
22       }
23   }
```

上述代码中，第 6 行代码根据数据源创建了 QueryRunner 对象，第 7 ～ 12 行代码定义了根据会员手机号查询会员信息的方法，第 13 ～ 17 行定义了新增会员信息的方法，第 18 ～ 22 行代码定义了会员充值的方法。

（10）定义充值记录持久化类

在 task 包中创建充值记录持久化类 RechDao，在该类中定义 addRechRecord() 方法用于将充值记录保存在数据库中。具体代码见文件 12-18。

文件 12-18　RechDao.java

```
1    import org.apache.commons.dbutils.QueryRunner;
2    import java.sql.SQLException;
3    public class RechDao {
4        //根据数据源创建QueryRunner对象
5        private QueryRunner qr = new QueryRunner(JDBCUtils.getDataSource());
6        public int addRechRecord(RechRecord record) throws SQLException {
7            String sql="INSERT INTO rechrecord "+
8            "(rechTime,rechType,rechFeedback,rechNumber) VALUES(?,?,?,?)";
9            Object[] parms={record.getRechTime(),record.getRechType(),
10               record.getRechFeedback(),record.getRechNumber()};
11           return qr.update(sql, parms);
12       }
13   }
```

上述代码中，第 5 行代码根据数据源创建了 QueryRunner 对象，第 6 ～ 12 行代码定义了添加充值记录的方法。

（11）测试会员充值

测试会员充值之前，需要先弹出"会员充值"窗口。在 task 包中创建一个程序入口类 MainApp，在该类中的 main() 方法中弹出"会员充值"窗口，具体见文件 12-19。

文件 12-19　MainApp.java

```
1    public class MainApp {
```

```
2          public static void main(String[] args) throws Exception {
3              //弹出"会员充值"窗口
4              new UserController().setVisible(true);
5          }
6      }
```

上述代码中，第 4 行代码创建了一个 UserController 类的实例对象，由于 UserController 类继承了 JFrame 类，所以实例出的对象也是一个窗口对象，并通过 setVisible() 方法设置窗口的显示。

运行文件 12-19，结果如图 12-20 所示。

在图 12-20 中，手机号和充值金额的文本框不输入内容，在失去焦点后结果如图 12-21 所示。

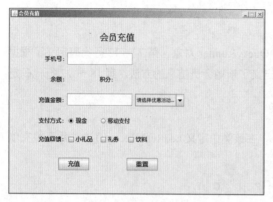

图 12-20 文件 12-19 的运行结果

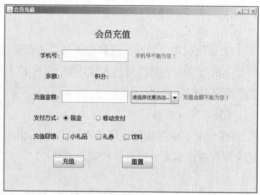

图 12-21 文本框内容为空

在图 12-21 中，手机号和充值金额的文本框中输入不符合要求的数据，失去焦点后结果如图 12-22 所示。

在图 12-22 中，输入符合要求的充值信息后，结果如图 12-23 所示。

图 12-22 文本框中内容不符合要求

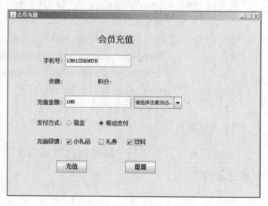

图 12-23 输入符合要求的充值信息

单击图 12-23 中的"充值"按钮进行会员充值，结果如图 12-24 所示。

从图 12-24 可以看出，弹出"充值成功！"的对话框。

单击"确定"按钮，结果如图 12-25 所示。

图 12-24 提交会员充值

图 12-25 充值成功

从图 12-24 可以看出，"会员充值"窗口重置了组件的信息，并重新查询出刚才充值手机号对应的会员余额及积分。

至此，"会员充值"窗口的开发完成。

知识拓展 12.1：
JavaFX

单元小结

本单元首先介绍了 GUI 常用容器和组件，包括 Swing 容器、JPanel 容器、JLabel 组件、JButton 组件、JTextField 组件、JCheckBox 组件、JRadioButton 组件，接着介绍了布局管理器和事件处理机制，最后通过实现"会员充值"窗口加深了读者对图形用户界面的理解。读者通过本单元的学习，可从任务中体悟 GUI 中容器、组件的使用。

单元测试

请扫描二维码，查看本单元测试题目。

单元测试 单元 12

单元实训

请扫描二维码，查看本单元实训题目。

单元实训 单元 12

单元 13

综合项目——传智餐厅助手

PPT：单元 13 传智餐厅助手

教学设计：单元 13 传智餐厅助手

技能目标	<ul><li>掌握用户登录功能的实现，能够使用商家、顾客这两种角色完成用户登录</li><li>掌握菜品管理功能的实现，能够在菜品管理中实现菜品查询、添加、修改</li><li>掌握订单管理功能的实现，能够在订单管理中实现订单查询、修改</li><li>掌握信息管理功能的实现，能够在信息管理中实现基本信息修改、密码修改</li><li>掌握登录管理功能的实现，能够在登录管理中实现退出登录、退出系统</li><li>掌握用户注册功能的实现，能够使用用户注册完成顾客账号的注册</li><li>掌握点餐功能的实现，能够在点餐中实现菜品查询、加入购物车、移出购物车、提交订单</li></ul>

　　随着计算机的普及和互联网的发展，越来越多的商家将消费平台扩展至线上，其中网络订餐平台成为了新时代的新需求。本单元将讲解的传智餐厅助手是一个运用 Java 相关基础知识开发的餐厅业务管理系统，通过该系统可以加深读者对 Java 基础知识的理解，并了解 Java 项目的开发流程。

任务13-1　项目开发准备

■ 任务描述

　　当今社会，随着生活节奏的日益加快，人们对就餐的时间和方式也在不断发生变化。越来越多的人无法或者不愿意抽出更多的时间到餐厅中享受美食，而倾向于让商家将美食送到办公地点或家中，商家开始考虑以更便捷的方式让顾客进行订餐。其中，利用计算机网络实现快捷订餐非常符合顾客的需求，这种将餐厅和计算机网络结合而成的餐厅业务管理系统，不仅可以提高餐厅当前的生产效益，也可以扩大餐厅的知名度，进一步扩大经营范围。

　　本单元要讲解的传智餐厅助手是基于 Java Swing 实现的餐厅业务管理系统，结合商家日常的管理需求和顾客的订餐需求，该系统需要满足以下条件。

- 提供友好的操作窗口，提高用户体验。
- 提供商家和顾客共有的订单管理、登录、退出、信息修改功能。
- 提供商家独有的菜品管理功能。
- 提供顾客独有的点餐功能。

■ 任务分析

　　从任务描述中可以得出，该系统分为商家和顾客 2 个角色，每个角色都有对应可以操作的功能。为了区分商家和顾客使用的功能模块，这里将商家可以操作的功能模块称为商家功能模块，顾客可以操作的功能模块称为顾客功能模块。下面对该系统的商家功能模块和顾客功能模块进行描述，如图 13-1 和图 13-2 所示。

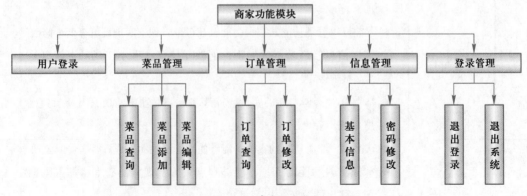

图 13-1　商家功能模块

　　从图 13-1 和图 13-2 可以看出，商家功能模块和顾客功能模块中，菜品管理是商家独有的功能，用户注册和点餐是顾客独有的功能，其他功能是两者都具备。

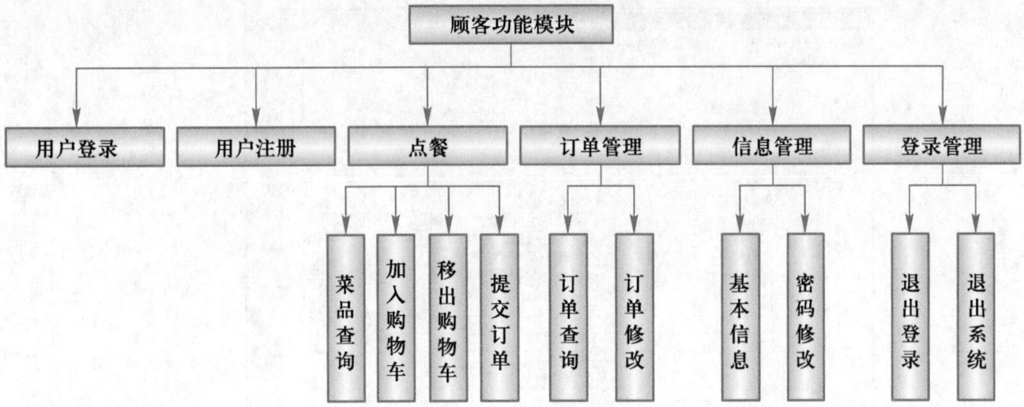

```
                        ┌─────────────┐
                        │  顾客功能模块  │
                        └──────┬──────┘
    ┌──────┬──────┬──────┼──────┬──────┬──────┐
    ▼      ▼      ▼      ▼      ▼      ▼
┌──────┐┌──────┐┌──────┐┌──────┐┌──────┐┌──────┐
│用户登录││用户注册││ 点餐 ││订单管理││信息管理││登录管理│
└──────┘└──────┘└──┬───┘└──┬───┘└──┬───┘└──┬───┘
```

图 13-2 顾客功能模块

为了让读者在开发之前对该订餐系统的功能结构有更好的理解，这里根据商家功能模块和顾客功能模块设计并展示该系统的操作界面，具体如下。

（1）用户登录

商家和顾客进入系统之前，都需要进行登录，用户登录窗口如图 13-3 所示。

图 13-3 用户登录窗口

用户通过"角色"下拉列表选择自己的角色，输入用户名和密码后，单击"登录"按钮进入系统。

（2）菜品管理

商家登录系统后可以对菜品进行管理，"菜品管理"窗口如图 13-4 所示。

（3）订单管理

顾客下单后，商家和顾客可以对订单进行查询，以及对未完成的订单进行状态修改，"订单管理"对话框如图 13-5 所示。

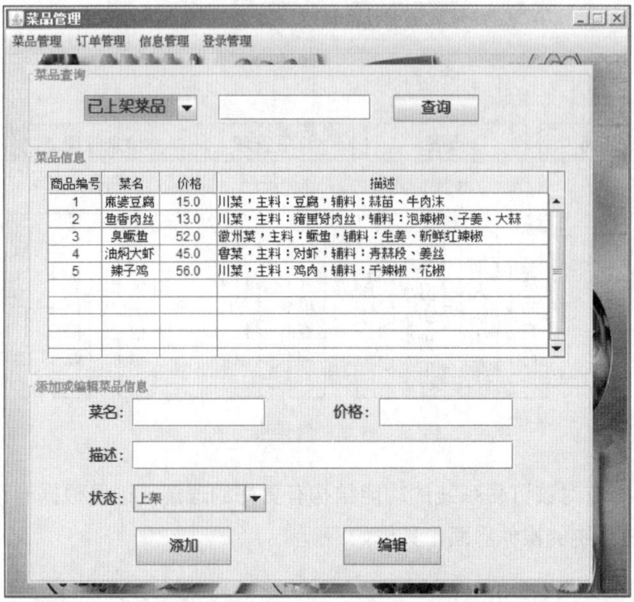

图 13-4　"菜品管理"窗口

图 13-5　"订单管理"对话框

（4）信息管理

系统中提供的管理用户信息的功能，包含基本信息修改和密码修改，如图 13-6 和图 13-7
所示。

（5）登录管理

用户登录系统后，可以根据需求退出登录和退出系统，在菜单栏中单击对应的菜单项即可进
行退出登录或退出系统，"登录管理"菜单如图 13-8 所示。

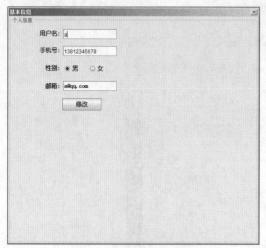

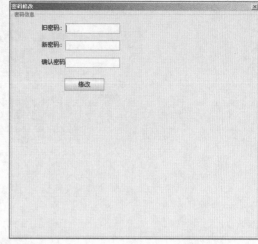

图 13-6　"基本信息"对话框　　　　　　　　　　图 13-7　"密码修改"对话框

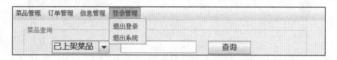

图 13-8　"登录管理"菜单

（6）用户注册

本系统中商家的用户名是固定给出的，顾客在使用系统之前需要自行注册账号，"用户注册"对话框如图 13-9 所示。

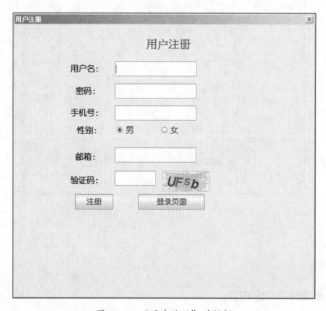

图 13-9　"用户注册"对话框

（7）点餐

顾客登录系统后可以进行点餐，默认情况下系统会展示多条菜品信息，顾客也可以根据需求搜索指定的菜品。顾客选择菜品后可以将菜品加入购物车，需要重新选择时，可以移除购物车中的菜品。"点餐"窗口如图 13-10 所示。

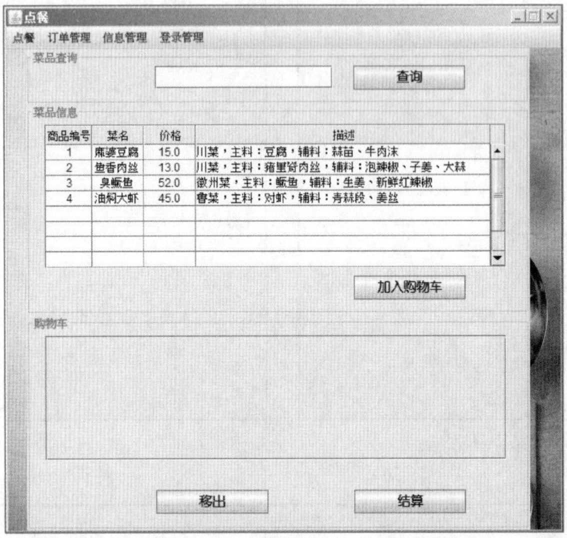

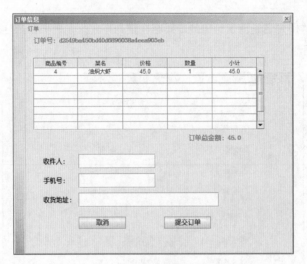

图 13-10   "点餐"窗口

顾客确定点餐无误时，可以提交购物车中的菜品进行结算，结算后会生成对应的订单，并弹出"订单信息"对话框，如图 13-11 所示，顾客核对订单无误后可以提交订单。

图 13-11   "订单信息"对话框

■ 任务实现

扫描二维码，查看任务实现内容。

任务 13-1   项目开发准备

任务13-2 用户登录

■ 任务描述

用户登录是商家和顾客都具有的功能模块，为了防止系统信息外泄，确保系统安全，商家或顾客在使用登录功能之外的其他功能时，都需要先进行登录，只有当登录时输入的账号、密码及角色和数据库中的记录相匹配，即登录成功，否则登录失败，并提示登录失败的信息。

■ 任务分析

用户登录需要在登录窗口中输入用户名和密码，并选择对应的角色后，提交登录请求，然后根据登录请求的处理结果进行响应，具体实现思路如下。

（1）创建用户登录窗口

使用 Java 中的 Swing 编写用户登录窗口的代码，窗口中包含用户名和密码的文本框、角色选择下拉框，以及登录按钮。为了便于顾客注册，将注册按钮也添加在登录窗口中。

（2）监听登录按钮

为了能捕获用户的登录请求，可以在"登录"按钮上注册一个动作监听器，当单击"登录"按钮时，触发用户登录请求。

（3）处理用户登录请求

创建一个类，在类中定义方法 loginMng()，用于处理用户登录请求。用户发起登录请求时，调用该方法。在 loginMng() 方法中获取登录窗口中输入的用户名、密码和选中的角色，然后传递这些信息到用户数据持久类中进行查询，如果查询到用户记录，弹出和角色对应的后台默认窗口，否则提示登录失败。

（4）查询用户信息

创建一个类，在类中定义一个方法根据用户名、密码、角色查询用户信息的方法 login()，login() 方法接收业务逻辑层传递过来的信息，查询数据库中的用户信息，并将查询结果返回给业务逻辑层。

■ 任务实现

扫描二维码，查看任务实现内容。

任务 13-2 用户登录

任务13-3 菜品管理

■ 任务描述

商家登录成功后会默认弹出"菜品管理"窗口，该窗口可以查询、添加、编辑菜品，界面效果如图 13-4 所示。菜品管理需要实现的具体要求如下。

（1）查询菜品

弹出"菜品管理"窗口时，自动查询所有已上架的菜品并进行展示，商家也可以输入菜品名称查询指定名称和指定状态的菜品信息。

（2）添加菜品

商家在"菜品管理"窗口中，完成新增菜品的信息输入，单击"添加"按钮时执行添加菜品的操作，将对应文本框和下拉框中的菜品信息添加到数据库。如果所添加的菜品已经存在，则不添加菜品，并进行相应提示。

（3）编辑菜品

单击"编辑"按钮时执行编辑菜品的操作，将对应文本框和下拉框中的菜品信息，作为编辑后的菜品信息提交到数据库进行更新。如果对菜品名称进行编辑，需要检查编辑后的菜品名称是否存在重名的菜品，如果存在，则不编辑菜品信息，并进行相应提示。

■ 任务分析

菜品的管理主要是在"菜品管理"窗口中进行菜品查询、添加和修改操作，这里需要创建"菜品管理"窗口，然后根据菜品管理的业务要求管理菜品，具体实现思路如下。

（1）创建"菜品管理"窗口

从图 13-4 中可以看出，"菜品管理"窗口主要包含查询菜品信息、展示菜品信息、添加或编辑菜品信息 3 部分，为了更好区分每个部分的功能，这里可以定义 3 个面板，然后在对应面板中添加所需的组件。

商家角色对应功能模块较多，为了商家能更便捷地操作所有功能，可以创建一个菜单栏，将角色对应的所有功能作为菜单添加在菜单栏中。这样可以将这个菜单栏中的菜单作为商家各个功能的入口。实现"菜品管理"窗口之前，可以先创建一个包含所有商家功能模块的菜单栏。

（2）查询菜品

查询菜品分为查询所有已上架的菜品信息和按关键字查询菜品信息，这两者其实都是根据查询时，所选中的菜品状态和查询文本框中输入的关键字来进行查询。可以对商家功能模块菜单栏中的"菜品管理"菜单，以及"菜品管理"窗口中的"查询"按钮注册事件监听器，当单击这 2 个组件时执行菜品的查询。

为了让商家登录成功后自动查询所有已上架的菜品信息，可以在"菜品管理"窗口的构造方法中查询菜品。

（3）添加菜品

添加菜品时，需要对输入的菜品信息进行校验，只有校验通过才添加菜品信息。这里可以对"添加"按钮进行监听，单击"添加"按钮时，获取文本框和下拉框中的菜品信息，如果菜名和价格内容为空，弹出对话框进行提示；如果不为空，则根据获取的菜品信息查询数据库中是否已经存在相同名称的菜品，如果存在，不添加菜品信息到数据库，并弹出对话框进行提示，否则将这些信息添加到数据库。

（4）编辑菜品

编辑菜品和添加菜品类似，都是将"添加或编辑菜品信息"面板中的菜品信息写入数据库。为了提高用户体验，可以在选中表格中展示的菜品信息时，自动将对应的菜品信息写入编辑的文本框中。

■ 任务实现

扫描二维码，查看任务实现内容。

任务 13-3　菜品管理

任务13-4　订单管理

■ 任务描述

订单管理是传智餐厅助手的核心部分之一，也是商家和顾客共有的功能模块，包含订单查询和订单状态修改，"订单管理"对话框如图 13-5 所示。订单管理实现的具体要求如下。

（1）订单查询

进行订单查询时，默认查询并展示所有未完成的订单，用户也可以指定订单状态，以及输入的订单或者收件人名称查询订单。商家可以查询所有人员的订单，顾客只能查询自己产生的订单。

（2）订单状态修改

订单状态包括已提交、已接单、已配送、已完成，顾客提交订单后，商家可以根据订单的最新情况将订单状态修改为已接单和已配送，配送完毕后，顾客可以将订单状态修改为已完成。

■ 任务分析

订单管理主要是在"订单管理"对话框中进行订单查询和订单状态修改，需要先创建"订单管理"对话框，然后根据订单管理的业务要求管理订单，具体实现思路如下。

（1）创建"订单管理"对话框

从图 13-5 可以看出，"订单管理"对话框可以划分为订单查询、订单列表和订单详情 3 部分，这里可以定义 3 个面板，分别添加这 3 部分对应的组件。

（2）订单查询

订单的查询分为查询订单基本信息和查询订单详情，进入"订单管理"对话框并单击"查询"按钮时，需要查询的是订单基本信息；选中表格中的订单基本信息，则需要查询订单对应的详细信息。对此，在订单查询构造方法中及"查询"按钮注册的监听器中执行查询订单基本信息，将查询结果设置在订单列表的表格中。表格中的订单基本信息被选中时，将订单对应的详细信息展示在"订单详情"面板中。

（3）订单修改

订单修改指的是修改订单的状态，订单详情展示后，需要显示当前订单可以被修改的状态。对此，可以在显示订单详情时，获取订单当前的状态，然后将可以被修改的状态设置为"修改"按钮的文本。修改订单时，需要先为"修改"按钮注册动作事件监听器，当监听到单击该按钮后，获取修改后的订单状态修改订单。

■ **任务实现**

扫描二维码，查看任务实现内容。

任务 13-4　订单管理

任务13-5　信息管理

■ **任务描述**

信息管理主要是对当前登录用户的基本信息和密码进行修改，效果如图 13-6 和图 13-7 所示。信息管理实现的具体要求如下。

（1）基本信息修改

进入"基本信息"对话框时，对话框中显示当前登录用户的基本信息。用户可以在该对话框中对个人基本信息进行修改，其中修改后的用户名不能是系统中已经存在的，手机号和邮箱需要符合正确的手机和邮箱格式。

（2）密码修改

考虑到密码的安全性，修改密码时需要先核对旧密码，只有旧密码填写正确可以进行密码修改。其中密码需为 6 ～ 16 位数字和字母的组合，输入的新密码和确认密码需要保持一致。

■ **任务分析**

信息管理中在不同的对话框中进行基本信息修改和密码修改，这里需要创建对应的 2 个对话框，然后根据基本信息和密码的修改要求管理信息，具体实现思路如下。

（1）基本信息修改

为了提升用户的体验，可以在用户单击"修改"按钮时先对个人信息的填写规范进行校验，如果校验通过，提交基本信息的修改请求。可以对需要校验文本内容的组件进行监听，触发对应的监听事件时对信息进行校验。为确保信息的有效性，可以在单击"修改"时，再次校验当前个人信息，如果符合要求，就将这些信息更新到数据库。

（2）密码修改

修改密码需要确保旧密码输入正确、新密码符合密码格式的要求，以及新密码和确认密码保持一致。可以对这 3 个密码框进行监听，当失去焦点时，进行规则校验，如果都符合，允许将新密码更新到数据库。

■ 任务实现

扫描二维码，查看任务实现内容。

任务 13-5　信息管理

任务13-6　登录管理

■ 任务描述

登录管理主要管理当前用户的登录情况，包含退出登录和退出系统，"登录管理"菜单显示效果如图 13-8 所示。

用户选择退出登录后，用户将退出当前登录，并跳转到用户登录窗口。用户选择退出系统时会将系统关闭，不再提供任何系统功能窗口供用户使用。

■ 任务分析

之前创建的菜单栏中已经添加了"登录管理"菜单，并在该菜单中添加了"退出登录"和"退出系统"菜单项，需要实现登录管理，只需监听这两个菜单项即可。当单击"退出登录"菜单项时，关闭当前窗口并打开用户登录窗口；单击"退出系统"菜单项时，停止程序的运行。

■ 任务实现

扫描二维码，查看任务实现内容。

任务 13-6　登录管理

任务13-7　用户注册

■ 任务描述

顾客登录传智餐厅助手之前，需要先进行账号的注册，"用户注册"对话框如图 13-9 所示。为了保证提交的数据符合程序中用户数据的规则，可以在提交用户注册数据之前对这些数据进行校验。用户提交的注册信息需要满足如下要求。

● 用户名：不能为空字符串，不能和已有的用户名重名。

● 密码：不能为空字符串，需要是 6 ~ 16 位数字和字母的组合。

● 手机号：需要符合手机号的正确格式。

● 邮箱：需要符合邮箱的正确格式。

为了避免被人进行恶意注册，在"用户注册"对话框中添加验证码，用户提交注册时不仅验证用户填写的信息是否符合要求，也需要验证验证码的正确性。

■ 任务分析

用户注册本质就是将顾客输入的用户信息插入数据库进行保存，但是提交用户注册信息之前需要对输入的内容进行校验。对此，可以对需要校验内容所在的组件进行监听，当文本框失去焦点时，就默认为当前信息输入完毕，对输入的内容根据要求进行校验。如果不符合要求，则在对应文本框后的标签中进行提示。

■ 任务实现

扫描二维码，查看任务实现内容。

任务 13-7　用户注册

任务13-8　点餐

■ 任务描述

点餐是顾客独有的功能，主要流程大致为查询菜品→将菜品加入购物车→将购物车中的菜品提交结算→填写订单配送信息后提交订单，如果想删除添加到购物车的菜品，可以将菜品移出购物车。整个点餐流程需要在"点餐"窗口和"订单信息"对话框中完成，具体如图 13-10 和图 13-11 所示。点餐的具体要求如下。

（1）查询菜品

弹出"点餐"窗口后，需要自动查询所有可以点餐的菜品并进行展示，顾客也可以指定菜品名称进行查询。

（2）加入购物车

"菜品信息"表格中某个菜品信息被选中后，单击"加入购物车"按钮，将该菜品添加到"购物车"表格中显示。如果没有选中菜品信息就单击"加入购物车"按钮，则提示"请选中菜品后再加入购物车！"。

（3）移出购物车

"购物车"表格中某个菜品信息被选中后，单击"移出"按钮，将该菜品在"购物车"表格中移出。如果没有选中菜品信息就单击"移出"按钮，则提示"请选中菜品后再进行移除！"。

（4）菜品结算

单击"结算"按钮，生成一个订单，将当前购物车中的菜品作为订单的订单项，并弹出"订单信息"对话框，该对话框中包含订单号、订单项、订单配送所需信息。

（5）提交订单

在"订单信息"对话框中输入收件人、手机号、收货地址，这3项信息都不能为空，且手机号需要符合正确的格式。信息输入完并符合要求后，单击"提交订单"按钮，将"订单信息"对话框中的信息封装在订单中，保存到数据库。

■ 任务分析

点餐需要通过"点餐"窗口和"订单信息"对话框完成，这里需要创建这两个窗体，然后根据点餐的业务流程和要求完成点餐功能，具体实现思路如下。

（1）创建"点餐"窗口

创建一个包含顾客所有功能的菜单栏，可以将这个菜单栏中的菜单作为顾客功能的入口。创建"点餐"窗口，在该窗口中添加这个菜单栏，以及其他组件。

（2）查询菜品

首先根据"菜品查询"文本框中的内容查询菜品，如果没有输入内容，查询所有已上架的菜品；如果输入了内容，则查询名称包含输入内容的菜品信息，然后将查询到的菜品信息显示在"菜品信息"表格中。

（3）加入购物车

创建一个 ArrayList 集合作为购物车对菜品进行存储。监听"菜品信息"表格和"加入购物车"按钮，当单击"加入购物车"按钮时，获取表格中当前选中的菜品信息，如果能获取到菜品信息，就将菜品信息加入购物车中，如果没有获取到菜品信息，则弹出对话框进行提示。

（4）移出购物车

监听"购物车"表格和"移出"按钮，当单击"移出"按钮时，获取表格中当前选中的菜品信息，如果能获取到菜品信息，就将菜品信息从购物车中移除，如果没有获取到菜品信息，则弹出对话框进行提示。

（5）创建"订单信息"对话框

创建一个"订单信息"对话框，并将图 13-11 中包含的组件加入到该对话框。

（6）菜品结算

监听"结算"按钮，当单击该按钮时，创建一个订单对象，订单号通过 UUID 类生成随机数获得，订单项使用购物车中的菜品设置。然后弹出"订单信息"对话框，将订单的信息展示在该对话框中。

（7）提交订单

监听"订单信息"对话框中输入收件人、手机号、收货地址的文本框，文本框失去焦点以及单击"提交"按钮时，获取文本框中的内容进行校验，校验通过就将订单数据提交到数据库保存，否则进行错误提示。

■ 任务实现

扫描二维码，查看任务实现内容。

任务 13-8 点餐

单元小结

本单元主要讲解了基于 GUI 实现的传智餐厅助手项目。其中，首先讲解了项目开发准备，然后讲解了项目各个功能模块的实现，包含用户登录、菜品管理、订单管理、信息管理、登录管理、用户注册、点餐。希望通过本单元的学习，读者能够对 Java 项目的开发流程，以及实现思路有较为深入的了解，为后续项目的开发和知识的学习打下良好的基础。

读者意见反馈

为收集对教材的意见建议，进一步完善教材编写并做好服务工作，读者可将对本教材的意见建议通过如下渠道反馈至我社。

咨询电话　400-810-0598
反馈邮箱　gjdzfwb@pub.hep.cn
通信地址　北京市朝阳区惠新东街4号富盛大厦1座　高等教育出版社总编辑
　　　　　　办公室
邮政编码　100029